资源型城市绿色发展与繁荣

赵克进　秦迪　王江波　陈淑婧　著

中国建筑工业出版社

图书在版编目（CIP）数据

资源型城市绿色发展与繁荣 / 赵克进等著 . —北京：中国建筑工业出版社，2019.10

ISBN 978-7-112-24309-9

Ⅰ . ①资… Ⅱ . ①赵… Ⅲ . ①城市规划—研究—中国 Ⅳ . ① TU984.2

中国版本图书馆CIP数据核字（2019）第222243号

责任编辑：率　琦
责任校对：张惠雯

资源型城市绿色发展与繁荣
赵克进　秦迪　王江波　陈淑婧　著

*

中国建筑工业出版社出版、发行（北京海淀三里河路9号）
各地新华书店、建筑书店经销
北京点击世代文化传媒有限公司制版
北京建筑工业印刷厂印刷

*

开本：787×1092 毫米　1/16　印张：14¾　字数：294千字
2020年5月第一版　2020年5月第一次印刷
定价：58.00 元

ISBN 978-7-112-24309-9
（34784）

前　言 PREFACE

资源型城市的经济发展是当今社会的重大课题，资源型城市在我国城市经济中占有相当大的比重。中国改革开放40年来，随着经济的高速增长，我们的城市规模取得了长足的发展。但城市经济的增长往往依靠的是资源消耗大、高排放、重污染的工业，造成了资源的过度消耗、环境恶化和生态修复能力的破坏。随着人类活动的加剧，开发强度越来越大，因此合理保护，适度开发，城市发展转型成为当今我们优先考虑的决策。伴随资源开发的周期，有的城市因资源枯竭而衰退，甚至消亡，造成大量的资源城市的“后遗症”，经济发展以牺牲大量的资源为代价，产业结构一条路，产业结构链条不长，结构不均衡，环境恶化，人才储备“肠梗阻”，一、二产业严重滞后，城市活力不足，韧性发展缺少弹性。

从空间结构上看，资源型城市大部分处于边远孤立与分散区域，很难集约发展。因为点多，线长，面广，无法形成与城市中心的聚集效应，而城市的基础设施又无法完成城市本身的各种服务功能；城市的向心力不强，辐射能力单调苍白，人才单一，主业退化，造成累积传导，失业人数随着资源企业的萎缩逐渐增加，就业压力增加，影响社会稳定。

“绿水青山就是金山银山”，要绿色发展，要绿色环境。面对世界形势变化和全球生态环境压力，需要对新开发和存量进行深度思考，尤其对当今智能化采掘和高效的基础设施进行统筹布局，对存量的资源型的城市进行生态修复，改善环境，升级产业，延长产业链条，因势利导，分类、分层转型，再造自然和人文景观，整合和打通基础设施的节点。从中国经济的发展来看，我们有些城市进行转型发展和探索，并在实践中取得了良好的效果，但缺乏普适性的模型和路径。对于长期积累的社会和环境问题，需要建立长效运转机制，调整相关的条件制度和政策，协调经济发展和资源生态环境之间的关系。如何实现绿色发展，带动资源型城市转型，总结国内外的经验，成为本书探讨的主要问题。

本书得到了全国市长研修学院党委书记宋友春、副院长逄宗展的大力支持；刘悦主任审阅了全稿并提出了宝贵意见；中山大学的曹小曙教授在框架和内容上给予了大量的指导；秦迪、王江波、陈淑靖三位老师共同参与了调研和文献查询等工作，为本书增色不少。中国建筑出版传媒有限公司的努力使得本书得以高质量出版，在此一并表示诚挚的谢意。

赵克进

2019 年 12 月于北京

目 录 CONTENTS

第一章　导　论

第一节 资源型城市绿色发展规划是全球性重大课题

资源型城市在我国城市经济中占有相当大的比重，资源型城市的困境直接影响着我国的经济发展和改革步伐。资源型城市指主要功能或重要功能是向社会提供矿产品及其初加工品等资源型产品的一类城市，从产业结构来说，矿业是城市的主导产业或支柱产业，这类城市往往因矿业开发而兴起，随着资源开发的周期、社会经济环境的变化及城市经济结构的转型等方面而表现出不同的发展态势，有的因资源衰竭而衰退甚至消亡，有的则因为非矿替代产业的发展或关联产业的纵深发展等原因而不断发展、壮大。一种观点认为：资源型城市的宏观经济结构中，以资源（石油、煤炭、木材等）初级开发为主的第二产业占工业总产值的50%以上，且工业产值结构中初级产品占绝对优势。也就是说，矿产资源采掘业及初加工业产值总和超过工业总产值的50%，则该城市可定义为资源型城市。另一种观点则从劳动力人口比例角度出发来定义资源型城市，这种观点认为，有40%以上人口以直接或间接方式从事同种资源开发、生产和经营活动的城市，可称为资源型城市，即劳动就业人口在资源及初加工工业中就业比例占全社会就业人口的40%以上，该城市可定性为资源型城市。

资源型城市问题是一个全球性问题，国外有解决得比较好的案例，如德国的鲁尔、美国的休斯敦和日本的九州地区等，也有矿竭城衰的例子，如苏联的巴库、南非的邓迪。太平洋岛国瑙鲁甚至出现了“矿竭国衰”。我国资源型城市问题除具有国外资源型城市的一般特征之外，还有其自身的特点。我国资源型城市的主体是在中华人民共和国成立后于20世纪五六十年代工业化早期迅速形成的，经历了较长一段时间的计划经济时期，计划色彩浓重，长期受“先生产后生活”指导思想，忽视生态环境保护和治理，积累了大量的历史遗留问题。因此，我国资源型城市的经济转型除了资源枯竭等问题的困扰，更重要的是体制机制改革优化问题。所以我们必须采取特殊的符合国情的方法解决我国资源型城市的问题。由于资源型城市长时间处于“失血”状态和对国家经济建设的特殊重大贡献，理应对其转型给予大力扶持。

资源型城市是以资源型产业为主导产业的城市，长期以来采取的是粗放式的产业发展模式，具体表现在以下几个方面：资源掠夺式开发、粗放型生产，利用效率低，我国许多资源型城市“靠山吃山”，长期以来在资源开采中采取“有水快流、涸泽而渔”的做法，对资源的开发是一种掠夺式的，没有经过科学论证，缺乏仔细的统筹考虑和规划安排。大部分资源型城市普遍存在过量的滥采乱挖，加剧了资源的耗竭过程。

在资源生产加工过程中，以初级产品加工为主，缺乏深加工，加之资源开发企业普遍的开采方法和技术装备落后，导致资源利用效率低。先污染后治理资源型城市产业发展的传统思想是“先污染、后治理”，“先生产、后生活”，“重开发轻环保”。这使得资源型城市不顾后果地对自然资源过度开发，经济发展以牺牲大量的自然资源和生态环境为代价，造成了严重的环境污染和生态破坏，并带来了资源耗竭的生态压力。同时，城市环境脏乱差，城市面貌黑大粗，成为污染控制重点区、生态敏感区。例如在甘肃白银，因为企业对当地地下水的污染，造成了地下水体和流经的黄河水中重金属严重超标，黄河沿岸部分村庄因长期饮用黄河水而造成“少年白头”现象较多；在河南省焦作市，因采煤而在城市外围形成了矸石总量超过万吨的10余座矸石山，城市环境在治理前污染非常严重。资源开采一业独大，产业结构“短链”。由于资源型城市在发展过程中过分追求资源产品生产数量的扩张，经济发展过度依赖于资源的开采及粗加工，导致资源型城市主导产业单一，资源采掘业在我国资源型城市的产业结构中均占了极大的比重，部分城市曾占到9成以上，一业独大问题明显。辽宁阜新市是国务院2001年确定的全国第一家资源型城市经济转型试点市。在2000年以前，煤炭采掘业占地方工业产值的50%以上。云南省昆明市东川区过去被称为“天南铜都”，铜采选业是东川唯一支柱产业，在1990年以前的鼎盛时期，铜业占地方工业经济比重高达80%-90%，铜业的税收占地方财政收入的60%以上，即使在1990年以后的资源萎缩期，其比重也高达50%。河南焦作市以煤炭资源开采为主的资源型产业在20世纪年代曾占工业增加值的90%以上。甘肃省金昌市是一个以有色金属冶炼和初级产品及其相关化工产品生产为主的重工业基地，以矿产资源采掘和加工业为主的产业成为重工业的核心，目前有色金属工业占全市工业的74.2%左右，全市工业增长的80%来源于有色金属的采、选、冶工业，经济发展对资源呈现高度的依赖性。资源型城市产业结构形成的特殊机制导致第二产业是产业结构中的主体，第一、三产业发展严重滞后，第二产业只与少数配套产业形成了主导产业链，多为原材料及初加工产品，产业链条很短，产业结构极不平衡。

因此，资源型城市所面临的困境表明，粗放型产业发展模式已不能满足资源型城市可持续发展的需求，探索适合资源型城市产业发展的新模式显得尤为迫切，因此我们急需进行资源型城市绿色规划发展研究。

资源型国家/区域面临的最大难题，是要素向资源部门的集中，制造业、服务业等接续替代产业，非资源型产业发展严重不足，区域对矿产资源开发及其初级加工产业的依赖性反而日趋严重。资源部门普遍存在能耗高、污染重，且对技术有一定的挤出效应，其结果造成资源型区域高能耗、高污染、粗放型、初级化经济发展方式，不仅严重破坏资源生态环境，而且经济增长风险性增强，随着矿产品价格波动区域经济出现大起大落态势。

面对世界经济形势变化和全球资源与生态环境压力，针对资源型区域自身存在的产业单一、生态环境破坏等发展难题，资源型区域应该选择一条什么样的发展道路以推进资源型区域的可持续发展？这依然是一个世界性难题。

中华人民共和国成立后，我国执行计划经济体制，对矿产资源主要实行计划调拨。为了后续关联产业的发展，矿产品的价格处于低位运行。改革开放后，下游产品价格首先放开，由市场调控；矿产品等上游产品价格，在20世纪80年代依然采取计划调控，造成资源开发区域的价值流失。改革开放前，矿产开发以国有企业为主，企业规模大，投入多，开采技术至少是国内先进；改革开放后，乡镇企业的兴起与市场化经济改革，在矿产开发方面表现出个体投入、集体投入等多种形式，开采规模小，滥采滥挖现象严重。乡镇企业发展推动了农村地区经济改革与国内经济发展水平的整体提升，但从矿业开发来看，也加剧了资源与人口、环境之间的矛盾。尤其是资源的无偿使用，人们对资源耗竭的速度、强度，对生态环境的破坏非常严重。进入21世纪，这一问题更加突出。资源开发区域、资源枯竭区域出现生态环境严重破坏、接续替代产业发展不足、产业结构倚重、失业人口增多、经济增长衰退等经济社会问题。

从中国经济发展的现实来看，虽然一些资源型区域/城市进行了转型发展的实践和探索，但尚缺乏能够具有普适性的系统转型模式与路径，以及与之配套的相关制度，如矿产开发的收益分配制度、衰退产业援助制度、资源生态环境补偿制度等。如何推进资源型区域的产业转型、生态修复与经济发展方式的转变，依然是资源型区域转型发展研究的热点议题。低碳经济、绿色发展，对于处于工业化中期的中国而言，任务是艰巨的；对于以能源重化工产业为主体、具有高碳经济特征的资源型区域而言，更是一个巨大的挑战。

因此在国内外综合因素影响下，如何实现资源型城市绿色规划发展，带动资源型城市转型，构成了本书研究的主要问题。

纵观资源型区域的难题，主要集中在：能源、矿产资源开发过程中带来较为严重的负效应，造成资源耗竭、生态环境破坏以及区域可持续发展能力下降；矿产资源本身的供给与需求的变化会给资源型区域经济发展带来重大影响，要么是资源部门萎缩引起资源型区域经济发展萎缩，要么是资源繁荣引起经济增长波动、反工业化、收入差距扩大、寻租等经济体系的破坏。如果不采取相应的制度与措施推进经济转型，那么资源型区域的难题或迟或早总会引发资源型区域的衰退。资源型区域的经济转型是一个世界性难题。而在当今资源生态环境与气候变化的双重压力下，资源型区域的经济转型既显得更为迫切，也加剧了其转型的难度。资源型区域绿色规划发展是时代背景下的理论难题，其研究对于完善可持续发展理论、资源型区域转型发展理论具有重要的理论价值。

产业转型为资源型城市的整体转型奠定物质基础，是城市转型的开端，对于实现城市可持续发展有至关重要的影响。以往学者纷纷从理论和实践方面对资源城市产业转型进行研究，在发展经济是第一要务的传统观念的影响下，政策制定者和学术界更多关注产业发展问题，并在实践中取得良好的效果。经济增长的最终目的是为了惠及民生，城市可持续发展的内涵应包括经济、社会、环境多个领域。困扰城市民生的深层次矛盾在于长期积累的各种社会和环境问题：收入分配、居民就业和生活质量的提高、城市建设和环境优化都成为影响煤炭型城市可持续发展的关键。社会及环境问题的解决不能只是依靠市场机制自发完成，需要通过城市管理者的制度安排，将历史欠账以某种方式加以补偿并建立长效运转机制，使产业转型增长所带来的利益被广大城市居民共享，通过制度创新与完善实现经济、社会、环境之间的互动与良性循环。因此本书在前人研究的基础上，从落实科学发展观、构建以人为本的和谐社会的宗旨出发，以实现经济、社会、环境全面协调可持续发展为根本目标，将产业发展同城市系统收入分配、人口和就业特征、生活水平及环境质量相互联系，力图找到经济、社会、环境之间的内在规律，通过正向的相互促进实现城市升级和居民综合生活质量的提高。

本书对传统发展模式下的资源型经济难题进行总结，对绿色规划发展的探索进行评价，在此基础上尝试构建绿色规划发展的基本理论框架，对推进我国资源型城市绿色规划发展，协调经济发展与资源生态环境之间的关系，实现节能减排、低碳、绿色规划发展以及协调城市发展具有重要的现实意义。

第二节 资源型城市绿色发展的相关概念

1. 资源型城市

资源型城市（包括资源型地区）是以本地区矿产、森林等自然资源开采、加工为主导产业的城市类型。资源型城市是18世纪工业化时代来临之后，随着人类对矿产资源大规模开发利用而出现的一类城市。由于资源型城市在经济领域的特殊职能以及它引发的产业、社会、环境一系列矛盾与影响，受到世界范围内专家学者的关注，对资源型城市的研究可追溯到20世纪30年代，其中以加拿大、美国、澳大利亚三国的研究最为集中显著。国外对资源型城市的研究经历了四个阶段，第一个阶段为20世纪30～70年代，学者们在拓荒者的乐观精神下研究城市个体行为、社会问题、人员变动。这一时期，以单一城市或特定区域中的若干城镇为对象进行个体实证研究为主，研究内容重点放在人口统计学特征、建筑和城镇规划问题以及单一产业的偏远城镇中的诸多社会和心理问题上。第二个阶段为20世纪70～80年代，学者们从共性的角度研究资源企业的地位及影响、城市生命周期、资源利益流向，探讨通过城市规划促进产业聚集、改善社区居民的生活质量。第三个阶段是20世纪80～90年代末，转向经济、劳动力结构以及世界经济一体化对资源型城市的影响，用社会学和行为学理论考察资源社区不稳定的原因，并对社区互动进行研究。第四个阶段从2000年至今，研究转向可持续发展领域，如资源城市转型、矿业社会影响的产生与变化、城市环境保护等。近年来侧重于因技术进步和管理革新带来的产业结构、劳动力市场的变化，资源开采与社会环境之间的矛盾而引发的城市可持续性的讨论。

2. 绿色发展规划

城市绿色空间是城市得以产生、形成和发展的自然环境本底，对城市社会经济具有多样的、不可替代服务功能（其中两大主要功能：为城市保存自然价值和为社会提供休闲游憩等服务）。根据国内外研究与建设实践，绿色空间规划建设往往是城镇化程度较高的国家和地区为应对城市无序扩张造成土地资源浪费、自然景观生态破坏、居民游憩地不足、城市环境恶化、空间结构臃肿等问题，而采取的被动或主动应对策略。

“生态文明”是一个总体目标，而“绿色化”则是具体道路。“绿色化”首先是一种生态价值取向——良好生态环境是最公平的公共产品，“山水林田湖”生命共同体是最普惠的民生福祉；“绿色化”也是一种生产方式——发展城乡绿色产业，构建高技术、高附加值、低能耗、低污染的产业结构和生产模式，形成经济发展新增长点；“绿色化”还是一种生活方式——鼓励绿色低碳、环保健康的生活方式、工作方式和消费模式。绿色发展是指：通过体制机制的创新，大力发展具有自主知识产权的核心技术，使得各种资源实现最优化配置，统筹城乡与区域的协调发展，促进人的全面发展和生活质量稳步提高，最终实现社会公平、经济进步、人类与自然和谐共生的可持续发展。

第三节　资源型城市的特征与趋势

1. 资源型城市的发展特征

（1）资源的高度依赖性

资源型城市的主导产业围绕着不可再生资源，该产业链的关联度相当高。在资源型城市中，资源的勘探开采、冶炼加工和销售等生产经营活动是城市的核心，从城市空间布局到交通、能源、教育等基础和配套设施建设都围绕这个核心环节。

资源产业和资源企业是城市的经济主体。资源产业和企业制造了最重要的城市生产总值、就业机会和财税收入。例如，最近10年增长最快的资源型城市内蒙古自治区鄂尔多斯市、陕西榆林的神木市随着煤炭行业的景气度提高和资源开发的力度越来越大，最近几年煤炭行业占全部税收的比重越来越大。

总之，资源型产业的兴衰和波动直接影响甚至决定了整个城市经济的运行状况和经营效益，在城市经济发展中占有举足轻重的地位。

（2）城市形成的突发性

资源型城市的建设因受资源禀赋、开采工艺、政府意志等因素影响往往表现出突发性，在发现丰富的资源储量之后，在国家政策和统一计划的指导下，大规模的物力、人力和资金迅速投入，在聚集效应和规模经济的作用下，资源型城市的发展非常迅速，往往用几年到十几年左右的时间走完其他城市需要几十甚至几百年的发展历程。它没有多数自然发展城市的漫长的经济积累、准备阶段，从而导致基础设施建设滞后等问题。

为了迅速开发出国家需要的资源，资源型城市一般缺少全面的规划和统筹安排，为了开发而开发，资源型城市的突发性特征使得其资源产品主要用于对外输出，“先生产后生活”的发展思路弊端日益严重。此外，资源禀赋常常在山区和偏远地区，常常远离中心城市和交通主干道，客观上抬高了城市集中布局和科学规划的难度，集中布局和系统规划客观上实现起来有较大难度，除了公路等传统交通运输设施在部分城市相对较好，教育、医疗、环境卫生等生活基础设施建设严重滞后。

（3）城市发展的阶段性

由于资源型城市对资源的高度依赖性和自然资源（特别是矿产资源）的可耗竭性，加上资源型产品价格的波动和全球市场对资源型产品需求的周期性，我国资源型城市的发展呈现出阶段性的特点，即经历形成期、成长期、兴盛期、衰落或转型期。

（4）城市经济结构的单一性

资源型城市的产业结构往往很单一，采掘业比重大，产品的附加值低，初级产品占比过高，服务业和高新技术产业发展滞后。

在早期，资源型城市的支柱产业是资源采掘，随着资源采掘能力的提升和城市的发展，部分电力、建材、冶金、化工等高耗能、加工工业逐步得到发展，比如山西阳泉市煤炭采选业和原料工业在工业总产值中占八成，随着中国经济对煤炭需求的大幅提升，煤炭业的重要性反而大幅上升。

资源型城市的产业结构一般比较稳态，调整的弹性较小，呈现出较为明显的路径依赖特征，资源型产业以下几个特点。首先，石油和钢铁等资源型产业属于资本密集型产业，大中型企业较多是其产业组织的特征；其次，固定资产的专用性强，不容易转移到其他产业，同时，固定资产的变现能力差，产生了大量的沉淀成本，导致了较高的退出成本，资本不到万不得已，一般不轻易退出，一旦退出，损失较大，从而导致产业调整的弹性较小；再次，资源型产业从业人员众多，文化程度较低，学习新知识的能力较差，不容易改行，再加上很多资源产品属于国家战略需要，当资源行业面临困境时，政府有施以援手的冲动，从而弱化了行业调整的弹性，使得资源型城市的应变性和适应性较差，呈现出较为明显的路径依赖，无法应对日益复杂、日新月异的市场和技术变化。

（5）城市布局的分散性

资源型城市大多是依矿而建，受到自然条件和资源分布不连续的影响，城市的布局往往呈现分散性的特点，表现为“点多、线长、面广”。这种空间布局的不合理，实际建成区小，集聚度低，城市土地利用率低。多数的资源型城市属于典型的随矿建镇类型城市，空间分散，城乡交错，布局失调，功能弱化的弊端日益凸显，大幅增加了基础设施建设的费用。产业布局的分散性也明显地违背了工业化城市集聚的特征，它不利于城市由粗放型向集约型的转化，也不利于城市基础设施建设，使得城市不能形成良好的聚集效应和规模效应，不利于形成具有强大吸引力和辐射力的地域中心，城市建设水平难以有很大提高。

（6）企业功能与城市功能的混杂性

由于资源禀赋条件等因素制约，资源型企业大多数布局于远离中心城市的偏远地方。由于资源型企业发展太快，而城市建设滞后，无法提供足够的服务满足企业发展的需要，资源型企业建立了自我服务的内部庞大体系，涉及组织工作、教科文卫、治安消防和社区管理等，堪称小的独立王国，导致政企不分、企业和城市矛盾加剧。资源型城市是地区行政中心、文化中心、科技中心和信息中心等，又承担发展资源型产业的产业支柱功能，这二者的功能并不总是相容的。如此，就出现两个履行城市功能的主体，不利于提高企业专心致志搞生产，降低市场竞争力，也导致城市服务功能的不完整、不专业，不利于服务业发展，阻碍了资源型城市的转型。

（7）生态环境的脆弱性

资源型城市随着资源开采规模的不断扩大，资源型企业对能源和资源消耗高，造成了一系列生态和环境问题。矿山过度开发造成地表植被破坏、水土流失和地表塌陷；森林的过度砍伐造成草场退化、盐碱化和沙化；资源型城市在生产过程中造成大气粉尘污染、水质污染、固体废弃物污染，给人们的生产生活带来了严重影响。生态环境的恶化与资源的枯竭成为制约资源型城市可持续发展的瓶颈，政府对资源型城市环境治理的压力也越来越大。

2. 资源型城市的发展趋势

（1）资源终将枯竭问题

自然矿产资源属于非再生资源，随着开采力度的逐渐加大，资源势必枯竭，城市面临矿竭城衰的风险，这是非资源型城市所没有的特殊问题。我国大多数矿业城市都面临资源已经枯竭或者即将枯竭的难题。如何保证这些资源型城市避免因资源耗竭而衰亡的结局，是个紧迫的现实问题。

（2）经济转型难度大，容易形成路径依赖与“资源诅咒”

资源型城市过分依赖于采掘业及矿产品的简单加工业，附加值低，经济波动较大，难以实现产业的转型升级。资源产业及其配套的一系列产业是城市的经济主体，城市与资源产业构筑成共生共荣的纽带关系。“资源诅咒”问题在我国的资源型城市普遍出现，比如山西、东北。由于体制等种种原因，往往陷入“资源诅咒”，容易形成路径依赖，给转型带来很大的障碍。

（3）体制矛盾

矿业企业与矿业城市的行政管理体制往往存在冲突。我国矿业城市是传统计划经济体制的产物，矿业城市面临着复杂的管理体制问题，地方矿务部门（如矿务局）、大型资源型企业往往是上级垂直管理，与所在地的城市政府部门隶属于不同的主管部门，二者协调管理难度较大。在市场机制的新形势下，资源型城市的政府和资源开发企业往往在发展目标和利益取向上存在错位甚至严重的冲突，不利于资源型城市的转型发展。

（4）基础设施建设急需加强

资源型城市多数依矿而建，地处偏远，区位劣势明显，严重制约城市的发展。地理环境闭塞，交通成本高，信息不畅通，严重制约资源型城市吸引外来投资、人才和项目。因此，完善城市基础设施，降低交通和交易成本，是创造良好投资和转型环境的前提。

（5）资源价格扭曲、资源相关的财税制度建设滞后

长期以来，资源型城市只是作为国家对外省市输出资源的场所，自身积累能力很差，典型如，大同市和阳泉市等煤炭大市已累计为国家输煤数十亿吨，石油城大庆市累计为国家生产原油数十亿吨。资源长期低价的扭曲，加上资源相关财税制度建设滞后，导致资源型城市损失巨大，资源开采的收益大部分流失，自身所得只是一小部分，但是却承担着破坏环境、土地塌陷、拆迁、维稳等环境和社会成本，严重阻碍了资源型城市的发展。

第四节　本书研究框架

全书共分为 8 章：

第一章：导论。通过现象以及分析现有研究背景，阐明研究意义，提出研究问题，对书中相关概念进行界定。

第二章：资源型城市绿色发展规划的理论基础。通过资源型城市生命周期理论、可持续发展理论、发展拐点理论、发展循环理论、生态城市理论、循环经济理论、精明增长理论为本书提供了理论基础。

第三章：我国资源型城市的发展演变及现状特征。首先，阐述了我国资源型城市发展演变过程；然后，分析了我国目前资源型城市特征和分布；最后，表明了我国资源型城市发展特征及面临的问题。

第四章和第五章：分别介绍了资源型城市绿色发展规划的国外经验和国内实践。通过分析英国、德国和美国等国家城市绿色规划转型的案例，为我国资源型城市绿色

规划发展提供经验。而对于国内则通过焦作市、黄石市成功转型的案例为本书提供实证证明。

第六章：资源型城市的产业转型与空间规划。通过资源环境承载力和资源型城市产业转型模式，结合资源型城市空间发展边界确定其发展的城市空间规划。

第七章：资源型城市的生态修复与城市修补。引进“城市双修”这一概念，通过其基本原则、发展目标和规划内容探讨资源型城市生态修复和城市修补。

第八章：推进资源型城市绿色规划发展的对策建议。针对目前出现的问题，提出通过城市转型，人才引进，绿色发展，国家政策和政府调控等方面给出相应建议，以便资源型城市更好地实现绿色规划发展。

第二章　资源型城市绿色发展规划的理论基础

第一节 资源型城市生命周期理论

1. 矿区生命周期理论

国外关于矿区生命周期的研究始于 1929 年，赫瓦特提出了五阶段周期理论，他根据区域资源加工利用程度的不同，将矿区发展划分成五个阶段。在此基础上，卢卡斯（Lucas）于 1971 年提出了单一工业城镇或社区发展的四阶段模式：

· 第一阶段，建设期。

· 第二阶段，人员雇佣期。同前一阶段一样，人员的变动大，青年人和年轻家庭占主导，不同种族和民族的居民混杂，性别比失调，人口出生率高。

· 第三阶段，过渡期。集居地从依附一家公司变成独立的社区，管理集居区的责任从公司转移到社区，社区稳定感和参与意识增强。

· 第四阶段，成熟期。成年劳动力的流动性下降，退休人员比例上升，年轻人被迫从社区外迁；布莱德伯里在考察了加拿大魁北克——拉布拉多铁矿区的矿业城镇谢费维尔（Schefferville）后，对卢卡斯单一工业城镇周期理论进行了补充，增加了两个阶段：

· 第五阶段，衰退期。社区外迁率上升，社区稳定性下降。这一时期有可能导致矿山或工厂的关闭，也可能导致一个城镇的衰退甚至消亡。

· 第六阶段，城市的完全废弃消亡。

2. 资源型城市发展历程

资源型城市自身的发展遵循 S 形曲线（诺瑟姆，1975），即：城镇化水平较低、发展较慢的初期阶段，人口向城镇迅速集聚的中期加速阶段和进入高度城镇化以后城镇人口比重的增长又趋缓慢甚至停滞的后期阶段（图 2-1）。该曲线反映，城镇化过程的阶段性是与导致城镇化发展的社会经济结构变化的阶段性以及人口转换的阶段性密切联系的。S 形理论有助于理解现实的资源型城市的城镇化地域差异和预测未来的发展趋势。资源型城市是以专门化职能为主的城市，其形成和发展强烈地依赖于资源。这就决定了这些城市的主要特点是职能较单一，综合发展程度较低；对外联系范围广，但联系内容也较单一；发展历史一般较短，发展速度较快，并可能有较大的起伏性。但总体上符合诺瑟姆 S 形曲线模式。

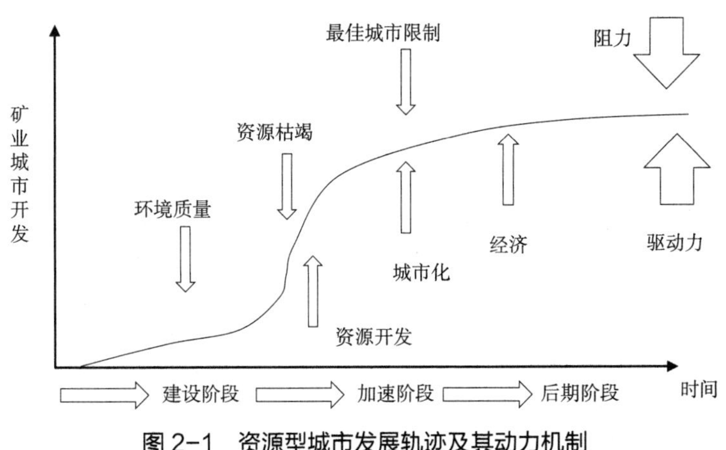

图 2-1　资源型城市发展轨迹及其动力机制

资料来源：沈镭，2005。

在资源型城市的发展过程中，始终受阻力和驱动力的合力作用（图 2-1）。阻力来自环境质量下降、资源耗竭、最佳城市规模限制等，驱动力来自资源开发、城市化、城市化进程的加快、经济结构的调整等。合力在不同的城市发展阶段表现出不同的外力形式。前期阶段，驱动力占优势，城市发展迅速；中期阶段，阻力逐渐上升，城市发展速度减缓；后期阶段，阻力与驱动力平衡，城市在某一水平层次上几乎停滞，甚至可能，阻力大于驱动力，城市呈现衰退趋势。

3. 资源型城市生命周期

笔者认为资源型城市的生命周期和矿业经济发展的周期性息息相关。由于矿物能源和矿产资源是不可持续利用的资源，决定了矿业经济的发展必然经历一个由勘探，到开采、高产稳产（鼎盛）、衰退直至枯竭的过程（图 2-2，B 衰退期）。伴随矿业经济的演变轨迹，单纯以矿业为支柱的城市经济也会有相似的发展轨迹，以至于矿衰城竭。

但是，如果城市在兴起期或资源高产稳产的鼎盛期或更早，利用资源开发和积累下来的资金、技术、人才等滚动式带动其他行业或第三产业的发展，逐步把重点转移到培育非资源型支柱产业上，减少对资源的依赖度，就能顺利实现城市经济的资源接续和产业接替（表 2-1）。这样，在资源走向衰竭之前，城市经济有新的经济生长点和支撑点，仍能够保持旺盛的生命力和经济活力，顺利地跳出 B 型衰退轨迹，在较高的起点上，对城市的自然资源、经济资源、社会资源、人力资源进行优化与重组，开始另一种意义上的新生（图 2-2，A 新生期），从而获得资源型城市的转型和可持续发展。

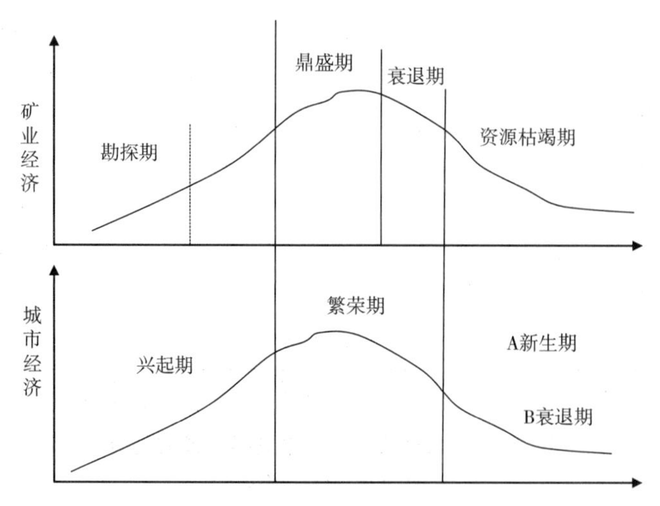

图 2-2 矿业城市生命周期示意图

不同生命周期资源型城市其特征及其转型 表 2-1

城市类型	资源	保证年限	资源产业地区	基本特征	转型思路
新建城市（幼年期）	以资源为基础形成城镇	很高	资源产业逐步形成	资源产地与中心地未完全分离	高起点、深加工、延伸资源产业链
新兴城市（青年期）	资源开发活动已形成	较高	支柱产业	城市中心地与资源产地紧密相连；产业结构单一、序次低	开源节流并重，走区域性城市道路
中期城市（壮年期）	资源开发活动处于鼎盛期	趋于下降	逐步降低	市中心地与资源产地已经或正在分离；多个支柱产业多元化发展	产业结构调整，加强城市建设，完善城市功能
后期城市（老年期）	逐渐消耗	低	支柱不明显	产业结构多样化；两个发展方向：综合性或其他职能城市；或者彻底衰落	挖掘、再造优势
新生综合性城市（转型期）	替代资源或非矿资源	高	明显或不明显	新兴产业替代传统的资源产业；城市功能完善	

资料来源：据刘随臣等（1996）删改。

第二节 资源型城市可持续发展理论

1. 可持续发展的内涵

可持续发展是一个涉及经济、社会、文化、技术和自然环境的综合概念，是指既满足当代人的需求，又不对后代人满足其自身需求的能力构成危害的发展。这个定义包含了两个关键性的概念：一是人类需求，特别是世界上穷人的需求，这些需求应被置于压倒一切的优先地位；二是环境限度，如果它被突破，必将影响自然界支持当代和后代人生存的能力。

具体来说，可持续发展系统的内涵可以归结为图 2-3 所示的三个方面的内容。

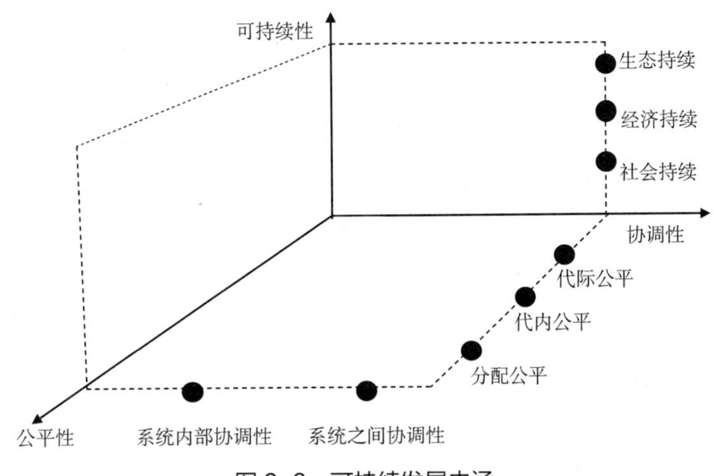

图 2–3　可持续发展内涵

(1) 可持续发展的公平性

可持续发展所追求的公平性包括三层意思：一是本代人的公平即同代人之间的横向公平。可持续发展要满足全体人民的基本需求以及给全体人民机会以满足他们要求较好生活的愿望。要给世界以公平的分配和公平的发展权，把消除贫困作为可持续发展进程特别优先的问题来考虑。二是代际间的公平，即世代人之间的纵向公平性。人类赖以生存的自然资源是有限的，本代人不能因为自己的发展与需求而损害人类世世代代满足需求的条件——自然资源与环境。要给世世代代以公平利用自然资源的权利。三是公平分配有限资源。可见，可持续发展不仅要实现当代人之间的公平，而且也要实现当代人与未来各代人之间的公平，向当代人和未来世代人提供实现美好生活愿望的机会。

(2) 可持续发展的持续性

可持续发展的持续性是指，任何不断发展中的系统继续正常运转到无限的将来而不会由于耗尽关键资源而被迫衰弱的一种能力。可见，"持续性"一词含有长时间内保护和养育的意思，常用来评价人类活动对自然环境和资源的影响。它又可进一步分为经济发展的持续性、社会发展的持续性和资源环境发展的持续性。其核心指的是人类的经济和社会发展不能超越资源与环境的承载能力。离开了资源与环境，经济持续发展、社会持续发展，甚至人类的生存与发展就无从谈起。资源的永续利用和环境系统的持续性的保持是人类持续发展的首要条件。

（3）可持续发展的协调性

可持续发展的协调性主要是指可持续发展的实现手段。一般来说，当系统包含若干相互矛盾或相互制约的子系统时，当系统具有存在利益冲突的多个独立个体或因素时，当系统包含有对各个目标有不同评价标准的参与者时，系统协调是实现可持续发展的关键手段。系统协调的基本思想是，通过某种方法组织和调控所研究的系统，寻求解决矛盾或冲突的方案，使系统从无序转换到有序，达到协同或和谐的状态。系统协调的目的就是减少系统的负效应，提高系统的整体输出功能和整体效应。

2. 资源型城市可持续发展的三维内涵

可持续发展的概念和内涵强调了城市发展过程是公平性、持续性和协调性三位一体的高度综合。资源型城市作为城市的一种也不例外，其可持续发展的三维内涵如图2-4所示，也是以公平性为原则，以持续性为目的，以协调性为手段进行的。

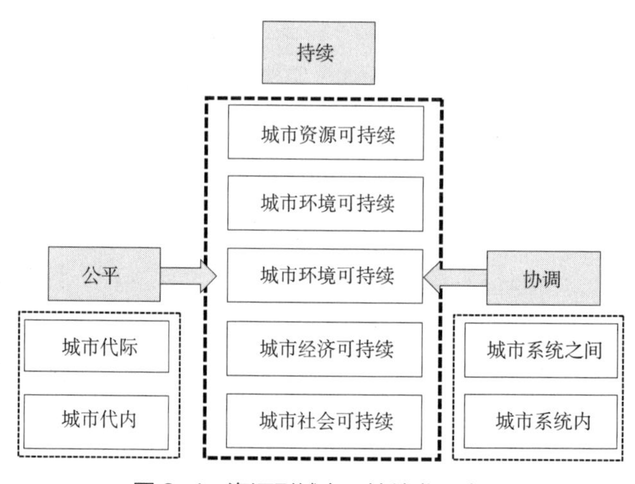

图2-4 资源型城市可持续发展内涵

资源的可耗竭性和不可再生性决定了资源型城市可持续发展的公平性是一个代际的概念。从时间维度上看，涉及代际间不同人所需资源的状态和结构，强调代际间的纵向公平。从空间维度上看，涉及包括城市内部资源从开发利用到保护全过程资源的发展水平和趋势，强调同代人之间的横向公平。从内容上看，既涉及资源经济的利用和物质财富分配的公平，又包括资源外溢的社会效益和生态效益享用的公平等。资源型城市可持续发展还是一个发展的概念，并非仅限于增长的内涵。它既要反映人类所需资源的数量特征，也要反映其在结构等方面的改善。城市的发展以逾越资源与环境的承载力为前提，以提高人类生活质量为目标。既保持了经济的增长，社会的发展，又不伤害环境，同时也给后代留下足够发展的资源。资源型城市的可持续发展更是一个协调的概念，这种协调涉及数量与质量、时间与空间，更涉及资源型城市这个复杂巨系统与外界及其本身各个组成要素（包括资源、环境、经济、社会及人等）之间的协调。

3. 可持续发展研究

（1）可持续发展概念性理论研究

20 世纪 80 年代初，“可持续发展”成为这一时期最引人注目的词汇，在这个时期，人们就可持续发展的概念与定义展开争论，并对其理论进行探索。奥瑞沃丹（O'Riordan）全面阐述了可持续发展思想的产生与范围广泛的环境保护运动之间的密切关系。1991 年，世界自然保护同盟（IUCN）、联合国环境规划署（UNEP）和世界野生动物基金会（WWF）共同发表长篇报告《保护地球：可持续生存战略》，该报告认为可持续发展是“在生存于不超过维持生态系统承载能力的情况下，改善人类的生活质量”，并提出人类可持续生存的 9 条原则，强调人类的生产方式和生活方式要与地球承载能力保持平衡；同时提出了人类可持续发展的价值观和 130 个行动方案，着重论述了可持续发展的最终落脚点是人类社会，即改善人类的生活质量，创造美好的生活环境。同一年，国际生态联合会（INTECOL）和国际生物科学联合会（IUBS）联合举行关于可持续发展问题的专题研讨会。会议发展并深化了可持续发展概念的自然属性，认为可持续发展就是要“保护和加强环境系统的生产和更新能力”，即可持续发展是不超越环境系统再生能力的发展。影响比较大的可持续发展概念主要涉及下面几个方面：可持续发展的目标是发展，确保人类生存；可持续发展的本质是寻求经济、社会与生态（资源环境）之间的动态平衡；可持续发展的核心在于当代人、区际和代际之间的公平性，维持几代人的经济福利。1992 年，巴西里约热内卢世界环境发展大会通过《里约宣言》和《21 世纪进程》，第一次把可持续发展理论和概念推向行动，得到广泛的接受并成为各国社会发展的新战略行动计划。

我国的可持续发展理论研究，从 20 世纪 70 年代中期就开始跟踪国际相关研究的动向。我国马世骏院士从生态学角度先后提出复合生态系统的可持续发展思想，如社会—经济—生态复合系统、社会—经济—自然生态系统—资源物质系统、社会—经济—自然复合生态系统等概念。以牛文元为代表的学者，提出了可持续发展研究的系统学方向。强调人与自然、人与人关系综合协同，充分地体现了公平性（代际公平、人际公平和区际公平）、持续性（人口、资源、环境发展的动态平衡）和共同性（体现全球尺度的整体性、统一性和共享性）三大基本原则。有序地演绎了可持续发展的时空耦合与三者互相制约、互相作用的关系，建立了人与自然、人与人关系的统一解释基础和定量评判规则。

（2）可持续发展评价理论研究

为了将可持续发展理论付诸实践，一些机构和学者们在深化理论研究的同时，也在可持续发展评价指标体系和评价方法上进行了大量的探索。经济合作与发展组织于1994年率先提出“压力—状态—响应（PSR）”的可持续发展指标框架。随后联合国可持续发展委员会（CSD）据此并经过修改而提出了“驱动力—状态—响应”的可持续发展指标体系框架，指标力图科学地描述环境、社会、经济等因素的变化规律，把总共包括社会、经济、资源环境以及制度等四个方面的147条指标的指标体系分成“驱动力指标”、“状态指标”和“响应指标”三大类。1995年世界银行的专家提出了使用“人均资本”这一概念来对发展的可持续性进行测度的方法，并建立了由人造资本、自然资本、人力资本及社会资本四部分组成的指标体系来衡量世界各国财富和可持续发展能力。戴利和库伯在他们合著的一本书中设计了一套较为全面的经济可持续发展福利指标体系，它不仅考虑了平均消费，也考虑了分配和环境退化的因素，还考虑了全球臭氧层破坏等带来的大规模和长期性的效果。但该指标体系仅以少数几个发达国家为原型建立框架，对发展中国家来说是不完备的。英国经济学家皮尔斯和阿特金森等人从环境资本和价值理论出发，探讨了强和弱的可持续发展指标和测度方法。利弗曼等在总结过去可持续性指标研究的基础上，提出了确定可持续发展指标的8项基本标准，这些标准强调了指标的空间性、可预测性、价值性、可逆性或可控性、整合性、公平性以及可获得性和可用性。科瓦斯基（Kowalskia，2009）等人利用假定与共享的多标准分析结合的方法以奥地利为例对其五种可再生能源通过17个可持续发展指标进行评估。挪威自1980年以来就致力于绿色GDP等一系列经济核算指标对自然资源和环境可持续发展状况进行刻画。波特尼（Portney，2003）建立了一套评估可持续发展能力的指标体系，并据此对美国的24个城市进行评估排序，发现西雅图可持续发展能力最强，密尔沃基可持续发展能力最弱。

我国政府于1992年签署了以可持续发展为核心的《21世纪议程》等文件，随后，又编制了《中国21世纪议程——中国21世纪人口、资源、环境与发展白皮书》，把可持续发展战略列入我国经济和社会发展的长远规划。国内不少学者在借鉴国外相关研究基础上，结合我国国情、区情特点，研究并不断探索我国的可持续发展评价理论和方法，其研究相当活跃，并取得不少成果。一些研究单位和院校如中国科学院、国家环保总局、国家计委、国家统计局统计科学研究所、中国21世纪议程管理中心、北京大学、清华大学、天津大学等单位分别构建国家级、省级可持续发展评价指标体系、中国城市环境可持续发展指标体系、可持续发展战略评价指标体系和监测系统。一些学者也围绕评价理论与方法展开了讨论。冯之浚对生态和环境评价方法进行了探讨；侯伟丽等探讨了环境公平、环境效率及其与可持续发展的关系。陈（Chen，2006）建立了一个面对环境提供的自然资源的持续损耗，动态观测社会经济系统变化的发展框架。在这个框架中，环境系统的承载容量受到人类活动，包括环境污染和资源枯竭等的累积性影响。相反，它也影响可再生资源的发展。基于这个框架可以通过数学模型确定可再生资源与耗竭资源间的使用比例。王如松等建立了具有52个评价指标的城市可持续发展评价指标体系，对济宁城市的经济、生态、环境、社会福利等方面进行评价。预测到2020年济宁市的可持续发展能力将达到0.90。

（3）可持续发展理论应用研究

可持续发展理论主要应用于社会学、经济学和资源学等方向。吴（Hsin-I Wu，2008）等人通过基于反馈机制的优化资源动力学模型分析了在资源容量动态变化的过程中的人口持续增长模型。董世魁（Shikui Dong，2009）根据尼泊尔的具体情况提出良好的公众服务和技术支持、不同组织的制度发展、政策、政府的支持对促进北尼泊尔多山地区可持续的牧场管理是十分必要的。马里奥拉克斯等（Mariolakos et al，2007）提出由于人口的爆炸性增长，生活水平的提高，短期内的气候变化导致了水资源的短缺，应该在可持续发展框架下对水资源进行管理，现存的和即将进行的工作应该按照可持续发展的标准来进行调整。范德维尔德等（van der Velde et al，2007）结合可持续经济发展以汤加小岛为例对其农业、淡水管理方面进行分析，提出小岛经济可持续发展的具体措施。

平德哈格斯（Pinderhughes，2004）通过对过去50年中发展中国家的数据分析，指出城市地区未来必须进行可持续发展。米丽拉等（Myllylä et al，2005）指出城市环境的最大挑战不是环境服务与基础设施的缺少，而是制造不平等分配的社会结构及相应服务的故障，环境发展的最大限制是社会文化资源的缺失，在这个过程中，可持续并不是一个目标，而是一个发展动力评价标准，包括透明有效的管理、灵活同等的服务及公平资源分配。推德等（Tweed et al，2007）建筑文化传统在城市可持续发展中起到很大的作用。他分析了现在城市重建途径的缺点，并指出在完全理解城市环境及其文化传统与人类关联后这些缺点都将被很好地解决。戈贝尔（Goebel，2007）指出影响南非城市中低成本住宅可持续发展的主要因素是：宏观经济环境、种族隔离、城市发展的规模和速度以及难以改变的社会制度。

我国可持续发展理论应用研究主要围绕区域发展行动计划的制定、区域可持续发展评价指标体系的可操作性、实用性和数据的易得性等方面进行。陆大道、马丽对区域可持续发展政策、发展规划、发展要素与途径进行了相关研究；程晓民等对区域可持续发展状况进行了动态评估；刘玉等提出了影响区域可持续发展的经济、人口、科技、环境与资源要素；牛树海从生态空间的角度对区域可持续发展进行了研究；方创琳从区域发展规划角度对地区可持续发展进行研究；倪前龙等对国外城市自然、社会、经济推进可持续发展进行了分析；刘建芳、贾绍凤、王葆青等对日本、美国等国家的区域经济政策进行分析，认为通过法律和政策可协调区域发展，指出德国通过企业和科学界的技术创新，推动了环保产业的迅速发展，并实现了可持续发展的良性循环；许碧芳等（Pi-Fang Hsu et al，2008）利用波特的钻石模型分析了台湾老年住宅的可持续发展。

4. 可持续性的资源型城市

20 世纪 80 年代伊始，全球面临着三大难题的严峻挑战，即南北问题、裁军与安全、环境与发展。当时，联合国大会相继成立了由联邦德国总理勃兰特、瑞典首相帕尔梅和挪威首相布伦特为首的三个高级专家委员会，分别发表三个纲领性的文件，即“我们共同的危机”、“我们共同的安全”和“我们共同的未来”。在三个文件中，都几乎同时提出了未来必须实施“可持续发展（Sustainable Development）”战略（王军，1997）。此战略一经提出便普遍受到世界各国和国际社会的高度重视和关注。1992 年于巴西里约热内卢召开了联合国环境与发展大会（也称“地球最高级会议”），把寻求人口、资源、环境与经济的持续协调发展（Population，Resources，Environment，Development，简写‘PRED’）作为大会的中心议题之一，并通过了包括《21 世纪议程》在内的 5 项文件和条约，标志着人类从持续发展理论走向实践行动的新时代。1996 年 6 月联合国在土耳其伊斯坦布尔又召开了第二届人类住区大会，其主题是：“人人享有适当的住房”和“城市化进程中人类住区的可持续发展”。

“可持续发展是在不损害后代人满足自身需要能力的前提下，用来满足当代人自身需求的一种发展模式。”（布伦特兰，《我们共同的未来》，1987）。可持续发展作为一种现代发展观，是人类对发展方式、目的、意义的哲学思考；作为一种理论，是自然学科与社会学科的交叉，涉及伦理、生态、环境、资源、经济、地理、管理等众多学科。

可持续性（Sustainability）的概念渊源悠久，在中国春秋战国时期（公元前 3 世纪）就有保护鸟兽鱼鳖怀孕或产卵的“永续利用”思想和封山育林的法令；西方经济学在 19 世纪对林业的研究和 20 世纪对渔业的研究提出了可再生资源的“可持续产量”

概念（YangKaizhong，1993）。目前，可持续发展的概念已被认为是多元的动态概念，它具有丰富而又宽广的内涵。据不完全统计，截至1996年2月，国内外对可持续发展的定义多达98种（王军，1997）。按照国际通行的解释，可持续发展是指既满足当代人的需要又不危害后代人满足其自身需要能力的发展，它同时达到经济的发展、自然资源与环境的和谐、子孙后代安居乐业的永续等多重目标。这一涵义蕴藏着三条最基本原则（成升魁、沈镭，2000）：一是公平性，它所强调的是既要满足当代人生产与生活的基本需求，又要满足世世代代拥有平等利用有限而又稀缺的自然资源的权利；二是共同性，强调在全球范围内公平合理地分配自然资源，并采取全球一致的联合行动；三是持续性，强调代与代之间、代内之间人类的经济社会发展不能超越资源与环境的承载能力。

发展，历来是各国政府关注的重点。自20世纪80年代后期，我国政府提出坚持可持续发展观后，1994年3月国务院审议通过了《中国21世纪议程——中国21世纪人口、环境与发展白皮书》，这个纲领性文件力求结合中国国情，制定我国有计划、有重点、分阶段摆脱传统的经济发展模式，保持我国经济持续、快速、健康发展的可持续发展战略。在党的十六届三中全会通过的《中共中央关于完善社会主义市场经济体制若干问题的决定》中提出了“坚持以人为本，树立全面、协调、可持续的发展观，促进经济社会和人的全面发展”，强调“按照统筹城乡发展、统筹区域发展、统筹经济社会发展、统筹人与自然和谐发展、统筹国内发展和对外开放的要求”，推进改革和发展的完整的科学发展观。

由此可见，资源问题和城市问题都将是可持续发展的全球焦点，而作为具有资源和城市双重属性的资源型城市，在资源持续性和城市可持续发展中将担当着特殊的角色，城市的转型与可持续发展两者密不可分。

5. 资源的持续性

可持续性的资源型城市至少包含有资源的持续性、产业的持续性和城市的持续性三大部分。资源的持续性不仅要维持现有的经济社会发展对资源供给的不断需求，而且还要考虑子孙后代的持久需要，即注重“代际公平”，决不能“吃祖宗的饭、断子孙的福”。随着工业化和人口的发展，人类对能源和矿产资源的巨大需求以及大规模的开发消耗，已导致资源基础的削弱和枯竭。伴随传统的经济发展过分依赖于资源和能源的投入，造成了大量的资源浪费和严重的环境污染，加之不适当的对资源进行行政干预及资源定价，严重限制了现阶段资源的有效配置，并造成了资源的几个扭曲。

由于矿产资源为非再生资源，随着矿业持续发展，资源系统必将面临枯竭，城市可能出现矿竭城衰，这是资源型城市发展所必须面临的资源持续性障碍。而且，由于资源产业是资源型城市的支柱产业，“一兴百兴、一损百损”。因此，支柱性资源产业的可持续性将直接或间接地制约着城市的健康发展。

由此可知，资源型城市的可持续发展问题首先是伴随“矿衰城竭”的问题。以不可再生矿产资源为经济基础和驱动力的资源型城市在持续的矿石开采之后，是否像美国“鬼城”（Ghost City）一样因主体资源的枯竭而人去城空，还是如休斯敦一样及早实现经济转型而继续繁荣？不论答案如何，有一点是不能忽视的，即资源型城市在经济发展的后期都面临着这样一些问题：主体资源的衰减、资源结构单一、产业结构序次低、经济稳定性差、后续产业发育迟缓、人口比例失调、婚姻与犯罪、环境质量下降、城市功能不完善……“可持续发展”强调的和谐性、公平性、发展性、共同性和人本性成为人们研究资源型城市的指导思想。

6. 城市的持续性

就城市的可持续性而言，它应该包括整个城市的人口、资源、环境、科技、社会和经济等多方面的长期目标。城市是国家或区域乃至世界经济的重要组成部分，是持续经济增长和可持续发展的发动机和“领头羊”。资源型城市的形成是以能源和矿产资源富集为重要前提，其可持续发展具有一定的特殊性，主要表现在以下几个方面：

（1）矿区向城市演变过程的突发性

这是资源型城市与一般自然形成的城市的主要区别。在国家政策、方针的指导下，资源勘查开发实行统一大会战，大规模的人力、物力和资本，像闪电般迅速注入矿地，从而获取大量的能源、矿产品的输出。在聚集经济和规模经济的作用下，各种形式的资源型城市不断崛起。由于资源赋存往往位居山区或偏离中心城市的地区，因此，资源型城市的形成多数是建立在以资源开发为主的大企业之后，随着人口增加逐步发展成为一定规模的资源型城市，如大庆、金昌等（沈镭，1997）。

（2）城市化水平低层次性

资源产业是劳动密集型产业，其从业人员的地域性集中，导致各种人口和非农业活动的地域性推进。在城市建设初期的从业劳动人口构成中，除了属于城市人口的资源采掘技术工人、转业军人外，大量的半城市化的“亦工亦农”人口比例较大，包括大量民工、当地农牧民和部分职工家属。城市基本人口虽较大，城市化水平较高，但“高农村人口”构成又暴露出了低层次的城市化水平。

（3）城市社会发展高工业化的虚假性

城市化是所有国家社会发展的必经过程，具有一定的客观规律。产业经济学认为，人类社会文明的发展，将促使社会产业结构从传统农耕业或采掘业向制造业、社会服务业转化，即由第一产业向第二、三产业的顺向转化，这种转化程度与城市化程度密切相关。资源型城市以资源采掘业为主导产业，第二产业比重大，在向高级化产业结构推进中，第三产业和第一产业相对较为落后，表现出逆向的“高工业化”假象。

（4）城市基础设施建设的滞后性

城市的基础设施状况，直接影响到城市的经济效益、环境质量和城市发展。资源型城市的建设具有被动性、临时性和变化性，这是由于城市居民点的选择受资源赋存、勘探程度、开采工艺、生产阶段及区内自然、历史条件等多种因素的影响。上述突发性、低层次城市化和高工业化特征，又直接反映出城市基础设施建设的严重滞后。此外，资源空间展布分散和资源开发大军的转战，大量人口一次性迁移，使得城市建设难于进行集中布局和系统规划，“先生产后生活”常常出现“有市无城”、“似城非城”的局面，城市的基础设施建设存在先天性的不足。

（5）企业与城市机制的约束性

国有大中型企业是资源型城市的主体，也是地方财政收入的主渠道。但从生产和服务职能看，企业与政府具有明显差别。过去矿业企业办社会，于是“机关求大，职能求全，级别求高，队伍求多”的“全能式”企业体制（杨宏烈，1996），难免造成企业经济效益低和市政府职能不畅等弊端。在市场经济体制条件下，企业与城市形成政企不分的双向制约矛盾更为突出，极不适应改革与发展新形势。

（6）城市发展面临资源枯竭和环境整治任务重的两难境地

资源型城市可持续发展的物质基础是非再生的能源与矿产资源，不论后备资源勘探进展多大和开发时间多久，资源持续性利用最终是有限的。与此同时，由于工矿业经济活动是严重的环境污染和破坏型产业，特别是煤炭开采、石油化工炼制与加工、铁矿及有色金属矿产开采与加工等，对城市自然景观的破坏，对大气、水体、生物及人类的生产和生活的影响都十分深刻。若不采取有效的环境保护措施，不仅将威胁着城市既有人类的生存与发展，而且还将遗害于后代（郎一环等，1997）。

7. 资源型城市持续性的实现途径

由上分析可知，实现资源型城市的可持续性发展，必须从资源（包括环境）、产业和城市三个层面寻求出路。资源的持续性必须是以资源的持续供给、合理利用、有效保护和减低环境代价为前提，充分满足国民经济建设对资源的需求，全面提高资源的经济效益、资源效益、环境效益和社会效益。产业的持续性就是在保持资源产业作为主导产业的同时，通过产业结构的调整与优化，配置替代产业，需求其他产业的接续。城市的持续性必须在发挥好资源产业在城市经济增长中具有主导功能的基础上，保障城市其他作用与功能得以健康和协调地发展。

资源的持续性和城市的持续性分别是资源型城市发展的出发点和归宿，而产业的持续性则是资源型城市发展的重要保证。资源持续性必须满足四个方面的目标（沈镭，1998）：

一、最大限度地提供为保证经济发展所需的探明矿产资源储量，保持主要矿产资源增长与资源消耗基本平衡；

二、提高矿产资源综合利用和再利用水平，实现单位矿产资源的国民经济产出率最大和单位国民生产总值的矿产资源消耗最小；

三、建立可持续发展的矿产资源管理体系、法律体系；

四、促使矿产资源开发、环境保护与经济增长之间相互协调。

为了实现资源的持续性，必须相应采取四大战略：

一、开放型的资源供给战略，核心是在用好、用足国内矿产资源的同时，扩大矿产资源领域的国际合作与交流，通过国际市场的调节和优势的互补，实现国内、国外资源双向开发，保障资源的有效供给。

二、节约型的资源消耗战略，即以市场机制优化配置矿产资源，提高矿产资源开发利用效率，获取资源、环境、经济与社会等综合效益协调和统一。

三、集约型与科技推动型的资源开发战略，它是以不断扩大矿产开发利用的深度与广度为目标，依靠节约经营与科技进步，增加资源供给。加强资源回收利用、综合利用、二次资源利用，以及替代资源、替代能源和替代材料等开发，实现资源的广泛“开源”和全面节约。

四、协调型的区域发展战略，从全国整体而言，就是要建立各具特色、优势互补、共同发展的区域资源开发格局；作为资源型城市而言，必须协调城市与城市以及城市与各级区域的相互关系，发挥城市在区域经济社会发展中的带动作用。

第三节　资源型城市发展拐点理论

1. 资源型城市的复杂性

复杂系统是指系统的多元素、多层次、多功能，系统行为的变化无常性，但又有一定的规律，具有开放性、耗散性、动态性、自组织性和自适应性（陈士俊，2004；范国睿，2004）。研究复杂系统应遵循整体性和动态性相统一，时间与空间、宏观与微观相统一，确定性与随机性相统一的原则（宋学锋，2003）。

由于资源型城市与矿产资源开发关系密切，具有对经济社会发展的牵引性、功能的单一性、城市对矿业的依赖性、效益递减性、生态环境破坏的递增性、资源的耗竭性、发展惯性（稳态性）、发展过程的过渡性或阶段性等特性，使资源型城市在环境、要素、结构、运作机制和功能等诸多方面具有复杂性和不确定性，因此资源型城市是一个复杂系统。

资源型城市的复杂性导致资源型城市的发展过程的特殊性。资源型城市演进的一般过程是：规划建设期——成长期——繁荣期——衰退期——调整转折期。我国的资源型城市大部分处于衰退期或调整转折期，这个时期的资源型城市对于未来的发展有分岔变异（消亡）、跃变增长（再生）、混沌（滞留）状态。

2. 资源型城市的发展拐点

拐点是微分学的概念，其定义为：连续函数 Y=f（t）上凹弧与凸弧的分界点称为这个曲线的拐点。可见拐点是函数曲线上的一个具有一定特性的点，函数曲线在此点处改变了凹凸性，它是函数的凹区间和凸区间的分界点（解元元，2003）。

资源型城市拐点的定义。资源型城市发展过程中，当在某点城市发展速度发生变化时，会出现一个转折点，此转折点之后城市发展速度发生变化，预示城市未来发展方向会出现转折，这个转折点被称为资源型城市发展的拐点。

3. 资源型城市发展拐点的基本属性

（1）拐点出现的必然性

资源型城市的发展受资源型产业的制约，而资源型产业的生命周期又受资源储量限制。由于资源储量的有限性，资源的最终枯竭不可逆转。因此，资源型城市的可持续发展必须逐步减弱对资源储量的依存度，改变资源型产业由兴盛、繁荣到衰退的生命历程。但是，目前我国资源型城市在经历了建设期、成长期和繁荣期之后，许多城市都进入了衰退期，如果没有新的经济增长因子，随着城市为外部提供矿产资源和产品的能力的减弱，城市逐渐萎缩，发展陷入困境，因此资源型城市发展拐点（转折点）必然会出现（图 2-5 中 a、b 点）。

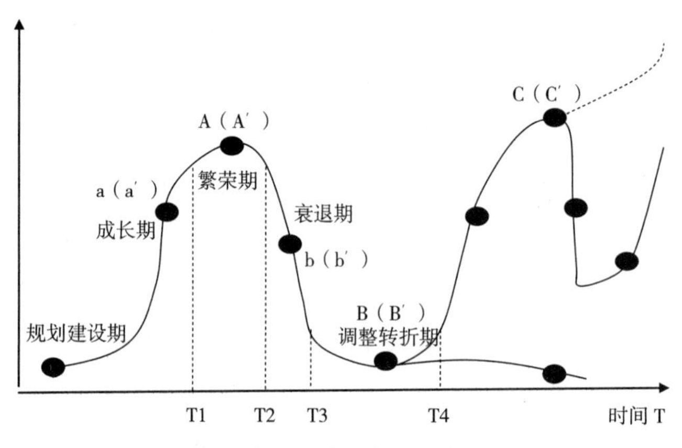

图 2-5 资源型城市发展拐点示意图

a（a′）点：在资源型城市发展的成长期出现的拐点。预示资源型城市发展的繁荣期即将到来，极大值 A（A′）将要出现，而在繁荣期之后，城市将会出现衰退。但如果在繁荣期采取积极措施，发展循环经济，资源型城市会保持持续发展状态。然而，由于线性经济发展模式的制约和认识上的局限性，导致资源型城市很难抓住机遇，实施循环经济的发展模式，结果使资源型城市走向衰退。

b（b′）点：资源型城市发展的衰退期出现的拐点。预示资源型城市发展即将进入调整转折期，极小值 B（B′）将要出现，而在调整转折期之后，城市由于不同的发展模式，会出现两种不同的发展方向（图 2-5）。目前我国许多资源型城市处于衰退期，处于这个阶段的资源型城市需要作出发展路径的抉择。

（2）拐点出现的周期性

资源型城市的发展从成长期——繁荣期——衰退期——调整转折期——第二成长期——繁荣期——衰退期的过程中，会周期性地出现拐点（图 2-5 中的 a 点和 a′ 点，b 点和 b′ 点）。

（3）拐点（极值点）滞留性

由于资源型城市发展的惯性（稳态性），使资源型城市发展到拐点（极值点）时具有一定的区间，即繁荣期的（T1-T2）和调整转折期的（T3-T4）。在滞留区间内资源型城市的发展基本稳定在原有的状态，如在繁荣期的（Tl-T2）区间资源型城市发展度保持极大值，具有较好的经济效益和较大的经济总量；在调整转折期的（T3-T4）区间资源型城市发展度保持极小值，经济效益和经济总量低下，其后则根据发展方向的不同，可以呈现倒“U”形（图 2-5 中的 A-B-A′）或“s”形（图 2-5 中的 A-B-C）发展趋势。

（4）拐点（极值点）方向不确定性（变化动态性）

资源型城市发展到极小值点 B 后，城市发展处于调整转折期，其发展趋势是随着发展条件的不同而向不同的方向发展。一是沿线性经济模式发展，城市发展呈衰落下降趋势（图 2-5 中的 B-C）；二是采用循环经济的持续发展模式，城市发展呈上升趋势（图 2-5 中的 B-A′）。

4. 资源型城市发展拐点理论的“预警”作用

在资源型城市发展过程中，根据拐点理论可以对其变化趋势进行预测。在图 2-5 中，成长期（O-A）和衰退期（A-B）之间分别会出现拐点（a 点和 b 点），a 点和 b 点可以作为资源型城市发展的“预警点”。

在成长期之间出现的拐点（a 点），表示资源型城市发展速度在减小，未来城市发展将进入繁荣期，达到极大值。此时要利用经济优势，建立循环经济的发展模式和持续发展的机制，尽可能使极大值达到最大且滞留时间加长（即使 T1-T2：区间时间延长），从而使资源型城市有比较长的繁荣期，实现经济结构调整和城市转型。

在衰退期之间出现拐点（b 点），则表示资源型城市下降速度在减小，未来发展将进入调整转折期。此时应充分认识到调整转折的艰巨性，做好准备，采取积极措施发展循环经济，减缓衰退速度，使极小值尽早出现，并减少在极小值处的滞留时间（即使 T3-T4 区间时间缩短），从而缩短调整转折期，尽快进入第二成长期。

第四节　资源型城市发展循环理论

1. 资源型城市循环分类与循环方式

资源型城市循环可分为物质循环和非物质循环。物质循环是实现循环的载体，非物质循环是实现循环的保障，两者相互渗透，相互影响。资源型城市循环的主要方式有回收循环、互利循环、反馈循环、连环循环和分解循环。

回收循环是指物质在生命周期内的循环利用，即回收已经用过的废旧产品和排放物，按其有用成分和用途再加以利用。例如，回收废旧金属再冶炼和加工，回收旧瓶罐经消毒清洁后再使用，煤灰烧制水泥等。

互利循环是指两类以上生物或两个以上生产单元互相循环利用对方的产物。如煤矿向电厂提供煤炭用于发电，电厂向煤矿提供电力用于采煤，排出的灰渣加水泥做成建筑材料供煤矿使用。

反馈循环是指两个相关的生产过程按一定的先后秩序连接起来，其中前一个生产过程制造某种产品时的排放物成为后一个生产过程的原料，后一个生产过程的部分产品作为投入要素反馈给前一个生产过程，重新用于生产。

连环循环是指在三个以上的生产单位或过程之间也可以建立这种循环利用关系。如甲、乙、丙三个生产单位，其中乙利用甲的排放物，丙利用乙的排放物，甲利用丙的排放物，形成连环循环。

分解循环是指采取一定的方法分解某种资源，实现再利用。如水分子通过电解可以分解出氢和氧，氢在氧中燃烧，又生成水，发热量高，且污染小。如以氢为燃料的电池和燃氢汽车。

2. 资源型城市循环机理

循环机理是指按照自然生态系统内部循环规律和方式，通过循环链作用实现物质和非物质循环。

（1）生态产业链

生态产业链是在具有产业关联度或潜在关联度的各类产业或企业间建立起多通道的产业连接，使各产业间存在物质流、信息流和能量流的传递，形成互动关系。生态产业链的形成基础是生态产业园区，园区内资源优势与产业优势和多类别产业架构形成核心的资源与核心的产业，成为生态工业产业链中的主导链，以此为基础将其他类别的产业与之链接，实现循环。

（2）政策导向链

循环经济是实施可持续发展的重要措施，循环经济在发展初期和目前由于环境成本的外部性使得市场价格扭曲的情况下，生态产业链难以持续运转。需要政府在循环经济发展的全过程中制定相关的经济和税收政策进行导向，使全社会的经济、环境、社会效益最大化。

（3）市场价格链

循环经济发展的作用力在于逐步形成由市场价格作用与政府推动相结合并且以市场价格作用为主的机制。在循环经济发展初期，依靠政府的力量，建立产业生态链是可能的。但是，在市场经济的条件下，企业以追求最大利润为本能，企业为了追求最大利润会自觉地遵循价值规律，加之政府手段调控的资源是有限的，因此推行循环经济使生态产业链正常运转，须有相应的市场价格链控制机制。

（4）绿色消费链

循环经济提倡绿色消费观和价值观，使公众自觉选择有利于环境的生活方式和消费方式，自觉购买环境友好产品，这是发展循环经济的重要环节。

（5）流通链

流通链主要由信息链和物流链组成，目前处于起步阶段。通过培育和建立循环经济发展技术、信息服务体系，发展信息链与物流链。

（6）就业链

循环经济通过发展第零产业和第四产业，构建五次产业体系（朱明峰，2004b），延长了就业链条，为社会提供了更多的就业岗位，使社会就业从劳动减少型转变为劳动增加型。同时也为社会提供了多样化和灵活性的服务，为循环经济实现提供了人力保障。

3. 资源型城市循环的主体

（1）资源采掘者——矿山企业

资源采掘者是实现和控制循环的源头。资源的设计开发阶段采用循环方式则更具有价值。

（2）制造者——生产企业

循环依靠设计来实现，企业具有设计能力，并掌握选择产品材料的主动权。因此，企业处于实现循环的最有利的位置。企业作为环境污染物的主要排放者，应当担负起相关责任，通过技术改造实施清洁生产，在工业系统内建立起原料和产品之间的相互关联，实现整个生产过程生态化，减少污染物的排放，把资源循环利用和环境保护纳入企业总体创新、开发和经营战略中，自觉地在生产经营和各个环节采取相应的技术和管理措施，引导有利于循环经济的消费和市场行为。

（3）消费者——公众

企业的生产目的是向消费者提供满意的产品与服务，消费者处于产业链的下游，具有选择产品和服务的主动权，引导和约束企业及其生产方式。如果消费者具有环境友好、资源循环利用的观念，他们就能够发挥引导企业实施循环生产的作用。因此，闭合城市生态系统的物质循环同样需要公众的广泛参与。社会公众是循环经济的最大受益群体，应尽快树立现代生态价值观，倡导文明的生活方式和绿色消费理念，积极配合政府和企业，以实际行动共同建立起一个循环型社会。

（4）分解者——废弃物处理机构

这是针对使用、消费后排放废弃物的回收、分类、处置和利用的专门组织。其组织形式可以是政府委托、企业委托或市场行为自立。例如，德国 DsD 是一个专门组织，它接受企业的委托，组织收运者对他们的包装废弃物进行回收和分类，然后送至相应的资源再利用厂家进行循环利用，能直接回用的包装废弃物则送返制造商。

（5）服务者——服务机构

服务机构是促进物质循环的社会力量。应积极鼓励和支持金融机构、媒体机构，以及其他社会团体或个人积极参与。

（6）技术支撑者——科技人员

担负知识经济赋予的重任，将知识经济和循环经济的发展有机地结合起来，开发建立生态工业、生态农业等产业以及整个社会发展急需的绿色技术支撑体系。

（7）引导者——政府

政府确立发展循环经济为国民经济和社会发展的基本战略目标，进行全面规划和实施，制定相应的法律、法规和政策，对不符合循环经济的行为加以限制。政府应充分运用行政、法律、经济、财政等手段，强化宏观调控力度，使循环经济的整体效益（社会效益、经济效益和公共利益）最大化。

第五节 生态城市理论

生态城市关注的是自然、人和城市的和谐共处，而生态城市规划理论则是关注如何通过城市规划来实现这样一种和谐。早期的城市中蕴含着“自然本体论”，城市是人与自然抗争的成果，但同时受自然制约较大，这时候的人城关系是“自然为本，人为用，城市为体”。随着农业文明的发展，以及工业革命所伴随的科学和技术的发展，城市逐渐发展成“人文本体”的城市，这时候的人城关系是“人心为本，城市为体，自然为用”。人、生物和非生物环境和谐发展，形成生态城市，也就是“生态本体”的城市。这时候的人城关系是“人、生物、非生物环境为基，城市为体，人与自然互用，而人与自然的均衡整合为本；人与自然的动态和谐及协同发展为中心”（吴人坚，2000）。

城市作为人与自然沟通的媒介和作用的所在，对人和自然的和谐共生起到了至关重要的作用。城市规划理论直接影响城市的选址以及城市的形态、结构和布局。

1. 生态城市定义

“生态城”中的“生态”关注的是城市作为一个整体与自然系统的关系。1971年联合国教科文组织发起的“人与生物圈计划”（The Man and the Biosphere Programme，简称 MAB）中首次将“生态城市”作为一个正式的概念提出，英文为eco-ville，或 eco-polis，或 eco-city，或 ecological city（陈勇，1998）。概念是：“生态城市是城市生态化发展的结果；是社会和谐、经济高效、生态良性循环的人类居住形式，是自然、城市与人融合为一个有机整体所形成的互惠共生结构”（吴人坚，2000）。

生态学界和规划学界对于生态城市的定义的侧重点略有不同。生态学家侧重于从城市生态学的角度出发，探讨人与自然协调、可持续。规划师则侧重于在城市规划理论的目标与规划策略中体现对生态城市的追求。

（1）生态学家对于生态城市的定义

苏联生态学家杨诺斯基（O. Yanitsky，1981）认为“生态城市是一种理想城市模式，其中技术与自然充分融合，人的创造力和生产力得到最大限度的发挥”（张坤民等，2003）。

第一届生态城市国际会议发起人，美国生态学家理查德·雷吉斯特（Richard Register，1987）认为生态城市是“生态健康的城市，是紧凑、充满活力、节能并与自然和谐健康的城市”，生态城市追求的是“人类和自然的健康与活力”（张坤民等，2003）。他还指出生态城市并不存在，只是一种理想（瑞杰斯特，2004）。

罗思兰（M. Roseland，1997）认为，生态城市理念并不是独立存在的，而是与其他理念并存和包含其他理念。他认为这一概念中应包括：“健康的社区、适宜的技术、社区经济的发展、社会生态、绿色运动、生物地方主义（bioregionalism）、本土的世界观（Native world views）、可持续发展，以及环境正义、稳定的政府（政策）、生态产业（ecological economics）、生态女权主义（ecofeminism）、深层生态学（deep ecology）、‘盖娅’假设（Gaia hypothesis）等”（董宪君，2002）。

沈清基（1998）认为生态城市的经济、社会和城市环境都应达到较好的发展状态，生态保护应高度和谐、技术与自然充分融合，从而能最大限度地发挥人的创造力和生产力。他对于生态城市的定义是“一类基于生态选择和组织作用，由意识定位、资本驱动和制度调制下的人与自然相易合发展的地表层人居形态”（吴人坚，2000）。

黄肇义、杨东援等（2001）提出了一个较为完善的生态城市定义：“生态城市是全球或区域生态系统中分享其公平承载能力份额的可持续子系统，它是基于生态学原理建立的自然和谐、社会公平和经济高效的复合系统，更是具有自身人文特色的自然与人工协调、人与人之间和谐的理想人居环境。”这个定义特别强调生态城市是理想的人居环境的属性，从人的角度出发。

怀特（Rodney R. White，2002）对生态城市的定义是“一种不耗竭人类所依赖的生态系统和不破坏生物地球化学循环，为人类居住者提供可接受的生活标准的城市”。这个定义至少指出了生态城市不能建立在大幅度降低城市生活标准的前提下，当然“人类居住者可接受的”这种标准是模糊而难于界定的（怀特，2009）。

（2）城市规划学者对于生态城市的定义

黄光宇教授在1990年撰文指出，生态城市是“根据生态学原理，综合研究城市生态系统中人与‘住所’的关系，并应用生态工程、环境工程、系统工程等现代科学与技术手段协调现代城市经济系统与生物的关系，保护与合理利用一切自然资源与能源，提高资源的再生和综合利用水平，提高人类对城市生态系统的自我调节、修复、维持和发展的能力，使人、自然、环境融为一体，互惠共生”（黄光宇，1992）。

陈勇（1998）认为“生态城市是现代城市发展的高级形式、高级阶段，是依托现有城市，根据生态学原理，并应用现代科学与技术等手段逐步创建，在生态文明时代形成的可持续发展的人居模式。其中社会、经济、自然协调持续发展，经济高效、人类满意、人与环境和谐，达到自然、城市、人共生共荣共存”（陈勇，1998）。他认为人与人的和谐相处及人与自然的和谐共生才是生态城市的追求。

董宪君（2002）认为生态城市的定义分为环境说、理想说和系统说。环境说注重现实，理想说注重未来，系统说是对现实和未来的有机结合，都具有重要的理论或现实意义。其中系统说兼顾了城市的各种生态要素，又有明确的目标和理论基础，20 世纪 90 年代以来，逐渐被人们接受。张影轩（2010）对生态城市的定义是“城市的人口、用地规模及其生产生活活动的强度保持在城市所处区域的资源环境承载能力之内，并对区域生态系统的结构、功能和过程不构成累积性或不可恢复性的干扰和破坏的城市就是生态城市”。

综上所述，生态城市是在一定社会、经济和技术条件下，依据生态学原理向生态优化目标发展的一种城市模式。生态城市是一种尝试，尝试在人类聚落和土地开发模式上应用生物学理论和生态系统规则。它反复考虑了生态学的基本原理，如系统弹性、惯性和完整性，所有这些都同生态系统适当反应干扰的能力相关联，这样的话生态系统也才能够维持自身运转，存活下去（Jepson，1999）。

2. 生态城市的理论基础

（1）生态城市学科组成

生态城市规划是生态学原理在城市规划中的应用，它是综合了“生态学”学科和“城市规划”学科的跨学科研究。从发展来看，这个学科的发展也是由两个学科分别发展形成的，并正处于融合之中。生态学学科关注整个生态系统，随着城市化的发展，关注对象逐渐包含城市，并形成了城市生态学的子学科。城市规划学科则是对于城市各个方面的关注由用地功能分区等转为关注城市与自然的关系。这两个学科，前者是自然中心论，后者是人类中心论，两者融合后逐渐发展形成生态中心论。

（2）生态城市建设目标

由于对生态城市的不同定义，以及对于生态城市本源的不同理解，生态城市的建设目标也不尽相同。

黄光宇（1992）将生态城市的建设目标总结为 10 个方面，分别是结构和功能、污染、能源和材料、城市绿化、职住平衡、基础设施、城市历史、生态建筑、城市管理以及区域生态条件。

彼得·霍尔（1998）特别强调政策作为实现可持续发展的手段，他认为广泛的政策目标是清晰的：发展节能减排的建筑形式；鼓励非机动车交通及其可达性；鼓励公共交通，不鼓励单人驾驶；研制高效的新动力形式；开发围绕公共交通节点周边的活动中心。难题在于把这些目标转化成可实行的战略框架和针对真实地方的规划，而关键是土地使用－交通两个独立体系的交汇处。

欧盟委员会在《ECOCITY Book Ⅰ：A better place to live》[1] 中指出有五个要素同生态城规划相关：区域和城市环境、城市结构、交通、能源和物质流动、社会经济。

这些分项的目标中关于自然生态方面的整合起来有六点（Gaffron et al.，2005）：

1. 最小化土地需求；2. 最小化初始物质和能源消耗；3. 最优化与区内和区域物质流动的互动；4. 最小化对自然环境的损害；5. 最大化对自然区域环境的尊重；6. 最小化交通需求。

《ECOCITY Book Ⅱ：How To Make It Happen》[1] 中不仅提出了各个分项的目标，还提出了为实现目标所需采取的各方面的策略（Gaffron et al.，2008）。

吴志强（2010）从城市最终对自然的影响角度提出了五个生态目标：能源节约、水节约、土地节约、垃圾减少、废气减少。这些目标可以称为生态城市的目标，是生态城市规划的最终目标而非直接目标。

这些规划目标总体可概括为四个方面：

① 宏观层面：尊重自然区域环境，减小对自然环境的损害；

② 中观层面：最小化土地需求，职住平衡；

③ 表层层面：最小化交通需求，鼓励非机动车交通、公共交通，不鼓励单人驾驶；

④ 底层层面：倡导生态建筑，减少初始物质和能源消耗，减少污染。

建设目标只反映愿望，虽然它们的先后顺序和强调与否同样反映规划理论的侧重点，但规划策略在反映规划理论上显然更具说服力。

（3）生态城市理论组成

扬诺斯基将生态城市设计与实施分成三种知识层次和五种行动阶段。三种知识层次分别是时空层，社会功能层和文化意识层；五个行动阶段分别是“基础研究、应用研究、规划设计、建设实施和有机组织”（吴人坚，2000）。

生态城市针对的是城市从规划到建设到运营的全生命周期，生态城市理论不仅包括生态城市规划理论，还包括建设与运营管理和后期评价方法。城市规划理论的一般组成为：问题／愿景＋目标＋策略＋模式（pattern），生态城市规划理论有同样的愿景，即建设生态城市，而因为其模式复杂，均没有模式图。因此，生态城市规划理论的主要组成部分即为规划目标和规划策略，生态城市理论包括生态城市的目标，规划策略，建设与运营管理，后期评价方法四个部分。

---

[1] 这两本书已经由中国建筑工业出版社合成一本于 2016 年引进出版，中文书名为《生态城市——人类理想居所及实现途径》。

3. 生态城市理论的发展

（1）西方生态城市理论的发展

西方生态城市思想发源于19世纪霍华德（Ebenezer Howard，1850～1928）的“田园城市”（1898），主张“自然、低密度”，德国韦伯的《城市发展》、英国吴恩的《过分拥挤的城市》也是该领域的重要著作（鞠美庭等，2007）。英国生物学家盖迪斯（P. Geddes，1854～1932）的《进化中的城市》（Cities in Evolution，1915）首次在城市规划中运用生态学原理，为研究生态城市奠定了理论基础（张余，2008）。20世纪70年代是生态环境学革命的年代。1962年，卡森（Rachel Carson）出版的《寂静的春天》，标志着环境领域革命的开端。罗马俱乐部的《增长的极限》（1972）及丹尼斯·L·米都斯等的《只有一个地球》（1972）同样都形象阐述了城市化、工业化及全球环境恶化带来的恶果，人们在20世纪70年代对城市生态系统开始产生强烈的研究兴趣。1969年麦克哈格（Ian Mc Harg）的《设计结合自然》建立了城市生态环境学的研究框架。

20世纪80年代是生态城市概念正式形成的年代。20世纪80年代初，苏联科学家亚尼茨基（O Yanitsky）第一次提出生态城（Ecopolis）的理想城市模式（吴人坚，2000）。继1971年联合国在“人与生物圈（MAB）”计划中正式提出了“生态城市”的概念之后，1984年的MAB报告中提出了生态城市规划的5项原则：①生态保护战略；②生态基础设施；③居民生活标准；④文化历史的保护；⑤将自然引入城市。早在20世纪60年代，意大利的建筑师保罗·索莱利（Paolo Soleri）等曾提出了一个类似的“仿生城市”的概念，以植物生态形象模拟城市的规划结构，把城市的各组成要素如居住区、商业区、无害工业企业、街道广场、公园绿地等层叠密置于树状巨型结构之中。由于“仿生城市”主要是一个技术性的建筑设计概念，其影响范围也很有限（董宪君，2002），但是“仿生城市”开启了以自然界原理来衡量城市的先河。

理查德·雷吉斯特（Richard Register）是美国生态城市思想的开创者和代表人物，他在1987年指出生态城镇规划的原则是：在规划中贯彻多样性；在一些特殊地区尽最大可能尊重与保护自然；相对紧凑的开发；尽可能地限制小汽车；尽最大可能节约能源以及将废弃物转化为新的资源等（雷吉斯特，2007）。他还组织了1990年美国伯克利的第一届国际生态城市研讨会。之后的六届生态城市国际会议先后在澳大利亚阿德莱德（1992）、塞内加尔约夫（1996）、巴西库里蒂巴（2000）、中国深圳（2002）、英国（2006）、美国（2008）举行，2010年，第九届国际生态城市大会在加拿大蒙特利尔闭幕。探讨生态城市相关的会议层出不穷。1999年国际建协通过的《北京宪章》也从人居环境的角度来强调了生态环境学的重要性。

欧盟委员会2002～2005年推行了“生态城市”的研究项目（ECOCITY “Urban

Development towards Appropriate Structures for Sustainable Transport”），在《ECOCITY Book Ⅰ：A better place to live》中指出生态城是“由紧凑的、行人导向的混合使用街区组成的，多中心、公交导向的城市系统”（Gaffron et al.，2005）。实际上并非对于生态城的定义，而是从中观尺度对于生态城市规划策略的一种浓缩。

（2）中国生态城市理论的发展

我国生态城市理念发源较早，《周易》“天人合一”的观点就反映了朴素的生态观。古代风水术对生态城市建设也有一定的指导作用，晋代郭璞《葬书》（公元 276 ~ 324 年）中最先提出“风水”两字（吴人坚，2000）。

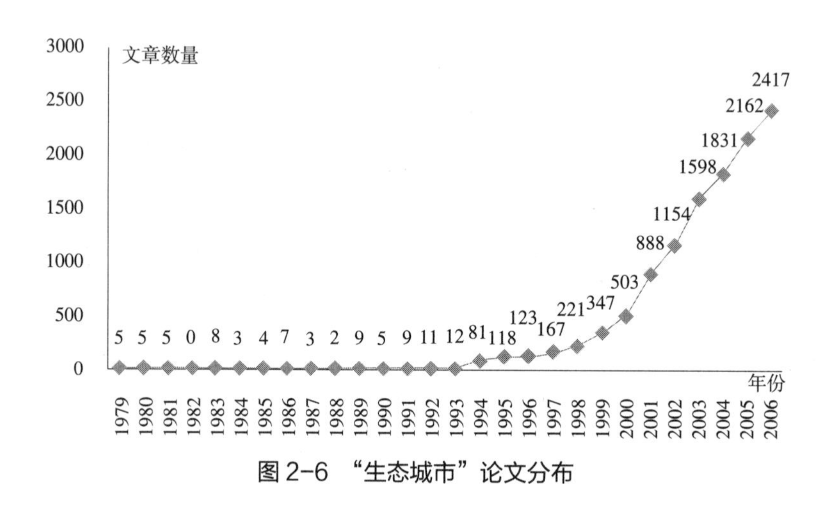

图 2-6 “生态城市”论文分布

邹涛（2009）在《中国学术文献网络出版总库》中对 2006 年前的数据库进行了以“生态城市”为关键词的全文检索，获得了图 2-6。可以看出，自 1993 年起，关于生态城市的论文数迅速增长，邹涛分析 2004 年《中国 21 世纪议程》是重要转折点。

经历了半个多世纪的停滞，20 世纪 80 年代以来向国际学习，我国生态城市理论与实践迅猛发展。“1972 年我国参加了 MAB（人与生物圈）计划的国际协调理事会并当选为理事国，1978 年建立了中国 MAB 研究委员会，1979 年中国生态学会成立，并于 1984 年成立了中国生态学会城市生态专业委员会（黄光宇，2001）”（张坤民等，p57）。1984 年马世骏、王如松的《社会—经济—自然复合生态系统》的发表，标志着我国的生态城市理论脱离了学习和模仿阶段，进入新的适应中国实际的创新阶段。

同时，山水城市、绿色城市、园林城市和环境友好城市等与生态城市相关的城市理论也先后发展，并在全国范围内开展建设与评估工作，一定程度上促进了生态城市理念的落实。

2006 ~ 2010 年，在成功举办的五届中国城市与规划国际大会中，有四届的主题均与生态城市相关，反映了我国政府和学术界对于生态城市规划的重视。

4. 生态城市规划建设的基本理论

（1）生态智慧理论

现阶段，越来越多的城市建设向着绿色化、生态化、智慧化的方向迈进，生态智慧理论也应运而生，为人们正确处理生态问题指明了方向。在城市规划建设中，能够将生态建设与智慧城市进行有机结合，利用最新的信息技术、智能设备等进行城市规划与管理，实现地理、气候、人文等信息的共享，为人们提供一个既适宜居住，又符合可持续发展的智慧城市。生态智慧理论在现代化城市建设中的应用，对促进城市规划建设水平的提升有着重要的现实意义，使城市真正做到可持续发展，提升城市中企业的竞争力，并且实现高效率的转化，为市民提供更加良好贴心的城市服务。

（2）公共利益理论

在现代化生态城市建设中，人们关注的重心已经从建设转向公共利益，主要建设原则是实现人与人、人与环境之间的协调统一，使环境的适应度能够符合社会发展的速度，真正体现出城市建设的智慧性。在现代生态城市的规划中，应通过对环境资源的合理利用和优化布局，达到公共利益最大化的目标，使人与自然能够和谐共存。事实上，目前的城市建设中以追求最大公共利益为目标，主要是由于其能够充分体现出和谐相处的特征，从和谐中体现出智慧，共生中体现出生态，进而使我国智慧城市建设得到更多的认可，获得更加显著的建设成果。

（3）集体智慧理论

集体智慧理论是指在生态城市规划背景下，通过不同个体之间开展的竞争与合作，从中诞生的群体性智慧。在智慧城市的建设过程中，主要是通过网络的形式，将企业、个体、组织等相互独立的状态打破，并且将多种力量凝聚到一起形成集体合力，通过集体的力量和智慧来解决城市建设过程中遇到的各种问题。在集体智慧理论的应用背景下，能够将公众在城市建设中的地位和作用充分的体现出来。同时，也使得现代化的生态城市建设展示出“以人为本”的特性，从而更加良好、深入的对城市生态性能进行探索和瓦解，将生态性与智慧性良好的结合在一起，共同作用于现代化的城市建设当中。

（4）自律理论

在现代化生态城市的建设过程中，要想使城市的生态性能得到显著的提升，则需要对城市的智慧特征进行发展和维护，通过引进新型科技的方式，保障城市中的人口数量始终处于合理的状态，并且对城市市民的生活方式和思想意识进行不断的规范和提升。智慧城市建设需要自律原则作为基础，自律又与道德有着较大的联系。从本质上来看，自律本身便是对自身的规范，是道德主体的自觉行为。智慧城市建设需要市民有良好的自律能力，能够通过自我调节、自我抑制、自我组织等机制，使城市生态得到健康长久的维护，保障智慧特质不会随着时间的流逝而退化。

第六节　循环经济理论

循环经济的产生与发展为人类实现可持续发展创造了一条有效途径，是科学发展观的具体体现，发达国家在发展循环经济方面已取得了成效，我国对于循环经济的发展也在进行积极的探索。然而循环经济理论本身及其对资源型城市发展实践的有效指导都需要探讨和研究。

1. 循环经济的概念

（1）循环经济的含义

循环经济（Recycle Economy）尚没有统一的定义，目前有以下表述：一是认为循环经济作为一种新的生产方式，是在生态环境成为经济增长制约要素，成为一种公共财富阶段的一种新的技术经济模式，是建立在人类生存条件和福利平等基础上的、以全体社会成员生活福利最大化为目标的一种新的经济形态。“资源消费一产品一再生资源”闭环型物质流动模式，资源消耗的减量化、再利用和资源再生化都仅仅是其技术经济范式的表征（诸大建，1998a；解振华，2003a、2004a）。其本质是对人类生产关系进行调整，其目标是追求可持续发展。二是认为循环经济是指模拟自然生态系统的运行方式和规律要求，实现特定资源的可持续利用和总体资源的永续利用，实现经济活动的生态化，其实质是生态经济（曲格平，2001；夏青等，2003）。三是认为循环经济是对物质闭环流动型经济的简称，是把物质、能量进行梯次和闭路循环使用，在环境方面表现为低污染排放、甚至零污染排放的一种经济运行模式（曹凤中等，1999）。

循环经济实际上是一种模拟生态群落物质循环特征，以物质不断循环利用、循环替代为方式的经济发展模式。其特征是以实现可持续发展为目标，协调人与自然关系为准则，模拟自然生态系统运行规律，通过自然资源的低投入、高利用和废弃物的低排放，使经济活动按照自然生态系统的规律，重构组成一个“资源—产品—再生资源”的物质反复循环流动过程，从根本上消解长期以来环境与经济发展的尖锐冲突，以最小成本获得最大的经济效益和环境效益，实现资源的可持续利用，使社会生产从数量型的物质增长转变为质量型的服务增长，与自然界协调发展。

（2）循环经济的基本内涵

循环经济本质上是一种生态经济，是对传统线性经济的革命，可从以下角度理解其内涵。

① 生态经济角度

循环经济是运用生态学理论来指导人类社会的经济活动，倡导与环境和谐的经济发展模式。它要求把经济活动组织成一个“资源—产品—再生资源”的反馈式流程，其特征是低开采、高利用、低排放。所有的物质和能源在这个不断进行的经济循环中均能得到合理和持久的利用，以把经济活动对自然环境的影响降低到尽可能小的程度，使经济系统和谐地纳入自然生态系统的物质循环过程中，实现经济活动的生态化。

② 资源经济角度

循环经济倡导在物质不断循环利用的基础上发展经济，建立起充分利用自然资源的循环机制，使人类的生产活动融入自然循环中去，最大限度地利用进入系统的物质和能量，提高资源利用率和经济发展质量（厚朴，2003；季昆森，2004）。

③ 环境经济角度

循环经济是环境和经济密切结合的产物，倡导的是经济与环境和谐发展，以解决经济增长与环境之间长期存在的矛盾，最终实现经济与环境“双赢”的最佳发展。

④ 物质流动角度

从物质流动的方向看，传统工业社会的经济是一种单向流动的线性经济，物质流动体现为“资源—产品—废物”的单向流动特征；循环经济把经济活动组织成一个“资源—产品—再生资源”的资源开发、回收和循环再利用反馈式流程，实现“低开采、高利用、低排放”，提高资源利用率、经济运行质量和效益。

⑤ 技术经济角度

循环经济以现代科学技术为基础，通过技术上的组合与集成，使一定区域内的不同企业、不同产业、不同城市之间有机地链接起来，形成相互依存的产业链和产业网络，实现企业、产业、城市之间的资源互补和有效的循环使用，最终形成闭环式经济发展模式。

⑥系统发展经济角度

循环经济是把企业生产经营、原料供给、市场消费以及相关方面组成生态化的链式经济体，建立一个闭环的循环物质和经济发展系统。循环经济发展思路不仅可以体现在工业、农业、商业等生产和消费领域，还可体现在人口控制、城市建设、防灾抗灾等社会管理领域，最终实现社会的可持续发展（吴航，2003）。

2. 循环经济的产生与发展

（1）人对自然的认识过程及循环经济的产生

①人类认识自然的过程

人类在不同发展阶段对自然具有不同的认识，分别经历了崇拜自然阶段、征服自然阶段和协调自然阶段（冯之浚，2003a；张胸宽，2002）。在人类社会的早期，由于生产力极其低下，对自然力量认识不足，人类对自然处于恐惧和依赖状态，这一时期为崇拜自然阶段。随着 16 世纪第一次工业革命的到来，人类开始依靠科学技术的力量，不断发展生产力，使人类社会发生了深刻而迅速的变化，人类开始把自然界看作免费的资源供应者和垃圾场，这一时期为征服自然阶段。进入 20 世纪以来，随着人类社会经济的高速增长，环境污染、生态失调、能源短缺、人口膨胀和粮食不足等一系列问题开始严重困扰人类。严酷的事实，迫使人类反省自己对待自然的态度：人类只有合理地利用自然，才能维持和发展人类所创造的文明，人类应当既注意代内需求，更应当关心代际公平，与自然界共生共荣、协调发展。人类社会正在艰难地进入协调自然阶段。

②经济模式的发展过程

人类社会的经济发展模式经历了传统经济模式（单向线性开放式模式）、生产过程末端治理模式和正在兴起与发展的循环经济模式的过程。

传统经济模式下，人类从自然中获取资源，又不加任何处理地向环境排放废弃物，沿着大量开发资源—大规模生产—大量消费—大量产生废物的道路发展，是一种“资源—产品—污染排放”的单向线性开放式经济过程。随着工业的发展、生产规模的扩大和人口的增长，环境的自净能力削弱乃至丧失，环境问题日益严重，从而出现了生产过程末端治理模式，此模式强调在生产过程的末端采取措施治理污染。但由于治理的技术难度大，治理成本高，生态恶化难以遏制，经济效益、社会效益和环境效益都难以达到预期目的。

循环经济模式是在全球人口剧增、资源短缺、环境污染和生态破坏的严峻形势下，人类重新认识自然界、尊重客观规律、探索经济可持续发展规律的产物（诸大建，2003）。它主要是在人、自然资源和科学技术的大系统内，在资源投入、企业生产、产品消耗及其废弃的全过程中，强调遵循生态学规律，合理利用自然资源和环境容量，在物质不断循环利用的基础上发展经济，实现经济活动的生态化，把传统的依赖资源消耗的线性增长的经济，转变为依靠生态规律来发展的经济。

（2）循环经济的发展过程

①循环经济的萌芽阶段

循环经济的思想萌芽于20世纪60年代美国经济学家鲍尔丁提出的“宇宙飞船理论”（诸大建，2003a）。该理论认为地就像在太空中飞行的宇宙飞船，要靠不断消耗自身有限的资源而运行，如果不合理开发资源、破坏环境，地球就会像宇宙飞船那样走向毁灭。

20世纪70年代，环境污染已成为威胁人类生存和发展的世界性问题，并引起了国际社会的普遍关注。此时世界各国关心的问题是污染物产生后如何治理，即环境保护的末端治理方式。1972年6月5日，联合国人类环境会议提出了“只有一个地球”的口号，从此生态经济的模式开始孕育发展。

②循环经济的产生阶段

环境问题的日益严重唤醒了人们的环保意识，在20世纪80年代，人类开始对自身的生产生活方式进行反思，并对传统的经济增长和发展模式进行反省，经历了“排放废物—净化废物—利用废物”的过程（厚朴，2003），采用资源化的方式处理废弃物，实施可持续发展战略，发展循环经济的主张便应运而生。但对于污染物的产生是否合理这个根本性问题，即是否应该从生产和消费源头上防止污染产生，大多数国家仍然缺少思想上的洞见和政策上的举措。80年代末，一些发达国家从可持续发展的理念出发，倡导仿生态系统的工业生产模式，并进而提出建立循环经济，以全新的方式追求经济增长和发展。之后，建立知识经济和循环经济的发展模式在国际范围内蔚然成风。知识经济要求加强经济运行过程中智力资源对物质资源的替代，实现经济活动的知识化转向；循环经济要求以环境友好的方式利用自然资源和环境容量，实现经济活动的生态化转向。

③循环经济的发展阶段

20世纪90年代，可持续发展战略逐步为世界各国接受。1992年联合国环境与发展大会提出了全球实施可持续发展战略的纲领，向人类展示了生态文明的美好前景。源头预防和全过程治理替代末端治理成为各国环境与发展政策的主流，人们在不断探索和总结的基础上，提出以资源利用最大化和污染排放最小化为主线，逐渐将清洁生产、资源综合利用、生态设计和可持续消费等融为一套系统的循环经济战略。这一构想在经济发达国家已逐步发展为大规模的社会实践活动，进而形成法律制度。如日本在1992年颁布了《循环经济法》，2000年进一步修订，同时制定了一系列的实施性法律；德国于1996年颁布了《循环经济废物法》等，为循环经济的实施奠定了法律基础。2002年召开的全球可持续发展世界首脑会议再次树立了地球上环境无边界的观念，标志着全球环境一体化的形成，也使人们对环境与发展的关系有了进一步的理解。人类对环境和自然界的新认识将促进循环经济的快速发展。

3. 循环经济基本理论对资源型城市发展的导向

（1）对资源型城市发展的路径导向

资源型城市是在对矿产资源的开发利用的基础上建立和发展起来的，对矿产资源的依赖性较强，并且在早期的发展过程中，对资源的开发利用十分重视，对环境的保护重视不够，从而在发展过程中出现了一系列问题。因此，发展循环经济对我国资源型城市的持续发展具有极为重要的意义。

由于矿产资源具有不可再生的属性，其枯竭具有必然性。资源型城市的支柱产业也将随之由兴到衰，资源型城市最终发展方向是衰亡或持续发展。发展循环经济可通过构建企业、产业和区域经济循环，调整产业结构，发展非矿产业，使资源型城市演变为综合性城市；也可通过提高资源利用效率、延长产业链，或者通过寻找发现新的矿藏并开发利用，延长资源型城市的生命周期，并在此过程中发展循环经济，实现可持续发展。

（2）对资源型城市产业重构导向

循环经济对资源型城市产业的导向作用体现在产业链的修复与重构。

①产业链的修复。一般认为，工业化演进过程包括初级、中级、高级和后工业化阶段。

在产业演进递升的过程中，由于技术升级、结构性矛盾（不足或过剩）等原因，导致产业断层（杜辉，2001）。

由于受矿产资源的制约，我国资源型城市在其发展的不同阶段，在不同产业的升级替代过程中，尤其是从资源型产业向非资源型产业过渡过程中必将会出现产业的接续断层，运用循环经济原理加强技术创新能够修复产业断层。

②产业链重构。通过发展第零产业和第四产业，形成五次产业结构，对原产业链进行重构。

(3)对资源型城市发展的非物质导向

人类为了满足自己的需要，常超越生态系统再生能力向大自然索取，并带来了高投入、高消费以及对自然资源的过度攫取。20世纪90年代，出于对生态危机的考虑，源于哲学的“物质性”概念而出现了“非物质性”(诸大建,2003b、2003e)。“非物质性”体现“对于发展而不增长的需求”的思想（J·A·迪克逊，2001），倡导从物的设计转变为非物的设计，从产品的设计转变为服务的设计，通过对人类生活和消费方式的重新规划，对产品和服务的重新理解，以降低能耗，保护生态为己任，结合信息、生物、经济等先进技术成果，从脱离物质的更高层面，以全新的观念创造性地提出方案，以更少的资源消耗和物质产出，保证生活质量，达到发展目的。

循环经济的非物质导向性符合可持续发展思想。从生产消费方式角度看，通常的做法是：生产者生产和销售产品，用户购买占有后，使用产品并得到服务，使用结束或更新换代后将其废弃。非物质性的做法是：生产者承担生产、维护、更新换代和回收产品的全过程，用户选择产品种类，使用产品，按服务量付费。整个过程是以产品为基础，服务为中心的消费模式。

循环经济的非物质导向性具有如下特点：一是产品消费以占有为使用前提，而占有必然意味着不同程度的排他性，并伴随有服务量的闲置浪费，非物质主义使单个产品的服务量共享成为可能；二是以服务量为纽带联系生产者与用户的做法能最大限度地满足有服务需要的用户；三是生产者以服务量价值为中心，谋求利益最大化，生产者的关注点将从更新换代逐渐转为减少消耗，在一定程度上将生产成本与生态成本有效地结合起来,使生产者主动地去做一些有利于生态系统的工作(如有用部件的回收)；四是用户按服务量付费，改变了过去占有产品后使用的随意性，客观上促使用户主动优化其使用过程，并增大了环保处理的可行性；五是非物质性是一种方法论，一种生存变革，它在减少人均占有和消耗的基础上满足基本的物质精神需求。它肯定科技发展并借助其力量，在物质基础上实现非物质生存状态；它保证经济的可持续发展，在不超越生态更新能力的前提下将经济利益最大化。

资源型城市矿业产品是工业化产品链和产业链的最前端，矿产业是全社会物质资源流动的最大产业，循环经济的非物质导向性，可使资源型城市的发展从数量型的物质增长转变为质量增长。

(4)对资源型城市发展的非线性导向

传统经济理论是以追求经济利益为主要目标的理论，衡量发展的指标也主要是GDP等经济指标，靠大量的资源投入取得GDP的粗放式增长，其结果必然导致从资源到废物这一线性过程的加速，进而加重资源短缺和环境压力。

循环经济是在既定资源存量下，追求经济发展的自然资源生产率（单位自然资本带来的经济发展），追求自然环境可承受的能力和规模，在发展经济的同时对环境影响最小。体现在减少生产过程的资源和能源消耗，延长和拓宽生产技术链，回收利用生产和生活过程中的废旧产品，实现资源—产品—再生资源—再生产品的循环。

第七节　精明增长理论

1. 精明增长理论的提出

20 世纪 90 年代，由于工业革命导致的城市环境恶劣，美国的许多城市出现大规模郊区化发展，同时由于城市的不断扩张引发的交通堵塞、环境污染、耕地减少、城市低密度无序蔓延等城市问题。数据显示，在 70 年代以后的 20 年里，美国许多城市的城区面积扩张速度大大快于人口增长速度。如当时美国最大的 100 个城市的人口规模增加 41.7%，但同期城区土地面积扩张率高达将近 70%，相应地人均建设用地面积也大大提高。虽然当时美国的自然条件为这种空间蔓延提供了基础，高速公路等技术条件也为之提供了良好支撑，但社会各界还是意识到这种蔓延方式带来的相应成本如社会、经济、政治、环境等方面的提高，各界学者不得不开始重新审视这种方式的城市增长。随后，增长管理（Growth Management）的思想被提出，以用来管制土地开发活动、提高空间增长综合效益。

鉴于以上的大背景，美国规划师协会（APA）于 1994 年提出了精明增长计划（Smart Growth Project），意在通过土地规划改革工作，以寻求通过保护城市开敞空间提高人们生活质量的途径；1996 年，美国规划师协会（APA）、环境保护局（EPA）等 32 家组织为了在全国的邻里、社区及区域内实践精明增长，携手创立了精明增长网站（Smart Growth Network），从此展开了对精明增长理论的系统研究。次年，马里兰州通过精明增长法案，法案中政府通过控制财政支出的途径来达到抑制城市蔓延的目的，同时试图促进中心城市经济复兴。同年，APA 发布《精明增长的城市规划立法指南》。2000 年，包括 APA 在内的 60 多个成员一起组建了“美国精明增长联盟”，并且设立了美国精明增长合作组织网（www.smartgrowthamerica.org），同时确定了精明增长的核心内容。

“精明增长”的核心内容，即通过提倡土地混合利用，保护开敞空间、农田和自然景观以及重要的环境区域，采取多种选择的高质量住宅，适合步行及具特色和吸引力的社区，将城市的生长与区域生态化体系和人与社会和谐发展的目标相结合，是一项涵盖了多个层面的城市发展综合策略

2. 精明增长理论的发展

精明增长源自20世纪20年代的区域主义及“左倾”时代（the Progressive Era）的国家资源规划，但是直到Fred Bosselman和David Callies（1971）的著作《土地利用控制的静谧改革》（The Quiet Revolution in Land Use Control）才标志着今天我们所认识的精明增长行动的开始。

德格罗夫（De Grove，1984；1992；2005）把精明增长行动演变分为三个阶段，涵盖从20世纪70年代所实施的增长管理政策到当前人们对于精明增长的定义。70年代所处的第一阶段中，有7个州通过这种增长管理政策以期加强对于环境的保护，这些计划大都是基于在全州范围内或对于特定的区域土地所进行的开发管制的。其中，只有俄勒冈州和夏威夷州完全建立了整体范围内的综合规划计划；在加利福尼亚州和北卡罗来纳州，这样的计划仅局限于滨海地区；而佛蒙特州、佛罗里达州和科罗拉多州则将注意力集中在区域影响发展以及最受全州关注的地区。这些在第一阶段实施精明增长计划的州中，只有佛罗里达州和俄勒冈州直至今天仍在坚持。

第二阶段从20世纪80年代一直持续到90年代初，这标志着从控制增长转为为增长而规划的变化。例如：1992年的马里兰州经济增长（Economic Growth）、资源保护（Resource Protection）与规划法案（Planning Act）中所述，在这一时期，规划是以“促进制定明确的经济增长和资源保护政策”为目标的，并且制定重要公共政策的职责在州、区域以及地方政府之间重新分配（德格罗夫，1992）。同时，在这一时期，完善基础设施建设成为土地利用规划的一个重要手段。德格罗夫所指的精明增长发展的第二阶段涉及的州主要包括佛罗里达州、新泽西州、缅因州、佛蒙特州、罗得岛州、佐治亚州以及华盛顿州。

20世纪90年代后期既是德格罗夫提出的第三阶段的开端，就是“转向精明增长”。随着重新对经济发展加以重视，此阶段正所谓是由反增长（anti-growth）向顺应增长（growth-accommodating）的转变。全州范围内的努力从土地利用管制、城市增长边界以及要求地方进行综合规划等方面移开，代之以聚焦于振兴城市的政策、改善地区区划以促进紧凑发展和充实旧城、统筹协调州各部门及其增长政策、改善资本投资以符合可持续发展等方面。

由州立法机构在1997年通过的马里兰州的标志性精明增长政策已成为全国的典

范，这不仅因为其对保护开放空间和对农田的激励与约束体系，而且还因为其通过加强基础设施建设将发展集中于城市地区。另外的几个州也在第三阶段开始实施精明增长政策，包括明尼苏达州、犹他州、宾夕法尼亚州和田纳西州。在这一时期中，马萨诸塞、宾夕法尼亚、密歇根和俄亥俄等州实施了“维修优先”（Fix It First）计划，指在新建道路之前将投资用于已存在的基础设施以使其得到维护。在国家部分地区的政治和文化上掀起强烈反响之后，人们对“精明增长”形式的青睐开始转向全州范围内的“宜居社区”、“社区设计”、“生活品质”而采取的措施。同时，精明增长的拥护者则开始更加强调在地方、都市区以及区域层面采取措施，并减少对全州范围内实施的精明增长计划的制约。

3. 精明增长的基本原则

对于精明增长理论的定义，目前仍没有一个统一的说法，不同人群因出发点不同，用以阐述精明增长理论的定义也不尽相同。但是，精明增长理论有一个公认的 10 项基本原则：

（1）混合使用土地；

（2）紧凑的建筑结构设计；

（3）提供多种住宅的选择；

（4）创造适合步行的社区；

（5）培育社区特色发展，提高自身吸引力；

（6）保护耕地等开敞空间以及生态等重要的自然区域；

（7）加强和引导现有社区的发展；

（8）提供多种选择的交通方式；

（9）保证开发项目的透明性、平等性和效益；

（10）倡导社区团体和有关利益者参与制定发展策略。

虽然不同的人群对这一理论所下定义的切入点不尽相同，但是它被提出的目的和用以解决的难题大致相似。经过翻阅大量的文献资料，归纳出精明增长理论的几点内涵：它是一种发展的增长规划方式，要随发展阶段不断的监控、调整；是一种可以实现土地的集约化发展，规避城市无序拓张，实现各因素统筹规划，互利共赢的长久形式。

总之，精明增长是从宏观到微观来检视城市发展的，是一种将人、社会和生态环境看成统一系统来协调控制的思想理念，它反对无序、盲目的土地发展模式，在关注经济发展的同时，努力倡导爱护自然和加强土地利用率，使城市与乡村能够统筹共赢，实现可持续发展的一种增长模式。

第三章　我国资源型城市的发展演变及现状特征

第一节 我国资源型城市发展演变

1. 中国古代资源型城市

据考证，湖北洞庭湖西岸澧阳平原中部城头山文化遗址是我国迄今为止发现的最早的矿业资源城市（距今约6000年）。比城头山稍晚的有甘肃兰州的白道沟坪以及四川成都的三星堆古矿城（距今4070～2875年之间）。这些矿城的产品不仅用于自身的需要，而主要是为了交换而生产。三星堆不仅采矿，下游冶炼活动也十分发达。据不完全统计，我国在新石器时代，已经发现史前古城至少在40座以上。

到了商代，早期文化遗址的代表是河南堰师二里头，炼铜业已经较为发达。商代中期文化的代表则要数郑州二里岗和湖北黄破盘龙城。殷墟出土的大量青铜器质地精良、工艺精美，达到了相当高的水平。据记载，公元前13～14世纪，我国已经初步使用了铁，春秋晚期出现了铸铁工具。战国时期，冶炼手工业开始兴起，其分布远达长江以南；金银铅锡等主要矿藏当时均已经开采。据《汉书地理志》记载，汉武帝时期，在全国设立铁官之地共有49处。到西汉时期，煤炭开始作为冶铁的燃料，出现了以冶铁文明的临邓（今四川邓莱县）、宛（今河南南阳）、曹（今山东曹县北）等城市。东汉时期，铜官山下设铜官镇（今安徽铜陵），成为重要的产铜地区之一。魏晋南北朝时期，用煤冶铁已经成为我国一项较为普遍的技术并传到西域。隋唐以后，矿产的开采进入繁荣时期。明代末年宋应星所著《天工开物》一书则非常具体地记述了当时的采矿、选矿和安全技术情况。但是在封建时期，自给自足的小农经济在国民经济中占据统治地位，矿业作为手工业的一种，在城市经济中仅起到补充的作用，因此，除了少数的具有明显矿业特色的城市如自贡、景德镇以外，大部分城市的政治特征明显高于经济特征，宋元明清无不如此。

2. 近现代（1840～1949年）资源型城市

我国大规模的矿业资源开采是在近代，资源型城市的出现也是在近代。鸦片战争以后，帝国主义变商品输出为资本输出，在中国兴办工矿企业，帝国主义列强为了达到长期占领和掠夺资源的目的，规划和建设了一些资源型城市，如英美经营下的焦作、开滦，日资经营下的抚顺、鸡西、鹤岗、阜新等。同时国内民族资本也开始投资于此。

由于工、矿、交通等新兴行业的发展，对煤炭的需求与日俱增。19 世纪 70 年代中期以后，我国台湾的基隆首先采用新法采矿，随后又有直隶的开平、湖北的广济、山西阳泉、河南焦作、河北唐山、辽宁抚顺和阜新、江西萍乡等地纷纷建成投产。与此同时，军事工业的发展，对金属矿的需求加大，迫切需要采用新法采矿，首先是铅矿和铜矿，然后是铁矿和其他金属矿。20 世纪前期，比较重要的金属矿有漠河金矿、汉阳铁矿、大冶铁矿、淄博铅矿、湖南水口山铅锌矿以及发展稍晚的铜银汞矿等。

总体上看，这一段时期我国资源型城市的兴起，主要是由于煤炭、铁铜等有色金属资源的开采，它们与外国资本、官僚买办资本以及民族资本等的聚集密切相关，这一段时期的资源型城市与同时期的商业城市联系较为薄弱，这一时期兴起且对我国后期影响较大的城市主要有抚顺、焦作、大冶、萍乡等。

3. 中华人民共和国成立后资源型城市的布局及发展

中华人民共和国成立以后，国家建设需要大量的矿物能源和原材料。我国相继上马了一批国家级省级重点工业项目，涌现了一批无依托的工业城市。1978 年，直隶开平煤矿的建立，标志着中国第一个现代意义上的资源型城市——唐山的诞生。中国资源型城市的大规模形成发生在中华人民共和国成立以后，中华人民共和国成立后的超前重工业化，引发了对矿产资源的高强度需求，推动了资源型城市的形成于快速发展。中国资源型城市的形成与发展大体经历了以下几个阶段：

我国资源型城市的大规模发展是在中华人民共和国成立以后。我国的重工业化路线引发了对本国能源、原材料资源需求的迅速增长。由于重工业主要是资本、技术密集型产业，在中华人民共和国成立后资金、技术缺乏的情况下，“廉价”的资源和劳动力成为主要的投入。工业的发展带动了一大批资源采掘基地的形成，其中一些陆续被国家设置为城市。

（1）快速发展阶段：1950 ~ 1960 年

中华人民共和国成立初期，中国的工业化受到技术封锁和意识形态的影响，具有技术落后、内向性明显和计划经济体制下运行的特点。国家首先恢复和巩固了包括东北的鹤岗、辽源、抚顺、阜新、鞍山、本溪，东部的唐山、徐州、淮南、大同，西南的自贡、个旧等一些中华人民共和国成立前的重要的工矿基地，进行国民经济的恢复工作。

另外，从“一五”时期，中国进入全面工业化建设阶段，国家又新设了玉门、双鸭山、鸡西、马鞍山、鹤壁、焦作、平顶山 7 个资源型城市，主要集中在河南、黑龙江、安徽等中部省区。1958 ~ 1960 年间，在“大跃进”背景下，国家进一步增强了对资源型工业的投入，并且在工业布局上追求“遍地开花”的模式，使我国的资源型城市不仅得到了空前的发展。这一时期新形成的资源型城市共有 11 个，包括了 3 个煤炭型城市枣庄、石嘴山、铜川，3 个新兴石油基地城市大庆、克拉玛依和茂名，2 个森林型城市伊春和白山，2 个有色冶金城市铜陵和冷水江，萍乡在 1950 年被撤销建制后也在这一时期得到了恢复。这段时期资源型城市在分布上体现为由中原地区进一步向边远地区扩展。这一时期设市的城市累计共有 31 个，占中国资源型城市总数的将近一半。

（2）平稳发展阶段：1961 ~ 1980 年

在 1960 年到 1980 年的 20 年间，资源型城市总计增加了 6 个：西北的嘉峪关、乌海，西南的六盘水，东北的七台河、中部的淮北和资兴。这一时期资源型城市形成比较少，主要和国家比较动荡的政治环境以及“三线”建设的方针有关。

（3）快速发展的第二阶段：1981 ~ 1990 年

20 世纪 80 年代改革开放以后，中国多年封闭的工业化状态被打破，中国工业化模式发生很大变化。一方面原有计划经济体制转变为市场经济体制，工业的发展不再单纯的依靠本国资源的优势，而更多依靠国外的资本、技术、资源输入；另一方面伴随着经济结构的调整，工业化重点领域也发生转移。我国工业布局开始转向以提高效益为中心，向东部优势地区转移。在内地，则重点加强能源、原材料基地的建设，一方面对原有资源开发基地加强了改造，另一方面又重点建设了山西煤炭基地、金川有色金属基地、德兴铜硫基地，以及一些新的石油基地等，以支持东部地区的发展。由于加强了对煤炭、电力、石油、有色金属、建材等资源的开发，这一时期资源型城市出现了第二次形成的高峰。从 1981 年到 1990 年，累计新设资源型城市 24 个，占全部资源型城市总数的 38%。这一时期形成的城市中，煤炭型城市有个 12，金属型城市 5 个，油城 4 个，林城 3 个，主要分布在我国的中西部地区。

（4）停缓期：1990 年至今

20 世纪 90 年代以后的资源开发机制有所变化，资源开发对于城市的作用也与以前有所不同。这一时期的资源型城市设置，只有介休和肥城 2 个新城市。在这一时期国家加强了新能源、原材料基地投入建设，比如煤炭方面的霍林河、伊敏河、元宝山、准格尔等大型煤矿，以及神府东胜煤矿、平朔安家岭露天矿，石油方面的塔里木大型油气开发等。

第二节　我国资源型城市现状分布

1. 资源型城市界定

（1）国家计委宏观经济研究院提出的界定标准

2002 年，国家计划委员会宏观经济研究院提出的资源型城市的界定标准包括四条，只有在四条标准同时满足的条件下，才能把某一城市界定为资源型城市。这四条标准分别是：

①采掘业产值占工业总产值的比值大于 10%；

②采掘业产值的规模，县级市应在 1 亿元以上，地级市应在 2 亿元以上；

③从事采掘业的人员占全部从业人员的比重应大于 5%；

④采掘业从业人员的规模，县级市应在 1 万人以上，地级市应在 2 万人以上。

（2）资源枯竭型城市经济转型与可持续发展研讨会上提出的标准

2004 年 8 月，在资源枯竭型城市经济转型与可持续发展研讨会上，专家们提出衡量资源型城市的标准有两条。

①资源型产业产值占工业产值的比值在 5% ~ 15%；

②资源型产业从业人员占全部从业人员的比值在 15% ~ 30%。

（3）《全国资源型城市可持续发展规划（2013 ~ 2020 年）》的界定标准

在《全国资源型城市可持续发展规划（2013 ~ 2020 年）》中，国家发改委利用定量和定性分析相结合的办法，首次确定了资源型城市在全国的分布。他们把资源型城市分为矿业城市和森工城市两大类。对矿业城市，国家发改委设置了产业结构、就业结构和资源市场占有率三个指标；对森工城市，设置了森林资源潜力、森林资源开发能力两个指标。他们给这一指标体系中的不同指标赋予不同的权重，并以此为依据，在全国众多城市里筛选出了 262 个城市。认定为资源型城市。本书采用的就是这一界定标准。

2. 我国资源型城市数量分布

（1）数量大、人口多、幅员广

目前，在 2013 年印发的《全国资源型城市可持续发展规划（2013 ~ 2020 年）》中，认定我国现有资源型城市共计262个，共有262个资源型城市，其中地级市约占全国城市数量的19%；人口多，涵盖城乡人口规模巨大，涉及城乡人口4.99亿，占全国人口比重的36.8%；幅员广，涉及28个省（市、区）、126个地级行政区、62个县级市、58个县、16个市辖区（开发区、管理区），涵盖国土面积391万平方公里，占全国国土面积的40.71%。

根据2014年城市人口规模划分标准，我国资源型城市主要可以分以下几类：人口在500万人以上的为特大型资源型城市，仅有1个，为徐州市，2016年人口规模为589万人；人口在100万到500万之内的为大型资源型城市，有62个，其中人口在300万以上的仅4个，依次为阜新市（417万）、临沂市（353万）、唐山市（335万）、淄博市（313万）；人口在50万到100万之内的为中型资源型城市，有93个；人口规模在50万以下的为小型资源型城市，有105个。

全国资源型城市地区分布（2013年） 表3-1

所在省（区、市）	地级行政区	县级市	县（自治县、林区）	市辖区（开发区、管理区）
河北（14个）	张家口市、承德市、唐山市、邢台市、邯郸市	鹿泉市、任丘市	青龙满族自治县、易县、涞源县、曲阳县	井陉矿区、下花园区、鹰手营子矿区
山西（13个）	大同市、朔州市、阳泉市、长治市、晋城市、忻州市、晋中市、临汾市、运城市、吕梁市	古交市、霍州市、孝义市		
内蒙古（9个）	包头市、乌海市、赤峰市、呼伦贝尔市、鄂尔多斯市	霍林郭勒市、阿尔山市*、锡林浩特市		石拐区
辽宁（15个）	阜新市、抚顺市、本溪市、鞍山市、盘锦市、葫芦岛市	北票市、调兵山市、凤城市、大石桥市	宽甸满族自治县、义县	弓长岭区、南票区、杨家杖子开发区
吉林（11个）	松原市、吉林市*、辽源市、通化市、白山市*、延边朝鲜族自治州	九台市、舒兰市、敦化市*	汪清县*	二道江区
黑龙江（11个）	黑河市*、大庆市、伊春市*、鹤岗市、双鸭山市、七台河市、鸡西市、牡丹江市*、大兴安岭地区*	尚志市*、五大连池市*		
江苏（3个）	徐州市、宿迁市			贾汪区
浙江（3个）	湖州市		武义县、青田县	
安徽（11个）	宿州市、淮北市、亳州市、淮南市、滁州市、马鞍山市、铜陵市、池州市、宣城市	巢湖市	颍上县	

续表

所在省（区、市）	地级行政区	县级市	县（自治县、林区）	市辖区（开发区、管理区）
福建（6个）	南平市、三明市、龙岩市	龙海市	平潭县、东山县	
江西（11个）	景德镇市、新余市、萍乡市、赣州市、宜春市	瑞昌市、贵溪市、德兴市	星子县、大余县、万年县	
山东（14个）	东营市、淄博市、临沂市、枣庄市、济宁市、泰安市、莱芜市	龙口市、莱州市、招远市、平度市、新泰市	昌乐县	淄川区
河南（15个）	三门峡市、洛阳市、焦作市、鹤壁市、濮阳市、平顶山市、南阳市	登封市、新密市、巩义市、荥阳市、灵宝市、永城市、禹州市	安阳县	
湖北（10个）	鄂州市、黄石市	钟祥市、应城市、大冶市、松滋市、宜都市、潜江市	保康县、神农架林区 *	
湖南（14个）	衡阳市、郴州市、邵阳市、娄底市	浏阳市、临湘市、常宁市、耒阳市、资兴市、冷水江市、涟源市	宁乡县、桃江县、花垣县	
广东（4个）	韶关市、云浮市	高要市	连平县	
广西（10个）	百色市、河池市、贺州市	岑溪市、合山市	隆安县、龙胜各族自治县、藤县、象州县	平桂管理区
海南（5个）		东方市	昌江黎族自治县、琼中黎族苗族自治县*、陵水黎族自治县*、乐东黎族自治县*	
重庆（9个）			铜梁县、荣昌县、垫江县、城口县、奉节县、云阳县、秀山土家族苗族自治县	南川区、万盛经济开发区
四川（13个）	广元市、南充市、广安市、自贡市、泸州市、攀枝花市、达州市、雅安市、阿坝藏族羌族自治州、凉山彝族自治州	绵竹市、华蓥市	兴文县	
贵州（11个）	六盘水市、安顺市、毕节市、黔南布依族苗族自治州、黔西南布依族苗族自治州	清镇市	开阳县、修文县、遵义县、松桃苗族自治县	万山区
云南（17个）	曲靖市、保山市、昭通市、丽江市*、普洱市、临沧市、楚雄彝族自治州	安宁市、个旧市、开远市	晋宁县、易门县、新平彝族傣族自治县*、兰坪白族普米族自治县、香格里拉县*、马关县	东川区
西藏（1个）			曲松县	
陕西（9个）	延安市、铜川市、渭南市、咸阳市、宝鸡市、榆林市		潼关县、略阳县、洛南县	

续表

所在省（区、市）	地级行政区	县级市	县（自治县、林区）	市辖区（开发区、管理区）
甘肃（10个）	金昌市、白银市、武威市、张掖市、庆阳市、平凉市、陇南市	玉门市	玛曲县	红古区
青海（2个）	海西蒙古族藏族自治州		大通回族土族自治县	
宁夏（3个）	石嘴山市	灵武市	中宁县	
新疆（8个）	克拉玛依市、巴音郭楞蒙古自治州、阿勒泰地区	和田市、哈密市、阜康市	拜城县、鄯善县	

注：带 * 的城市表示森工城市。
资料来源：全国资源型城市可持续发展规划（2013 ~ 2020 年）。

（2）空间分布分散

中国资源型城市共有 262 个，其中东部地区 59 个，中部地区 83 个，西部地区 83 个，东北地区 37 个。东北和中西部地区合计 203 个，占全国资源型城市的 75%（图 3-1）。

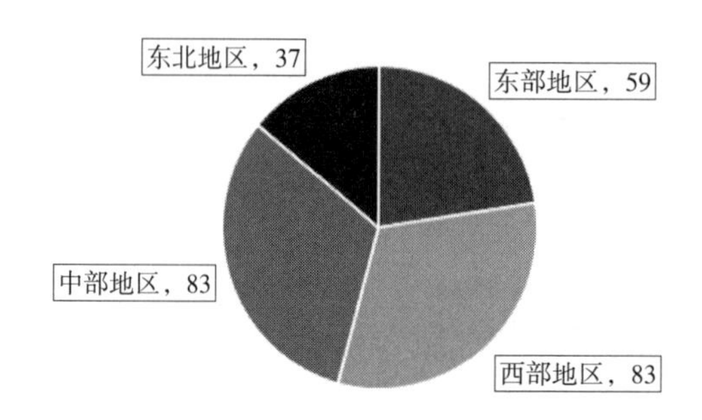

图 3-1　中国资源型城市区域空间分布

（3）类型多样

①广义的资源型城市和狭义的资源型城市

由于资源既包括自然资源也包括人文资源，所以，资源型城市的概念也对应地有广义和狭义之分。在广义的资源型城市的概念中，资源的含义涵盖范围较广，既包括自然资源，也包括人文资源。而在狭义的资源型城市的概念中，资源的内涵仅包括能源、矿产、森林、水电、旅游等自然资源。

在大多数研究中，资源型城市通常指以自然资源型产品的开发利用为支柱产业的城市，即狭义的资源型城市。在狭义的资源型城市中，研究人员根据这些城市所开采的资源的不同，又把它们分为油城、煤城、钢城、有色金属城、森林城、旅游城等。按照产业内容及是否具有可再生能力，可以划分为：森工型18个、矿业城市（包括煤炭、石油、有色金属、黑色金属等）244个。

石油、煤炭、有色及黑色冶金等资源能源的不可再生性与森工类资源的缓慢再生性得以突出表现。森林资源是可再生资源，与矿业类城市有着本质区别，意味着适合矿业城市的发展思路政策规定，并不一定完全符合森林资源型城市的发展需求，一刀切的限伐政策、林业技术创新、林业产权制度，都是森工城市独有的特征。

②按产生方式分类

根据不同生产方式划分标准，我国资源型城市主要可以分以下几类：

a. 无依托的资源型城市：该类型的资源型城市的产生与发展主要是由矿业采掘而形成，其产生主要是由于资源型城市自然资源的开采而产生的，在资源没有进行开采之前该类型的资源型城市并不存在。比如，我国著名的资源型城市大庆，其新建则由于石油开采；我国著名的资源型城市攀枝花，其新建则由于钢铁开采。

矿业采掘形成了城市，城市在资源开采之前并不存在。如大庆因为石油开发而建，攀枝花因为钢铁而建等。

我国矿业城市多数在非县城基础上发展起来的，特别是在内地和边远的地区，形成了一大批具有区域带动作用的矿业城市，如黑龙江省的大庆市、四川省的攀枝花市和青海省的格尔木等。

b. 有依托的资源型城市：该类型的资源型城市于发展之前就已经有了相应的城市产生，由于矿业采掘而导致城市兴衰成败。比如，我国著名的煤炭资源型城市大同，著名的钢铁源型城市马鞍山等都属于这种类型的城市。

城市早于自然资源开发前已经存在，但是资源开采使得其从普通的城市演变成较为特殊的资源型城市，如山西的大同、江西的德兴、安徽的铜陵、河北的邯郸等。比如说，大同是我国北方的历史名城，素有“三代京华，两朝重镇”之称，自古为军事重镇和战略重地，是兵家必争之地。

③按资源开采的生命周期阶段分类

《全国资源型城市可持续发展规划（2013～2020年）》按照其可持续发展能力和资源状况，把这262个资源型城市分为四种类型，其中：成长型城市（31个）、成熟型城市（141个）、衰退型城市（67个）、再生型城市（23个）。成熟型和衰退型城市208个，成熟和衰退城市占资源型城市总数的80%。

资源型城市综合分类 表 3-2

	地级行政区	县级市	县（自治县、林区）	市辖区（开发区、管理区）
成长型城市（31个）	朔州市、呼伦贝尔市、鄂尔多斯市、松原市、贺州市、南充市、六盘水市、毕节市、黔南布依族苗族自治州、黔西南布依族苗族自治州、昭通市、楚雄彝族自治州、延安市、咸阳市、榆林市、武威市、庆阳市、陇南市、海西蒙古族藏族自治州、阿勒泰地区	霍林郭勒市、锡林浩特市、永城市、禹州市、灵武市、哈密市、阜康市	颍上县、东山县、昌乐县、鄯善县	
成熟型城市（141个）	张家口市、承德市、邢台市、邯郸市、大同市、阳泉市、长治市、晋城市、忻州市、晋中市、临汾市、运城市、吕梁市、赤峰市、本溪市、吉林市、延边朝鲜族自治州、黑河市、大庆市、鸡西市、牡丹江市、湖州市、宿州市、亳州市、淮南市、滁州市、池州市、宣城市、南平市、三明市、龙岩市、赣州市、宜春市、东营市、济宁市、泰安市、莱芜市、三门峡市、鹤壁市、平顶山市、鄂州市、衡阳市、郴州市、邵阳市、娄底市、云浮市、百色市、河池市、广元市、广安市、自贡市、攀枝花市、达州市、雅安市、凉山彝族自治州、安顺市、曲靖市、保山市、普洱市、临沧市、渭南市、宝鸡市、金昌市、平凉市、克拉玛依市、巴音郭楞蒙古自治州	鹿泉市、任丘市、古交市、调兵山市、凤城市、尚志市、巢湖市、龙海市、瑞昌市、贵溪市、德兴市、招远市、平度市、登封市、新密市、巩义市、荥阳市、应城市、宜都市、浏阳市、临湘市、高要市、岑溪市、东方市、绵竹市、清镇市、安宁市、开远市、和田市	青龙满族自治县、易县、涞源县、曲阳县、宽甸满族自治县、义县、武义县、青田县、平潭县、星子县、万年县、保康县、神农架林区、宁乡县、桃江县、花垣县、连平县、隆安县、龙胜各族自治县、藤县、象州县、琼中黎族苗族自治县、陵水黎族自治县、乐东黎族自治县、铜梁县、荣昌县、垫江县、城口县、奉节县、秀山土家族苗族自治县、兴文县、开阳县、修文县、遵义县、松桃苗族自治县、晋宁县、新平彝族傣族自治县、兰坪白族普米族自治县、马关县、曲松县、略阳县、洛南县、玛曲县、大通回族土族自治县、中宁县、拜城县	
衰退型城市（67个）	乌海市、阜新市、抚顺市、辽源市、白山市、伊春市、鹤岗市、双鸭山市、七台河市、大兴安岭地区、淮北市、铜陵市、景德镇市、新余市、萍乡市、枣庄市、焦作市、濮阳市、黄石市、韶关市、泸州市、铜川市、白银市、石嘴山市	霍州市、阿尔山市、北票市、九台市、舒兰市、敦化市、五大连池市、新泰市、灵宝市、钟祥市、大冶市、松滋市、潜江市、常宁市、耒阳市、资兴市、冷水江市、涟源市、合山市、华蓥市、个旧市、玉门市	汪清县、大余县、昌江黎族自治县、易门县、潼关县	井陉矿区、下花园区、鹰手营子矿区、石拐区、弓长岭区、南票区、杨家杖子开发区、二道江区、贾汪区、淄川区、平桂管理区、南川区、万盛经济开发区、万山区、东川区、红古区

续表

	地级行政区	县级市	县（自治县、林区）	市辖区（开发区、管理区）
再生型城市（23个）	唐山市、包头市、鞍山市、盘锦市、葫芦岛市、通化市、徐州市、宿迁市、马鞍山市、淄博市、临沂市、洛阳市、南阳市、阿坝藏族羌族自治州、丽江市、张掖市	孝义市、大石桥市、龙口市、莱州市	安阳县、云阳县、香格里拉县	

资料来源：全国资源型城市可持续发展规划（2013 ~ 2020年）。

3. 资源型城市的发展模式

资源型城市在长期的发展过程中摸索了一些适合自身发展的模式，主要包括两大类型：扩大原资源产业模式、发展新兴产业模式。

扩大原资源产业模式：从“纵”、“横”两个方向进行扩大。“纵”是指延伸原有的资源产业链，在原传统资源产业的基础上向上下游扩展，延伸产业链的长度。这种“纵”向的产业链发展模式，也主要是发展一些技术含量比较高的下游产业。“横”则是发展传统资源产业的相关产业，最大化地依托原有的资源产业基础。发展新兴产业模式：将传统的资源产业逐渐缩小规模，发展新兴的支柱产业，例如以生态、信息、电子、服务等产业为主的第一、第三产业。

（1）扩大原资源产业的资源型城市发展模式

这类资源型城市的特点是：主导产业没有转移，仍然是以原资源产业或相关产业为核心，传统的资源型产业的产值仍占较大比重。虽然，当地政府也注重其他产业的发展，但其他产业的比重很低。

辽宁盘锦以油气资源产业为核心的发展模式。盘锦是因辽河油田的开发而兴起的资源型城市。长期以来依靠油气资源勘探开发，积极向上、下游延伸，同时横向拓展，发展关联产业，发展石化、中小型船舶和石油装备为主的装备制造业、新型材料、有机食品、现代服务业等。在培育发展接续产业过程中，依靠科技进步和科技创新，大力发展高新技术产品，提高产品附加值，培育核心竞争力。油气开发的上游延伸产业主要发展石油装备制造业，油气开发下游延伸产业主要发展石化、新型材料；在石油装备制造业中，改善工艺流程和掌握高新技术，取得各项专利技术；在石化产业中，大力发展各种精深加工产品等。此外还培育发展了如中小型船舶制造、有机食品、现代服务业等新兴产业。

(2) 发展新兴产业的资源型城市发展模式

这类资源型城市的特点是：由于资源的逐渐消耗，其产量逐渐降低，并且面临着枯竭殆尽的困局，以该资源为核心的主导产业在当地经济的主导地位逐渐丧失。其他新兴产业取代了传统资源产业的地位，逐渐成为新的主导产业。

山西晋城的技术创新发展模式。山西晋城的煤矿资源面临枯竭，因此大规模支持新型工业化改造，利用市财政设立了地方工业技术进步专项资金、科技研发资金、民营经济和中小企业发展基金、服务业发展资金、农业和畜牧业扶持资金、积极财政政策配套资金等，利用科技推动光学仪器、制药、LED 节能灯具等产业的发展，取得了显著的发展。

(3) 扩大原资源产业和发展新兴产业并行的资源型城市发展模式

这类资源型城市的特点是：从延伸产业链或者扩展相关产业两个方面继续发展传统的资源产业，资源型产业及其相关产业仍保持主导产业的地位不变。与此同时，发展其他新兴产业，并逐渐成为新的主导产业。

河南焦作的混合发展模式。焦作是以煤炭为主要资源的城市，但由于煤炭开采超过百年，资源严重枯竭，因此主要采取发展新兴产业的模式。一是围绕城市独具特色的山水风光，开发建设自然山水景观，影视城、城市休闲娱乐景观，历史人文景观，实现以旅游业为核心的产业替代；二是依托原有铝工业基础，建设铝工业基地；三是拓展以工程机械、汽车零部件为核心的机械制造业；四是发展生物化工、医药化工、精细化工。通过一系列的发展，城市注入了新的活力，焦作改造传统资源型城市的实践取得了一定的成效。

4. 资源型城市的发展规律

(1) 资源型城市发展周期性与阶段性规律

资源型城市由于具有资源优势而得以发展，但其发展则受到资源条件的限制，市场变化的制约，一方面取决于资源的类型、数量、质量等；另一方面取决于市场对资源的需求程度。由于资源具有不可再生性和优势递减性，决定了资源经济的发展必然经历着从一个勘探到开采、高产稳产（鼎盛）、衰退直至枯竭的过程。依据资源型城市的形成和发展过程，可以将资源型城市的发展过程划分为三个不同的发展阶段，即兴起阶段、繁荣阶段、衰退阶段。资源型城市的发展演变规律示意图，如图 3-2 所示。

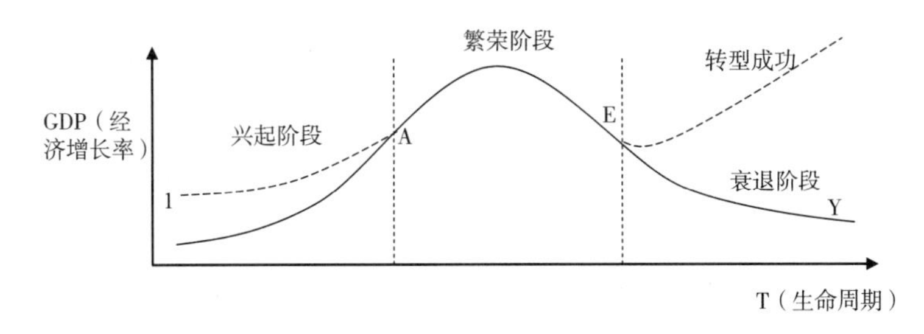

图 3-2 资源型城市的发展演变规律示意图

T 曲线说明：

资源型城市的形成有不同的特点，存在两种情况：

虚线 1-A：在进行大规模的矿产资源开采之前，城市主体已经存在。随着对矿产资源的开发，资源经济逐渐在城市中占主导地位而形成资源型城市。

X-A 曲线：在开采地本来不存在城市，由于矿产资源开采，吸引大批劳动力到来。随着基础设施的建立，一些职工家属随之迁来。周围的农村地区在经济利益的驱动下，发展郊区农业，成为蔬菜和食品基地。这时城市细胞急剧扩张，工业品农业区和轻工业纷纷建立。城市人口规模急剧膨胀，达到设市的条件，形成资源型城市。

A-E 阶段：市制化管理、基础设施的进一步完善，国家和区域内的投资加大，城市人口进一步扩大，资源型城市进入繁荣阶段。

E 点表示：由于城市主导经济是矿产资源采掘和初级加工业，随着自然资源衰竭，城市经济随之衰竭。城市经济功能经济效益下降出现困难，到 E 点时出现两种情况。

虚线 E-2 是城市的发展的一种好的前途，这是由于城市在资源经济繁荣期的后期，未雨绸缪、居安思危，积极培育可替代资源及其加工的其他替代产业，在矿产资源衰竭时，反而呈现出更繁荣的景象。

E-Y 曲线是资源型城市发展的“瓶颈”，是一种不好的前途。原因是随着资源经济的没落，其主导产业濒临破产，城市经济迅速瓦解，城市人口急剧下降，整个城市一蹶不振，最终出现“矿竭城衰”的局面。

如果资源型城市在衰退期时能够努力进行社会转型、经济转型和环境改造，则会产生图中 E-2 阶段，即资源型城市转型成功。这种非常理想的状况，经济发展呈现多种产业并存，第三产业进一步壮大的状况，人口继续缓慢增长，城市设施进一步完善，城市形成具有成熟的文化和稳定的社会环境的综合性城市。

（2）城市建设与资源开发同步规律

城市建设和资源开发存在着相互依存的密切关系，因此资源型城市的城市建设往往与资源开发的生命周期同步相关。资源型城市的发展往往由于资源的探明或国家对资源的大规模开采，因此资源型城市的兴起和发展没有经过漫长的经济积累与充分的准备，而表现为突发的启动模式。从城市布局看，大多数资源型城市都是随资源开发就近建设，“点多、线长、面广”往往是资源型城市存在的共性问题。同时，资源型产业是城市的主导产业或支柱产业，资源型产业从业人口占城市人口的比重相当大，城市基础设施往往围绕资源型产业展开。在资源开采的初期，大量生产要素的迅速进入，在规模经济和聚集经济的作用下，城市经济也得到迅猛的发展；把开发出来产品迅速运往外地以满足全国性生产发展的需求，这一过程也促使资源型城市的开发建设产生突发性和飞跃性效果。而到了资源开发期和达产期，资源产业的蓬勃发展，地方财政收入的迅速增长，使得城市建设在充足的资金支持下加速发展。进入成熟期之后，由于成本与产出的关系相对固定，城市经济较为平稳，城市的建设也会放缓，但是仍然在不断发展中。当进入衰退期后，由于资源开发的速度变缓，产业的效益下降，城市的建设资金受限，投入降低，城市建设的速度会大大降低，一些城市资源匮乏较为严重，甚至会在这个阶段破产，城市建设到此终止。

（3）综合效益递减规律

城市综合效益主要包括经济效益、社会效益和生态环境效益。经济效益的度量指标主要有国内生产总值、国民收入、财政收入等。资源型城市的上述三项经济指标严重依赖资源型产业，而如前文所述，资源型产业存在效益递减规律，而在开采的过程中还存在着开采成本增递规律，因此，资源型城市的经济效益也会逐渐递减。社会效益是指可以进行经济效果考察的城市社会事业方面的效益和城市外部的效益。随着资源开发的加深，资源企业收益的下降，资源型城市的财政收入也呈现出递减趋势，对教育、文化、卫生、社会保障和福利等事业发展缺乏后劲，后期可能出现入学率下降、失业率和犯罪率上升等负面社会效益。同时，资源型城市对区域的吸引力和辐射力也逐步削弱。随着资源开发的加深，资源型城市的生态环境遭到严重破坏，环境问题出现递增规律。在资源企业收益下降的情况下，环境治理变得尤其困难，使环境效益下降。

（4）最终消亡或走向新生的规律

相对于整个城市的发展规律而言，资源型城市作为一种特殊形态的城市最终有两种发展趋势消亡或走向新生。资源型城市单纯依赖自然资源的开发，而资源日趋枯竭，如长期得不到改变，不能建立替代产业，就会因资源的枯竭而消亡。一如美国西部的一些资源型城市，由于资源开发殆尽、人去城空而形成了“鬼城”。反之，如果依托资源型产业，利用积累的资金、技术、人才等，滚动式带动其他产业和第三产业的发展，逐步把重点移到培育非资源型主导产业上，实现产业结构由单一型向综合型转化，由低级向高级演化，使资源型城市向加工城市或综合型城市演化，完成产业和城市的转型，顺利实现城市产业接替和经济发展，顺利跳出一般资源型城市的生命周期，从而开始另一职能意义上的新生，如新的支柱产业的兴起，城市就能继续保持繁荣和发展，并逐步发展为综合型城市。美国的丹佛和澳大利亚的墨尔本就是成功的典范，也是我国资源型城市的发展之路。

第三节　我国资源型城市发展特征及面临问题

1. 我国资源型城市的一般特征

（1）资源的高度依赖性和产业结构的单一性

资源是资源型城市赖以生存和发展的物质基础和条件，是城市产值、财政收入和就业的主要来源。其突出表现为资源是工业尤其是资源工业和城市经济的物质基础，而计划经济体制是形成这一特征的根本原因。资源型城市不是以市为主，而是以资源产业为中心，城市主要为资源产业的发展服务。资源型城市的功能是向社会输出初始资源和资源的初加工品，主导资源的类型、储量、质量和开发利用水平决定了该资源型城市的发展水平。另外，资源型城市坐落于资源丰富的地区，城市的规模也取决于资源开发的规模，资源的储量、品位和禀赋直接影响着资源型城市的企业效益与城市生命周期。因此，资源型城市对资源具有极强的依赖性。

资源型城市经济结构中最重要的特征是产业结构单一，资源产业主要是采掘业和原材料工业在国民经济中占有较大比重，第一产业和第三产业发展规模小、发展水平低，导致三大产业比重不合理。导致资源型城市的应变性、适应性及可调整性均较差，相反却具有较大的发展惯性和稳态性，城市与资源产业构筑成“牵一发而动全身”的纽带关系。

（2）城市形成的突发性与发展的周期性

资源型城市大多经地质勘探发现某地某资源储量丰富，为了尽快形成资源开采区，国家在短时间内投入大量的人力、物力和财力，在聚集经济和规模经济的作用下迅速发展起来的城市。它不同于一般城市，没有经过漫长的经济积累、准备阶段，而是在短时间内使一个小村庄甚至一片荒地变成几万、几十万甚至几百万人口的集聚地，形成了一个地区的政治、经济、文化中心。

在我国，大多数资源型城市都是伴随着资源的开发，历经矿区小镇——县城——小城市——中等城市的轨迹而发展起来的，与其资源型产业存在着互为依托、兴衰与共的关系。矿产资源的储量、品位、赋存条件和区位条件，不仅是资源型城市得以建立和发展的基础，也是城市主导产业效益与规模的决定因素。由于不可再生资源的有限性，不可再生资源的开发都会经历一个由盛转衰的过程，资源型产业的发展也存在着明显的阶段性和周期性，进而资源型城市的发展也具有明显的阶段性特征。资源型城市的发展一般经历开发期、增产期、稳产期、衰退期四个阶段，开发期指的是资源开发前的准备时期，主要工作包括矿床储量、品位、地层条件的详细勘探等；增产期是指从全面投产到生产达到设计规划水平的阶段；稳产期是资源型城市最为兴盛和壮大的时期；衰退期是指由于资源的枯竭，导致生产和加工出现减弱的趋势，且这种趋势日益明显。在资源的经济生命周期后，资源型城市是否可以实现可持续发展，很大程度上取决于其经济发展战略的选择。

（3）区域空间结构的孤立性与分散性

资源型城市大多是依矿而建，受到自然条件和资源分布不连续的影响，城市的布局往往呈现分散性的特点，表现为“点多、线长、面广”。而这种分散性明显地违背了工业化城市集聚的特征，它不利于城市由粗放型向集约型的转化，也不利于城市基础设施建设，使得城市不能形成良好的聚集效应和规模效应，不利于形成具有强大吸引力和辐射力的地域中心，城市建设水平难以有很大提高。

城市是区域的中心，与区域之间、城乡之间的高效、便捷、紧密的联系是城市得以形成和发展的基础。而资源型工矿城市往往成为周围区域的一块“孤岛”。矿业城市多数依矿而建，地处偏远，区位偏离，这是影响矿业城市发展的客观制约因素。地理环境闭塞，阻隔了城市与重要交通干线、工商业发达地区，以及国内和国外市场之间的联系。同时，矿业城市往往基础设施落后，交通干线密度低，邮电通讯设备落后，导致交通不畅、信息不灵，投资环境差。

在城市与区域关系上为松散型关系，城市产业链条大多甩在省外，与腹地经济技术联系薄弱，对区域产业带动能力欠缺，特别是各级区域的中心城市，由于城市职能的不完善，对区域的辐射功能普遍较弱，难以带动区域的整体发展，中心城市的“区域中心功能”得不到有效的发挥。另一方面，城市发展也丧失了区域基础，虽然各市县以较快的速度推进了工业化进程，但由于与城市产业联系松散、产业布局松散，腹地区域发展对中心城市发展的贡献率低，导致各级城市普遍对面向区位的资源型主导产业依赖程度高，受能源原材料产品市场波动影响，城市经济和城市建设持续、稳定发展能力差。在城市与城市关系上为同构型，城市之间职能等级分化不明显，职能组合雷同，未能做到有序分工，城市纵向与横向联系均不发育，制约着城市产业的集约化、外向化和城镇产业结构的调整与升级。

任何一个资源型城市其资源分布都不可能是均衡的、集中的，开发资源过程也是分散的，这就容易使城市发展与布局形成“点多、线长、面广”，过于分散的态势，这种城市形态相对于资源开发来说，在相当一段时期内是有利的，因为其便于生产服务，但从城市建设的角度来看，这种城市形态的弊端是十分明显的。“点多”使城市空间布局过于分散，无法形成城市中心的聚集效应，建设重点不突出，无法突出城市形象和风貌特色；“线长”必然造成城市交通的混乱和水、暖、电灯基础设施的浪费；“面广”使城市建设的摊子铺得过大，建设资金分流严重，不便管理且缺少城市应有的生活氛围。因此，这种空间布局是不适合城市长远发展的。

城乡分离、区域封闭、城市与周边地区“二元结构”，以及低水平分散的区域空间布局，难以适应新经济背景下产业布局的要求，是制约资源型城市转型发展的重要方面，如何构建与经济发展阶段相适应，高效、集中、可持续的空间发展格局是资源型城市转型发展中应予以高度重视的一个问题。

（4）城市功能的特殊性和二元性

资源型城市作为生产力的一种空间存在形式，有着城市与基地的双重属性，它既具备一般城市的共同属性，即地区行政中心、经济中心、文化中心、科技中心、交通中心和信息中心，又具有特殊属性，即“工业基地”属性。资源型城市大多是在“方便生产、有利生活”的指导思想下形成的，城市功能趋向于“服务”资源型工业的发展，对资源开发生产功能的过于倚重，导致城市基本的生活功能没有得到正常的发展。总体上看，资源型城市普遍存在功能不完善和不健全。

在资源型城市形成发展过程中，资源型企业对城市发展具有重大的影响，在促进资源型城市发展的同时，也形成了城市功能、城市结构上的“二元性”特征。

资源型城市发展的初期采用政企合一的管理体制，但随着企业规模不断扩大，城市功能不断健全，城市与企业逐步分离，大中型企业集生产、生活、服务、科教文卫、治安消防及至组织领导、社区管理于一体，成为一个超级“庄园式”小社会。这样，就派生出两个城市功能主体，一是以市政地方为主体经济社会运行的城市功能圈，二是以资源型企业为主体经济社会运行的“工业基地”。在市场机制的新形势下，政府既难于参与企业生产要素的合理配置，企业又难于发挥对城市的辐射和带动功能，从而使资源赋存的城市与勘探开发的企业在发展目标和利益行为上的“双向错位”，由此导致城市的综合服务功能缺损和企业的整体效益低下。因而，资源型城市必须深化改革，引入新机制，协调企地关系。

（5）生态环境的脆弱性

矿产资源，尤其是煤炭资源集中分布区，多为丘陵山区，生态本底脆弱，而资源的开采挖掘过程不可避免地要破坏地形地貌原有的形态，引起一系列环境问题。矿山过度开发造成地表植被破坏、水土流失和地表塌陷；森林的过度砍伐造成草场退化、盐碱化和沙化；资源型城市在生产过程中造成大气粉尘污染、水质污染、固体废弃物污染，对生态平衡与人居生活环境带来威胁。生态环境的恶化与资源的枯竭成为制约资源型城市可持续发展的瓶颈，迫切需要针对矿业城市发展的可持续性，进行不同类型资源型城市生态环境优化的设计与转换。

2. 我国资源型城市发展面临的问题

（1）城市经济和产业发展与自然资源存在高度相关性

资源产业、资源型企业的发展水平直接影响并在一定程度上决定了资源型城市的发展程度，两者之间互为依托、兴衰与共。作为主导产业和支柱产业，资源产业是支撑城市经济的主力军，是城市经济实力的体现，贡献了城市最大比例的财政收入，在城市总体发展格局中扮演着举足轻重的角色，影响到城市的兴衰大局。资源型城市的经济运行直接受到资源型产业的发展变化的影响。由于国家对资源的需求，往往加大了资源开发的力度。这就导致了资源型企业的成长一方面是迅速的，另一方面却加快了资源枯竭的速度。从生产的角度讲，我国主要矿产品生产量的份额都大大超出了储量份额，过度开采使我国的大量矿产资源枯竭速度加快，已成为制约国民经济发展的严重问题。

（2）城市产业结构呈现单一性、超重性和稳态性

从大多数资源型城市的产业结构看，一般来讲，普遍是一业独大，煤炭城市一般是煤矿开采的产值比重过大，其他绝大多数产业也是围绕煤炭开采形成的加工和配套产业，如石油城市、以黑色金属或有色金属开采为主的资源型城市。形成这种格局是有其客观原因的。一个国家在推进大规模的工业化过程中，迫切需要的就是工业生产所需要的原材料和燃料，这样工业化刚刚起步的国家一般在建设之初都是优先发展原材料和燃料工业，这样开发矿山就成为了一个推进工业化国家的首选。矿山的大规模开发，必然会带动当地经济的发展，尤其是新中国成立之初工业一穷二白的状况，更是从生产力布局的需要，或者在原来的基础上发展，或者是通过开发矿山新建，形成了一大批资源型城市。

其次，采掘业和原材料加工业是资源型城市的主导产业，第二产业产值较高，工

业产品基本位于产业链的上游，品位和层次不高，初级产品所占的比例最大。另外，高新科技产业发展相对落后，第一产业和第三产业发展较为缓慢。由于资源型产业投入资金大、建设周期长、资产专用性强、产品结构变化性差、社会再就业压力大等原因，资源型城市产业结构一般具有较大的刚性和发展惯性，产业调整难度较大。

(3)城市服务功能尤显滞后

突发性是大多数资源型城市建设和兴起的特色，由于大量人员涌入，城镇职工在城市建成初期就可能占总人口的一半以上，城市化水平并不真实，就成效而言，未能形成与城市规模和职能相匹配的基础设施、市政工程、公共服务设施，其他产业也没有得到同步发展，无法实现城市本身所应具有的各种服务功能，无法促进区域经济的集聚和扩散。在“先生产后生活”思想的指导下,出现了“有市无城”以及“是城非城”的怪相，城市建设难以进行集中布局和系统规划。从企业层面而言，在严重的工矿偏向下，出现了城市功能被企业取代的现象。资源型企业扮演双重角色，既要进行生产经营，还要为城市社会提供服务，致使城市服务功能畸形化。

(4)人才结构单一，专业技术人才匮乏，就业结构不对称，城市社会持续发展基础薄弱

就人力资源而言，与自然资源有关的领域技术水平较高、技术人才数量较多，其他产业则技术投入缺乏，人力资源明显不足。资源开采是重体力劳动，从业人员普遍文化层次偏低，人才结构单一导致再就业困难重重。失业人员随着资源型企业萎缩逐渐增加，就业、再就业压力增大，加上社会保障投入不足，社会矛盾容易激化，影响了整个城市的社会稳定。

第四章　资源型城市绿色发展规划的国外经验

第一节 产业绿色发展

1. 英国布莱纳文镇：工业遗产的旅游红利

英国是世界上最早的工业化国家，重工业的高度发达铸就了昔日的海上帝国。在进入后工业时代，曾经繁华的工业地区随着资源的枯竭日益衰退，取而代之的是遭受工业污染和破坏的生态环境。布莱纳文镇是英国19世纪重要的钢铁和煤炭产地，历经近两个世纪的辉煌发展，最盛时多达25万名雇佣矿工。但随着煤炭资源储量的骤减，该镇从20世纪60年代开始逐渐衰落，下岗失业人员剧增，镇区居民不断外流，最终随着布莱纳文煤矿于1980年被迫关闭，矿场全面停产，从而成为典型的资源枯竭型城镇。由于煤矿的关闭而遗留下大量的工业遗迹，这其中就包括被称为南威尔士最古老的深井矿之一的布莱纳文大矿坑。当地政府为了挽救衰落的城镇，重振布莱纳文镇经济，对当地工业遗迹进行遗产保护和旅游景观开发，走出了一条工业遗产旅游的转型之路。

工业遗产旅游。布莱纳文镇地方政府于1984年将镇边大矿场改建成南威尔士矿业博物馆，并以此为基础，将镇区逐渐发展为30平方公里的工业文化主题旅游目的地，包括铁矿石场、石灰岩采石场、煤矿铁炉、砖厂、隧道、蓄水池、露天人工水渠、分散的厂房以及教堂、学校、工人公寓等工业革命时代实物，集中反映布莱纳文镇工业景观的真实性和完整性。在工业遗产旅游的开发过程中，布莱纳文镇对原本荒芜的尾矿山体进行绿化，恢复受损的生态环境，开展户外休闲旅游项目。其中，包括将境内64处工业遗址进行整合开发，设计了17公里长的工业遗产徒步线路，且将部分工业废旧建筑改造为住宿、餐饮等接待设施，满足游客长时间停留和夜间活动需求，同时又使废弃的资源得以重新利用，焕发新机。此外，该镇还开发了一系列体验感强的旅游项目，如最具知名度和吸引力的“地下之旅”项目。该项目主要是为游客提供了深入地下300英尺（1英尺=0.3048米）感受矿工真实工作场景的奇妙体验。由于工业遗产旅游的快速发展，该镇的就业率不断上升，居民日渐回流。2010年，布莱纳文镇制定了《布莱纳文工业景观世界遗产地管理规划2011～2016》，该规划的首要宗旨是保护布莱纳文工业文化景观，令后代可以了解南威尔士地区对工业革命的卓越贡献。通过展示与推广布莱纳文工业景观，发展文化旅游，提供教育机会，改善本地区的认知形象，以促进经济复兴。与此同时，该规划还提出了一些具体的措施，主要有：确保对本地世界遗产的推广与展示不违背世界遗产地的特质与价值；确保单体吸引物在综合性的框架环境内展示，以加强其间的关联性，并将游客活动有效散布至整个镇区；在世界遗产地展示中，通过一系列互动式阐述手段，强调社会性历史和个人生活；提高本地社区居民在世界遗产地适当展示与保护工作中的参与度；确保足够的营销推广资金；确保科普与文化教育在本世界遗产地的展示中扮演核心角色，以符合联合国教科文组织的宗旨，并寻求更广泛的知识产权价值实现途径。

如今的布莱纳文镇已彻底摆脱了资源的诅咒，成为一个颇有名气的旅游小镇。该镇保存完好的工业遗址为研究19世纪英国工业革命时期的社会和经济结构提供了典型范例，布莱纳文工业遗址的各组成部分共同构成了典型的19世纪英国工业革命时期工业区，从而在2000年被联合国教科文组织列入世界文化遗产名录。

经验总结：

（1）政府主导旅游开发。政府在布莱纳文镇发展旅游业过程中自始至终扮演着主导角色，从旅游发展战略决策制定到工业遗产旅游项目开发，从世界工业遗产申报到旅游目的地营销，从工业旅游资源保护到远景战略规划都体现了政府的主导作用。

（2）旅游开发不断创新。布莱纳文镇旅游开发不断创新主要体现在工业旅游资源的深度挖掘和旅游产品的更新换代。在工业旅游资源的挖掘上不断向深度化推进，从有形的工业遗迹景观保护到无形的矿冶文化开发。在产品的更新换代上，从静态的展览展示到动态的参与体验，不断在产品上增强游客的感受和体验效果，同时还从一日游产品发展到过夜游，再到多日游的休闲度假，这些都充分的说明了布莱纳文镇虽然只是发展工业遗产旅游，但是仍然在旅游开发上不断进行产品创新，谋求竞争活力。

（3）重视工业遗迹保护。虽然布莱纳文镇旅游开发如火如荼，但并没有对工业遗迹资源造成破坏，反而保护的力度越来越大。在其制定的《布莱纳文工业景观世界遗产地管理规划2011～2016》中就明确提出该规划的首要宗旨是保护布莱纳文工业文化景观，令后代可以了解南威尔士地区对工业革命的卓越贡献。由此可以看出，布莱纳文镇对工业遗产和历史文化的重视。

2. 德国鲁尔工业区：废弃工厂的生态花园

鲁尔区的工业发展有近200年的历史，早在1811年，位于该区的埃森市就有了著名的大型钢铁联合企业康采恩克虏伯公司。随后，蒂森公司、鲁尔煤矿公司等一批采矿和钢铁公司也在这一地区创建。19世纪上半叶开始的大规模煤矿开采和钢铁生产，逐渐使鲁尔区成为世界上最著名的重工业区和最大的工业区之一。然而，在经历了约100多年的繁荣发展后，鲁尔区于20世纪50年代末到60年代初开始出现经济衰落，煤炭工业和钢铁工业尤其突出，70年代后，逆工业化过程的趋势已十分明显。逆工业化时代的来临褪去了鲁尔工业区近百年的喧嚣和繁华，高耸的塔炉和轰鸣的机床已风采不再，一度是德国“经济引擎”的煤炭和钢铁生产基地在后工业文明的挑战下逐渐衰退为大片不毛“锈地”、污染严重的大面积工业废弃地、斑驳弃用的巨型钢铁设备、混沌秽浊的河道以及动荡不安的社会经济结构。到 80 年代末期，鲁尔区面临着严重的失业问题，1987 年鲁尔区达到 15.1% 的最高失业记录，大大超过 8.1% 的全国平均失业率。然而在经历了由政府主导的系列振兴计划之后，如今的鲁尔区一改资源枯竭时期的颓废与荒芜，成为德国区域经济中的又一重镇。

工业废弃地的百变新生。德国鲁尔工业区被誉为世界上工业遗产旅游最成功的典范。为了对废弃的工业建筑、设备等工业用地进行再利用，德国各级政府和相关机构发起了国际建筑展（IBA）活动，该活动项目旨在通过组织建筑、景观、规划设计的项目竞赛来调动全民参与积极性，并从中选取用地改造的最佳方案，然后再由政府部门根据方案主导工业用地的改造和开发。这些工业用地上的旧工厂被改造成了展览馆，起重架的高墙和煤渣堆变成了攀岩训练场，旧的炼钢厂冷却池转变为潜水训练基地，废瓦斯槽换装为充满太空意境的展览馆。此外，通过在改造后的工业用地上进行周期性的文化节庆休闲活动，激发人们参与到 IBA 带来的全新生活体验中，如在钢铁车间里听摇滚乐，在生产线遗址上喝咖啡、在炼钢池里游泳等，使公众主动加入到工业废弃地改造和维护活动中。

鲁尔区工业遗产旅游发展模式分为两个部分，即区域性一体化模式和独立遗产点开发模式。区域性一体化模式是指鲁尔区在开发工业遗产旅游过程中对整个区域的旅游线路、营销推广和旅游规划做全盘考量。在该模式下，鲁尔区工业遗产旅游的一体化开发和整合利用是一个有意识、有步骤，并逐步细化和深化的过程，这有利于树立统一的区域形象，对区内各城市间的相互协作和对外宣传具有重要的作用。独立遗产点开发模式是指根据工业遗迹的实际情况和具体条件因地制宜的进行相关开发和再利用，这种模式包括博物馆模式、公共休憩空间模式、与购物旅游相结合的综合开发模式。

经验总结：

（1）政府主导 + 全民参与。鲁尔工业区在发展旅游过程中采取的是“政府主导 + 全民参与”相结合的旅游开发模式。该模式通过政府主导旅游开发进行“自上而下”的推行，同时调动全民参与旅游开发，进行“自下而上”的倒推。这种双管齐下的开发模式一方面可以提高旅游开发的效率，避免政府一厢情愿式开发。另一方面可以鼓励全民参与旅游开发，集思社会各界智慧，激发社会创作灵感，能够获得最大化的旅游开发效果。

（2）全盘统筹 + 资源整合。鲁尔区在整个发展旅游过程中既有全盘考虑整个区域工业遗产旅游的规划，又根据各个单体工业遗产遗迹的具体情况进行独立开发。这样就会避免重复开发带来的资源浪费和各自为营开发导致整体形象模糊不清。通过整合不同类型的旅游资源、不同区域的旅游产品，开发鲁尔区域旅游线路，制定统一的营销计划，打造鲁尔工业区整体旅游形象。

（3）生态恢复＋景观再造。鲁尔区发展工业遗产旅游，通过生态修复，景观再造，将其与旅游开发相结合，重新焕发遗弃地的生命力。鲁尔工业区对于工业用地的做法首先是采用多种方式进行生态恢复，然后根据场所具体情况将各个独立工业遗迹进行景观再造，使之成为供人们休闲、旅游、度假、购物的场所。

但鲁尔区案例只涉及工业遗产旅游方面的开发，以工业遗产旅游为主，促进地方经济发展，环境改善和社会发展。因此鲁尔区的旅游发展模式可归纳为工业遗产旅游为核心的发展模式。充分利用资源枯竭型城市遗留下的工业废弃地、废旧工厂设备等进行改造成博物馆、商业街区、公共休憩场所等新用途，并利用改造的新景观和场所文化开发工业遗产旅游项目。鲁尔工业遗产旅游并不能算得上是鲁尔工业区的主导产业，但其作用却是不能忽视的，甚至是关键的。通过工业遗产旅游项目开发将废弃资源进行再利用和价值再造，从而改善该地区的生态环境和人文环境，吸引外来投资，促进产业结构升级和产业调整，促使该地区重新焕发生机。

3. 美国纽蒙特矿业公司绿色发展对策

纽蒙特矿业公司是世界黄金矿业产业巨头，同时又兼营多种矿产资源，但是作为资源型企业，企业发展离不开自然资源储备，在当前世界环境危机大背景下，同样要受到资源枯竭的影响制约，在企业发展过程中，也出现了产业结构不合理，企业效益下降等问题，在这样的状况下，纽蒙特矿业公司从多个方面对企业进行了转型发展，为世界资源型企业绿色发展提供了宝贵经验。

纽蒙特矿业公司绿色发展对策：

（1）树立绿色理念，注重企业环保发展。一是企业在全世界范围内矿产开采和初加工中，减少资源开采土地占用，加大在开采加工过程中废渣、废气、废物的处理，树立企业绿色环保理念，打造绿色矿业；二是在海外的矿业公司，要遵循美国环保法规和环保标准基础上，还要遵循当地环保法规和环保标准，并制定企业自身环保标准以及安全生产标准；三是在海外矿业公司发展中，结合当地生态环境实际情况，做到开采和环保两手抓，树立了企业环保理念。

（2）寻找替代产业，实现企业多元产业发展。为了扩大规模效益，实现企业长久持续发展，纽蒙特公司开始在全球范围内寻找替代产业，在保证其支柱产业持续健康发展的条件下，发展其相关辅助产业以及替代产业。企业除了发展金矿产业，还在全球范围内，并购收购了多家石油、天然气、煤炭、化肥等多种资源型企业，不仅扩大了企业规模，也扩大了企业经营范围。此外，企业经营范围不仅局限于矿产的开采和初加工，还扩展到了矿产贸易、矿产深加工等矿业生产一体化模式，有的放矢地实现企业多元化发展。

（3）以人为本，注重企业人才培养。人才是企业发展中至关重要的因素，企业员工的素质高低，人才的多少，不仅关系到企业科技创新能力和管理能力，甚至关系到整个企业的经济效益发展。纽蒙特矿业公司深刻认识到了这一点，非常注重人才的培养和企业员工素质的提高。在全球范围内，企业聘用了多名高技术人才，同时也注重员工素质培养。为了增加人才储备，一是制定严格的人才甄选制度和程序，为员工提供良好的培训机制；二是为员工提供合适的工作岗位，使员工充分发挥自身潜力；三是依据各国各区企业状况，为员工定制不同的医疗、人身、养老等保险福利，并为员工提供较高的工资待遇；四是为每一位员工进行事业发展规划和设计，使员工的能力得到充分发展，培养员工爱岗敬业精神。

经验总结：美国纽蒙特矿业公司的绿色发展转型，不管是对于国内外资源型城市转型，还是资源型企业转型都有重要的启示和经验借鉴。纽蒙特矿业公司从企业绿色环保理念的树立，到企业全球范围内扩大经营规模，制定环保标准，采取集约的环保的生产模式，节能减排，坚持以人为本，注重员工素质的培养和对人才的重视。这些都对国内外资源型企业绿色发展有重要的启示，也与当前我国科学发展观思想中可持续发展、以人为本的内涵相一致，尤其是坚持以人为本，注重企业员工自身发展，使员工充分发挥其自身潜力，以及完善的工资和福利体制，是我国的资源型企业在绿色发展的过程中优秀的范本。此外纽蒙特矿业公司作为一个资源型企业，将其产业范围扩大到全球，并丰富企业产业经营范围，发展企业多元产业，注重企业文化和形象，注重企业微观、细致化管理，实现资源整合全球化，成为一支强有力的跨国公司，也是我国资源型企业应当学习和借鉴的一部分。

4. 国外资源型城市旅游开发的模式分析

（1）工业旅游模式

工业旅游是以现有工厂、企业、公司及在建工程等工业场所作为旅游客体的一种专项旅游。通过让游客了解工业生产与工程操作等过程，获取科学知识，满足行、食、游等基本旅游享受和更高层次的精神享受，提供集求知、购物、观光等为一体的旅游产品。广义的工业旅游包括工业遗产旅游和现代工业旅游两方面。资源型城市工业旅游资源十分丰富，既有大量的矿业遗迹、矿山旅游资源，还有许多以冶炼、制造业为主的工厂和设施，因此其重点旅游对象为废弃矿山以及停产或在产的工厂。

①工业遗产旅游。工业遗产旅游就是起源于英国，并从工业化到逆工业化的历史进程中，出现的一种从工业考古、工业遗产的保护而发展起来的新的旅游形式。具体而言，就是在废弃的工业旧址上，通过保护和再利用原有的工业机器、生产设备、厂房建筑等，改造成一种能够吸引现代人们了解工业文化和文明，同时具有独特的观光、休闲和旅游功能的新方式。资源型城市与普通工业城市在工业遗产方面的主要区别在于它不仅具有一般的工厂、建筑等工业旅游资源，还包括了大量的矿山旅游资源。纵观工业遗产旅游的开发实践，工业遗产旅游主要包括以下三种模式：

博物馆模式。博物馆可将不同时间、空间跨度的物品集中在一起，统一展出，使人们在短时间内对区域的历史、文化、风俗、民情取得较为全面的认识，具有一定的教育功能。工业遗迹因为反映了工业化过程的特定阶段或者功能，也具有物质文化意义。因此，在原址上修建工业博物馆比在传统博物馆中展出旧有物品更方便、更生动以及更真实，不仅可以保留原有的工作条件和地域背景，同时也容易激发社区参与感和认同感。因此，博物馆既是对遗产资源的保护，也是遗产旅游的重要方式。该模式以德国鲁尔区的“亨利”钢铁厂“措伦”采煤厂和“关税同盟”煤炭 - 焦化厂最为典型。亨利钢铁厂以露天博物馆的形式展开，“措伦”采煤厂主要以室内展览为主，旅游纪念品开发得比较丰富。而“关税同盟”则成为德国第三个进入世界文化遗产名录的工业遗产旅游地，不仅变成博物馆对公众开放，还吸引了众多的艺术和创意、设计产业的公司 / 协会 / 社团 / 机构等，成为它们的办公场所和作品展览场地。

矿山公园模式。矿山旅游资源主要包括采矿场景、生产设备、地质景观、地质灾害和矿山文化等，具有很强的历史性、科普性与观赏性。矿山旅游资源是以人文特征为主的历史遗迹旅游资源。矿山公园是以展示矿业遗迹景观为主体，体现矿业发展历史内涵，具备研究价值和教育功能，可供人们游览观赏、科学考察的特定空间地域。矿山公园的建设一般选取规模较大，且具有典型性、稀有性、观赏性和科学教育意义的矿业遗迹，融自然景观与人文景观于一体，采用环境更新、生态恢复和文化重现等手段，达到生态、经济和社会效益的统一。此外，公园规划范围内还保存有古代采矿活动遗迹和丰富的矿业开发史籍等珍贵遗存。公园总体布局结构包括 3 个景区和旅游综合服务、矿业文化博览区、矿业遗迹展示区、休闲娱乐区、地域风情体验区、外围生态恢复区 6 个功能区。

功能转换型开发模式。功能转换型开发模式是在不改变原来工业遗迹主体的前提下，将部分建筑与设施进行不同程度的改造，以进行其他项目的旅游开发，从而实现对工业遗迹回收利用和功能转换的目的。该模式的典型代表是德国的北杜伊斯堡景观公园。它是由原来的蒂森钢铁公司改造而成的，例如，废旧的贮气罐被改造成潜水俱乐部的训练池，而用来堆放铁矿砂的混凝土料场设计成青少年活动场地，墙体被改造成攀岩者乐园，一些仓库和厂房被改造成迪厅和音乐厅，投资上百万德国马克的艺术灯光工程，更使这个景观公园在夜晚充满了独特的吸引力。

②现代工业旅游。现代工业旅游也是国外非常流行的一种休闲方式。在国外，很多公司都很注重自身品牌的塑造与宣传，几乎所有的大企业都向公众开放，许多深受公众瞩目的著名企业也因此成为世界旅游胜地，如法国雪铁龙、雷诺公司，美国国家造币厂、福特、通用公司、休斯敦宇航中心等。半个世纪以来，工业旅游在一些发达国家方兴未艾，被誉为“朝阳中的朝阳”产业。国外的现代工业旅游主要是通过展示高科技企业的产品及生产流水线为内容供游客参观。工业旅游产品涉及钢铁、汽车、航空、石油、酿酒、电力等多种内容。根据工业旅游产品类型将其归纳为城市型、商品型、中心型、景观型、扩展型、场景型、产品型、文化型、外延型、综合型 10 大模式。其中适合资源型企业旅游开发的模式主要有以下几种：

城市型。即工业与其所在的城市融为一体，工业旅游景点、吸引物与城市相互交错分布，形成典型的工业和城市复合型旅游产品。

场景型。该模式的主要特点为产品是以工业生产的过程及场景为主题构造的，特别是工业生产过程中车间厂房之外的场景在产品中有突出的表现。

外延型。即在工业基础上通过具有相关性外延的旅游产品开发来带动整个工业企业旅游业发展，并形成具有娱乐休闲教育功能的产品模式，以外延工业旅游产品这一副中心开发推动工业企业旅游的全面发展，例如通过观光农业及农产品开发或保健疗养等带动工业旅游的发展。

（2）工矿（林）区向旅游区转变模式

资源开采结束后对矿业废弃地有许多不同的处理方式，例如，废弃矿坑（场）可以改造成博物馆、艺术馆、地下仓库、垃圾处理场等，或进行旅游开发、废矿坑种植开发、坑塘养殖、矿坑（场）土地复垦再利用等，不仅节约了土地，还通过对矿业废弃地的“资源再利用”创造了新的经济效益。其中，进行旅游开发的主要方式有以下几种。

①旅游休闲度假区。一些地方将原来的矿区进行改造后，通过山地植树造林、坡地种草、矿坑蓄水成湖等措施使这些地方转化为公共休闲绿地，并在一些恢复地貌的地区建立起居民疗养地，在露天矿排土场上建起了赛车场、跑马场、网球场、高尔夫球场及其他娱乐和运动设施，使原来的矿区向旅游休闲度假区过渡。国外的矿区向旅游休闲度假区的实践，如东德 Lausitz 煤矿将一些污染较轻的巨型矿坑改造为一碧千顷的淡水湖，人们开房车来到湖畔，在湖里驾驶帆船游览，使之成为是周末旅游胜地。

同时，计划将因地道塌陷导致地下水涌入而形成的水道规划为赛艇运动中心。这些措施使这一区域成为欧洲重要的水上运动中心。德国关税同盟煤矿还将废弃的煤矸石山改造成室内滑雪场，供人们休闲娱乐之用。

②植物温室展览馆。在废弃矿坑中修建植物展览馆的尝试以英国康沃尔郡的“伊甸园”最为典型。“伊甸园”是世界上最大的温室，所有室内和室外建筑都坐落在原来废弃的黏土坑上，该地的黏土矿经过150多年的连续开采后，黏土资源业已告罄，取土后留下众多深坑，表面尘土飞扬，严重破坏了当地的生态环境。“伊甸园”是英国新千年庆典工程之一，由4座穹顶状建筑连接组成，天窗上铺设半透明材料，外形像几只巨大的昆虫复眼。穹顶馆里以人工方法营造世界不同地区的气候，展览各种各样的植物。各馆内除了植物之外，还放养一些鸟类、爬行动物等，帮助消灭害虫，控制生态。“伊甸园”植物展览馆的建成不仅拯救了废弃的黏土坑这一块废旧的土地，还为当地创造了巨大的经济效益。这座公园已成为英国第三大旅游点，还被英国人选为“过去20年中最喜欢的新建筑”。

③观光农业区。矿业开采不仅占用了大量的耕地，而且还对地表形态及土壤结构造成了很大的破坏。采空区形成的塌陷使地表破碎、地面高低不平且泥石混杂；废石堆积区土壤物理结构不良，持水保肥能力差，土壤贫瘠；尾矿堆积地土壤重金属含量高，影响植物各种代谢途径，并含有多种有毒有害物质，导致许多矿业废弃地植被稀少甚至寸草不生。因此，迫切需要对其进行生态恢复和重建。土地复垦一般要先对地表进行整理，按照所在地区自然环境条件和复垦地利用方向的要求，对废弃地进行回填、堆垒和平整并进行必要的防洪、排涝及环保治理。对土壤的整治主要方法有客土法和化学改良法：前者是指先在没有土壤层的废弃地上覆土，再改良，或者废弃地的毒性很大，必须在废弃地上面先铺一层隔离层，以阻挡有毒物质通过毛细管作用向上迁移，然后再覆土；后者是对于有土壤层的废弃地，用化学的方法进行改良，添加植物生长必需的有机质、N、P、K等物质，以及利用适当的煤炭腐殖质酸物质对土壤酸碱度进行改良等。另外，对复垦土地上种植的植物品种应具有适宜性、稳定性和经济价值性。

观光农业区的开发实践与发展潜力。国外对矿山生态恢复十分重视，特别是在欧、美等一些发达国家，从19世纪末期就开展了矿山土地复垦的研究和实践，并在20世纪中期展开大规模的复垦工程，在施工技术、土壤改造、政策法规、现场管理等领域取得了大量的成果和成功的经验。例如德国的RWE露天褐煤矿，在开采之前，先把剥离的表层土收集起来，在区域开采结束后，公司将矿坑平整后再将原来收集的黄土回填造地，归还给农民复垦，用于种植甜菜，并在附近修建了糖厂以加工甜菜，形成了一条可持续发展的产业链。露天褐煤开采和土地复垦吸引着人们纷纷慕名前来参观。RWE公司还购买了当地的一处中世纪的古堡作为公司总部，并向公众开放，形成了一条集工业旅游、农业观光和传统旅游相结合的旅游线路。

④森林生态旅游区。森林生态旅游就是以丰富的森林资源为依托，为满足人们求新、求知、求美、猎奇、探险、休闲、娱乐、健身等各种需求，以保护自然，教育旅游者认识自然和了解保护自然的重要性，促进当地社会经济发展为目的的一种旅游活动。它是森林生态旅游经营者凭借各种旅游设施和环境条件向森林旅游市场提供的全部要素之和。森林生态旅游是当今世界旅游的热点，据世界旅游组织估算，目前森林生态旅游业收入已占世界旅游业收入总数的 15% ~ 20%。

（3）城市旅游模式

①城市旅游的主要内容。城市旅游是 20 世纪 80 年代迅速发展起来的一种旅游新现象，是发生在城市的各种游憩活动及以城市为旅游目的地、以城市为旅游吸引物招徕游客的各种游憩活动的总称。工业化时代，城市主要是作为旅游客源地存在的，人们在闲暇时间一般离开城市，到郊区或风景优美的地方寻找精神和身体的放松。随着城市环境不断改善，各种配套服务设施不断完备，使城市具有了旅游管理、接待、集散和辐射中心的功能。城市的各类博物馆、音乐厅、体育馆、会展中心等文化设施，公园、广场、喷泉、雕塑、游乐园、咖啡馆、酒吧等休闲设施以及大型购物中心、特色购物步行街、风味美食中心、新型工业园区都具有很强的吸引力，再加上便捷的交通和完备的住宿条件，可以满足人们商务、购物、会议、度假、休闲、美食、生态等多种旅游需求，城市逐渐成为旅游目的地与客源地的统一体。城市旅游的动机主要有探亲访友、商务 / 会议、娱乐与观光、休闲购物、标志性大事旅游。典型的城市旅游产品包括节庆旅游、会展旅游、观光一日游等。

②资源型城市发展城市旅游的实践与经验。奥伯豪森市的购物旅游。德国的奥伯豪森市是一个富含锌和金属矿的工业城市，1758 年这里就建立了整个鲁尔区第一家铁器铸造。逆工业化导致工厂倒闭和失业工人增加，促使该地寻找一条振兴之路。它在工厂废弃地上依据摩尔物区（Shopping mall）的概念，新建了一个大型的购物中心 Centro，还配套建有咖啡馆、酒吧和美食文化街、儿童游乐园、网球和体育中多媒体和影视娱乐中心，以及由废弃矿坑改造的人工湖等。同时开辟了一个工业博物馆，并就地保留了一个高 117 米、直径达 67 米的巨型储气罐 Gasometer，使之成为这个地方的标志和登高点，也可以用于举办各种别开生面的展览。由于拥有独特的地理位置以及优越便捷的交通，Centro 和 Gasometer 已成为整个鲁尔区购物文化的发祥地，并可望发展成为奥伯豪森（Oberhausen）新的城市中心，甚至也是欧洲最大的购物旅游中心之一，吸引了来自荷兰等地的购物、休闲和度假的游客。奥伯豪森市将购物旅游与工业遗产旅游结合起来，成功地创造了资源型城市发展城市旅游的范例。

“绿色都市”多特蒙德。多特蒙德在19世纪中期发展为工业城市，主要以煤炭开采业为主。20世纪80年代以来，多特蒙德煤钢产业结构发生了巨大的变化，逐渐由以煤矿、钢铁和啤酒著称的城市发展成为威斯特法伦地区服务业与商贸业的中心。目前，多特蒙德已经是北莱茵－威斯特法伦州著名的“绿色都市”，市内接近一半地区是布满水道、林地、耕地的绿色地带和宽敞的公园。多特蒙德城内建筑风格多样，保留了许多中世纪教堂和水上宫殿，其中二战后重建的威斯特法伦厅是欧洲最大宫殿之一。现代建筑有多蒙德电视塔——德国第一座电视塔及全球第一间旋转餐厅。“圣诞市场”是高科技产业的中心及德国最大的市场之一。多特蒙德还是一座科学艺术之城，有多家大学、研究所、其他教育研究机构以及14座不同类型的博物馆。同时，它也是一个著名的体育活动中心，有包括威斯特法伦大厅、威斯特法伦运动场和“红地球”田径运动场在内的近100处体育设施。

（4）多种旅游开发模式的启示

①增加工业旅游的知识性、趣味性、体验性。由于工业旅游一般是在原有工业遗址、工业企业的基础上改造而成，具有投资少、见效快的特点，同时还具有科普教育的功能，能够满足人们的好奇心和求知欲。我国有着十分丰富的工业旅游资源，但工业旅游的发展尚有待加强，尤其是对工业遗产旅游的研究和实践更是凤毛麟角，因此这一模式尚有较大的发展潜力，这一开发模式非常适合我国的国情，值得大力提倡。然而，不可否认的是，目前我国游客仍然对“游山玩水”的传统观光旅游兴趣颇浓，对工业旅游的认知程度普遍偏低，复游率也较低。一些已开辟的工业旅游项目模式大同小异，主要是单一的参观为主，缺乏趣味性和参与性，难以调动游客的积极性。因而，在今后的发展中，工业旅游应注意增加知识性、趣味性、体验性，根据产业特色和游客的需求，针对主要客源市场，建设类型多样、富有创意的旅游产品，将我国的工业旅游提升到一个新的高度。

②广泛筹集资金来源，与研究机构合作治理矿山，小范围试验，逐步开发。工矿（林）区向旅游区转变模式对于改善矿区生态环境、降低污染、提高城市环境质量有着决定性影响，它还可以提升城市形象，吸引更多外来投资，为城市的发展提供更多的机会，但这一模式实施难度较大，一是投资问题，如英国将废弃矿坑改造为植物温室就耗费了巨额资金，这是我国一般的地、县级城市和个人难以承受的，而且根据各国国情的不同，游客对旅游目的地的选择也存在很大差异，游客数量难以预测，收益很难保证，因此我国在进行此类旅游开发时应持谨慎态度，不宜照搬国外的模式。二是技术问题，例如土地复垦不仅需要大量的资金作为保障，对被污染的土壤的治理需要较高的技术手段，对适合不同土壤性质的植物的选择和改良也需要农业科学技术作为支撑。因此，

应广泛筹集资金来源，并与一些研究机构进行合作或引进国外先进经验来对矿山进行治理，以小范围试验、逐步开发、稳打稳扎的方式实施，不宜急功近利，以一刀切的模式突击进行。

③大力改造城市环境，改善城市面貌，设计城市标志性建筑。我国的资源型城市既是某一主导型资源型企业所在地，也是附近区域的经济和政治中心，城市旅游模式，从广义的角度来说，对每个城市都是适用的，只是各个城市的吸引力大小和城市旅游规模有较大差异。发展城市旅游离不开良好的城市综合旅游环境，包括城市的绿化、空气质量等生态环境，城市的风貌、城市的文化氛围、居民的素质等人文环境。因此，资源型城市需要在加强基础设施的基础上，大力改造城市环境，改善城市面貌，扩大绿化面积，设计城市标志性建筑，建设一批活动型的吸引资源，如城市广场、商业步行街、城市游憩中心、主题公园等，以满足旅游者购物、休闲、娱乐的需求。

第二节　城市空间绿色发展

1. 美国休斯敦——空间结构

休斯敦由于石油产量、石油化工、石油科研技术均居世界前列，因此赢得“世界油都”的称号。20 世纪 70 年代中期，金融危机爆发，美国经济开始衰退，世界油价下跌，造成石化行业陷入低谷。受此影响休斯敦的经济发展滞缓不前，失业率高达 10%，产业链日趋断裂。

面对严峻的经济形势，休斯敦选择继续加强自身的传统产业（石油），另外新建航天等产业，使之成为休斯敦经济的主要支柱；在传统产业与新建产业的带动下，产生了金属及食品加工等附属产业。在经济完善之后大力改善一些基础设施、设备，如交通通信。主要措施为：①美国政府对南部经济落后地区进行政策扶持，休斯敦通过征收销售税加强土地利用规划，强化空间管制，大力改善了交通堵塞和环境污染的状况。②根据市场需求调整产业结构，发展替代产业：力争获得政府资助的大项目，以点带面发展高科技产业。③充分利用优越的资源和地理条件，发展城市经济。在空间结构方面，休斯敦加强对外的轴向联系，建立新型产业集群。20 世纪初，休斯敦市只有河港而没有海港，运输不便。之后城市沿通往东南方向的墨西哥湾的 45 号公路轴向发展，使得休斯敦市和得克萨斯市连成一体，形成大都市带。在 45 号公路周围，利用交通优势，沿途分布各种石油化工工厂以及美国航空航天局的各种设施，并在墨西哥湾沿岸地区修建了大量新的港口。通过高速公路同休斯敦城区相连，形成点轴发展结构。

经验总结：

（1）追求优美的居住环境和便利的公共基础设施。无论是国外还是国内的城市，在城市宜居性的建设上均需要关注公众市民对宜居的基本要求，而大多数市民日常关注的就是生活的居住环境、周边的公共基础设施和配套服务设施。目前，我国的城市规划设计在这一方面还处于发展探索阶段，今后可以在城市建设的过程中通过不同的方式和手段力图建造出宜人的生活空间，比如智能住宅、生态住宅、绿色社区等。

（2）以生态城市建设为突破口。宜居城市的建设非一朝一夕之功，而且人们对宜居城市的判定标准又不尽相同，所以究竟该怎样去建设一个以宜居城市为目标的城市，到目前为止还是模糊的。但是对生态城市建设几乎都是认可的，而且城市的生态化也是城市可持续发展的主要因素之一。宜居城市当然也应该是可持续的，宜居城市更需要生态城市所带来的优美的自然环境，所以，几乎所有的提出建设宜居城市口号的城市都会从生态城市建设入手。国外城市生态化建设已经相对成熟，但是他们依然在此基础上不断的丰富其内容，美化其环境。国内的城市生态化建设才刚刚起步，还处在不断学习和借鉴阶段，但是依然有一个明确的目标，那就是通过城市生态化建设创建宜人的居住环境、生活和生产空间。

2. 德国鲁尔区——交通系统

鲁尔区是德国最大的老工业区之一。其以煤炭工业的开采而兴起，被赞誉为“德国工业引擎”，其中心支柱为煤矿、钢铁、化工及机械制造。同时，鲁尔区是德国的能源基地、钢铁基地和重型机械制造基地，这三大部门的产值曾一度占全区总产值的60%。然而20世纪50年代后，由于非正规渠道的石油进入，受到大量低价劣质石油的影响，这个曾经无可替代的老工业基地爆发了长达10年的煤矿产业的危机，之后又影响到相关的其他产业发成危机，持续时间长达数年。工业区单调落后的产业结构渐渐浮现大量弊端，极大程度的冲击了全区域的经济。鲁尔区的声誉大不如前，曾经作为全国经济发展的重要产业支柱也不复存在，转型迫在眉睫。

（1）总体规划

鲁尔区的空间结构转变是通过改变整个鲁尔地区的物质空间面貌来实现的。1960年，鲁尔区所属的鲁尔煤管区开发协会提出把鲁尔区划分为三个区域的想法：第一个区域是产业已经饱和地带，主要分布于鲁尔河谷地带：这一地带矿区开发最早，产业结构单一，由于煤矿开采向北拓展，该地区发展渐渐落后。但由于其相对稳定的经济现状，将继续保持其平稳发展。第二个部分是需要重新规划，完善产业的区域，使之成为鲁尔区的核心地带：这一区域包括鲁尔区一些重要的城镇以及埃姆歇河沿岸城镇。该区域的主要特点是人口拥挤、城市密集、社会和经济问题突发频繁。第三个地区是有待进一步发展的区域，主要是鲁尔区的东、西、北三个部分中正在整治发展的新型区域，其中以北部为发展重点区域。根据这三个区域的不同现状，协会有的放矢，做出不同的发展改造政策。这样的政策为之后鲁尔区的城市转型及整体规划奠定了牢固的根基。1966 年，根据改造设想，协会制定了鲁尔区总体城市发展规划。总体规划的主要宗旨是发展新兴工业，改善区域经济部门结构和扩建交通运输网；在核心地区以及主要城市中控制工业和人口的增长；在具有全区意义的中心地区增设服务性部门；在工业中心和城镇间营造绿地或保持开阔的空间；在边缘地带迁入商业，并在利伯河以北鲁尔河谷地及其周围丘陵地带开辟旅游和休息点。

（2）交通系统

鲁尔区原有的交通运输网就很先进。但是周边郊区的城市化发展，使得很多企业及住宅开发商选择城市周边的郊区地带建造工厂及住宅小区，原有的交通背上了巨大的包袱，而交通线路发展的速度远远赶不上周边郊区开发的速度，致使城市周边的郊区地带与城市的中心出现了交通的脱节。

因此，区域迫切的需要更加先进的交通网络和现代化设备来改善交通问题。1968 ~ 1973 年，鲁尔煤管协会提出，要分步骤地改善现有的交通线路，对其进行技术改造，增加区域内快车线路，提高整体道路的使用效率。高架铁道在鲁尔区的出现，解决了该区域困惑多年的铁道与公路相交叉从而引起的大量交通事故及城市矛盾。波恩 - 科隆 - 杜塞尔多夫 - 多特蒙德和科隆 - 伍佩尔塔尔 - 多特蒙德两条高速公路竣工后的新高速公路适用创新型高速列车，时速可以高达 200 公里 / 小时。这两条高速路，一条平行鲁尔河北，另一条大部分在埃姆舍河旁，主要通过地下通道行驶。为了使居民出行的更加方便，政府还规划了一些其他高速公路，在 6 公里的范围内，这些高速都可以到达该区域的任何地方。除了现在长度近 10000 公里的铁路线外，区域内修建了 6 条水运内航道，利用水运资源，鲁尔区将水陆交通系统联合起来，加强南北方向交通建设的规划和发展，使得全区域的交通运输系统合为一体。将曾经支离的中心城市与周边工业用地密切的联系在一起。这些改造举措对该地区的其他方面的改造发展都起到了推波助澜的作用。由于数十年坚持不断的改进发展，鲁尔地区成功的实现了转型，大量的高新科技产业园、商业贸易中心和公共文娱设施代替了曾经污染严重的矿山和钢铁厂。曾经随处可见高耸的烟囱、井架和高炉已不复存在，取而代之的是规整的绿地、清澈的河流、设计独特的公共建筑。

经验总结：

（1）积极发挥政府作用。要实现资源型城市的转型，单纯依靠市场机制的作用是难以实现的。在一些问题上，政府的作用甚至是主导性质的。为了确保转型的成功，政府应及早制定多方面，多角度的政策，充分发挥其主导作用。国外很多国家对其资源型城市的发展改造都予以高度重视，并在政策方面进行适当的放宽或鼓励。

（2）加强基础设施建设。基础设施的建立和完善可以为资源枯竭地区的转型创造良好的商业环境。以完善路网结构、增强路网连通性为重点，着力加强城市道路升级改造。为其新产业带来新的投资，运输及销售。同时加强资源枯竭地区与城市中心地带的联系，达到公共资源共享，社会配套设施完善，加快发展。

（3）注重生态保护。开展环境友好型和科学合理的土地开发利用模式，有效利用煤矿采空区矸石山等，建设大型公共开敞空间。过去大部分资源型城市、工业区由于煤炭和钢铁等重工业生产加工，导致大气雾霾、河流变质、土壤污染等环境破坏非常严重。随着转型逐步开展，政府首先着重于保护当地环境，改善生态系统，并颁布政令，有力地推进环境保护治理的工作。如限制污染气体排放量、建立空气质量监测系统等。

3. 绿色基础设施

（1）绿色基础设施的定义

绿色基础设施是依据马路、机场、管道等生活基础设施概念所提出来的城市生态用地总称，生活基础设施的铺设方便了人们的生产活动，而绿色基础设施则是为人类提供更为舒适的生活环境所铺设。绿色基础设施首个定义于 1998 年 8 月，美国“GI 工作小组”将其定义为：GI 是我们国家的自然生命支持系统——一个由水道、湿地、森林、野生动物栖息地和其他自然区域，绿道、公园和其他保护区域，农场、牧场和森林，荒野和其他维持原生物种、生态过程和保护空气和水资源以及提高美国社区和人民生活质量的荒野和开放空间所组成的相互连接的网络。绿色基础设施以提升城市居民生活质量为主要目标，涵盖了城市内绿色用地及其城市周边绿色用地，并将其构成了一个互相连接的网络（President's Council on Sustainable Development，1999）。

继美国之后，“绿色基础设施”这一概念和相关实践引入西欧。西欧绿色基础设施建设更侧重于城市内外绿色空间的质量（Tom Turner，1995；Vander Ryn，1996）、维持生物多样性、野生动物栖息地之间的多重联系（David Rudlin，1999；Karen Williamson，2003）以及绿色基础设施在维护城市景观（Susannah E.Gill，2012）、提升公众健康、降低城市犯罪（Konstantions Tzoulas，2007；Dr David Goode，2006）等方面的作用，并展开了多个相关规划实践工作。如以社会经济发展和环境重塑为目的的绿色网格规划（Greater London Authority，2006；Greater London Authority，2008），为实现城市中心区经济复兴展开的绿色基础设施战略规划（Ted Weer，2006），都是对绿色基础设施规划的积极探索。越来越多的城市和地区政府开始建设屋顶花园，通过其他形式的“绿色基础设施”，既节省了资金、美化了环境，又能控制扩散源传播的污染（Jim Bobbins，2012）。

（2）绿色基础设施特征与功能

①绿色基础设施特征。绿色基础设施特征主要包括：A. 组成绿色基础的成分包括自然与非自然成分；B. 绿色基础是多功能的，在互相影响中发挥不同的作用；C. 绿色基础在城市及其周边均具有分布并相互联系；D. 尺度大小不一且多样；E. 绿色基础之间具有连通性（The North West Green Infrastructure Think-Tank，2004）。依据绿色基础设施的特点，并结合生态学“斑块 - 廊道 - 基质”理论，可以将绿色基础网络划分为中心、廊道两个主要部分。中心是整个网络的关键部分，是能够发挥强烈生态作用的部分，包括城市内大型公园、湖泊、城郊大片林地、城郊大面积耕地等；而廊道是连接各个中心之间的通道，包括道路两侧的林带，河流等。为了提升中心之间的连接性，在廊道中合理设置节点，减小廊道连通距离，对于提升网络的整体生态效应具有重要意义（Karen，2003）。

②绿色基础设施功能。土地利用具有多功能性，包括生产功能、生态功能、承载功能、文化功能等。出于土地利用的多功能性，绿色基础设施也具有多功能性。如公园绿地、小区绿化能够为人们提供休憩的场所，河流湖泊为鱼类提供生存与繁殖环境，森林公园能够改善环境湿度等。卡罗尔等人将绿色基础设施的功能总结归纳为 19 个类型：景观保护与强化、提供栖息地与亲近自然、休闲娱乐、能源生产与保护、食物生产及其景观、雨洪管理、城市区域热岛效应控制、提供教育与培训资源、绿色空间维护、人类及野生动物通道、改善水与空气质量及调节区域小气候、丰富物种多样性以及维护自然景观过程（Carol et al，2006）。绿色基础设施功能的实现往往通过有效的组合与安排而实现。国外通过在城市中设置绿色花园、植被浅沟等绿色基础设施而实现控制雨水径流的工程案例。艾伦·巴伯（英）等研究了绿地蒸发作用，阐述了绿色基础设施的区域降温、城市节水等功能，其实现方法主要是在城市内布局大型绿地公园（艾伦·巴伯等，2009）。这表明了通过合理布局绿色基础设施，能够发挥其改善环境、提高生活质量的作用。

(3)绿色基础设施规划与网络优化

①绿色基础设施规划。绿色基础设施规划是依据绿色基础设施理论，在原有城市生态格局之上，合理增加与改造各类生态用地，使之呈现更大生态效益的实践过程。绿色基础规划的几个要点:第一，消极保护和积极发展相结合，通过绿色基础设施规划，发挥生态用地效益，提高保护生态用地积极性;第二，先规划后发展，有效促进资源的开发与利用;第三，注重尺度的分类和协调;第四，注重多功能和效益的发挥;第五，网络化构建，实现要素之间的相互联系;第六，多方参与，注意生态保护和利益攸关方面的矛盾，强调可行性。由此可见绿色基础设施规划具有必要性、可行性、多功能性、连通性等特性，同时绿色基础设施的规划要多方参与，实现效益的多方的协调。同时在规划中也提出了考虑维系绿色基础设施所发挥生态效益的价值以及稳定性等多个要求。在规划实践过程中，学者们提出了多种规划步骤，其中包括:①以目标为导向的五步规划方法，第一步识别区域利益人群及其相互作用，确定基本规划目标;第二步整理区域社会经济、社会、生态数据，对区域整体情况宏观把控;第三步对现有绿色基础进行功能及其效益分析;第四步在既定的规划目标之下，分析现有绿色基础的改造是否具有必要性;第五步对绿色基础设施的设置提出规划建议。②目标 - 分析 - 综合 - 实施四步法，通过制定规划目标，分析城市用地与生态用地之间的相互联系与作用，综合分析现有绿色设施与多种规划模型并提取最佳模型，最后将最佳模型实践于区域之中。这些步骤均可以总结为目标设定、方案设计、方案比较、方案实施等四个方面的内容(ECOTEC，2008)。

②绿色基础设施网络优化。绿色基础设施网络主要依靠生态用地的斑块效应与连通性实现其生态功能。在绿色基础设施网络的优化研究中，大部分学者通过绿色基础设施网络的斑块优化和廊道优化对绿色基础设施进行网络优化，主要考虑了绿色基础设施网络重要板块的保护与连通性的提升。绿色基础设施网络的优化多通过对现有绿色基础设施网络要素的评估(包括价值评估与风险评估)，从而选取价值更高、重要性更强、稳定性更强的区域作为绿色基础设施网络的优先保护区域，从而提升绿色基础设施网络的生态效益和提高网络稳定性，实现绿色基础设施网络的优化。

(4)城市尺度下绿色基础设施的应用与实践

一座城市的未来不仅受到城市内部因素的影响，同时也面临自然界能源物种枯竭的威胁，维持生物多样性是城市可持续发展的重要指标。绿色基础设施除了城市公园和绿地系统，还有保护生物多样性和物种栖息地的绿色斑块与绿色廊道。城市尺度下的城市绿色斑块与绿色廊道是景观生态学中的中尺度概念，对绿色基础设施体系的构建以及维持自然生态系统功能起着重要的作用。绿色基础设施作为资源型城市干预自然的人工手段，在改善资源型城市空气质量的同时，能够有效培育城市生物多样性。

①城市绿色斑块。城市绿色斑块为许多物种提供了天然栖息地。例如，英国伦敦奥林匹克公园作为促进伦敦东区复兴的催化剂，其发展的关键目标是保留大量的开放空间和维持当地生物多样性遗产。伦敦奥林匹克公园的选址是原本污染严重的工业园区，从2008年开始进行改造工程。公园的设计除了必要的远动场馆外，还融合了人工沼泽、森林、绿地以及其他类型的野生动物栖息地。总体规划在实际操作中遵循生物多样性执行计划，对占地250英亩的原工业用地进行了大幅度改造，为赛事所设计的四座巨型足球场在赛后将被改建成庄园，分配给当地人种植瓜果蔬菜，打造全生态农业。公园内的永久性林地将栽植超过4000棵的树木，同时在步行桥上设置了大型的悬挂花园。公园的总体设计在突出园艺技术的同时更大程度上是为野生动植物创造了栖息地，从而形成人类与自然生态相互平衡的状态。公园整体分为几个不同的部分，其中占地面积最大、最为突出的是北园和南园。北园主要栽植本土自然式的植物群落，而南园则侧重展示多元化的文明，栽种的大都是非乡土植物。随着外来植物种类的大量栽植，公园中的生物类型也变得丰富起来。在现代城市空间中，生物多样性和人文精神早已不是对立的两个部分。奥林匹克公园在提升了河流南部低价值土地、宣扬体育精神的同时，为保护当地生物多样性做出了较大的贡献。当地政府希望通过保护历史乡土物种得到生态效益回报，这种对本土动植物繁衍进行保护的设计方式将成为未来城市规划的一种趋势。

②城市绿色廊道。城市绿色廊道是线性地带，用来连接城市绿色空间，主要强调生态作用。在美国洛杉矶，当地的水质已受到超过44个城市的雨水径流污染，在暴雨期间，大量含有垃圾、有机化合物的污水径流长期破坏着当地海域以及河岸生物栖息地的生态完整性。城市规划者在绿色雨水通道这一项目中利用地理信息系统（GIS）确定现有街道的归类，包括走道、自行车道、公交车道和既有的水渠等，通过对贯穿城市的混凝土雨水渠进行水资源再灌注，将它们变成开放的人工湿地。绿色雨水通道的起点是四条在洛杉矶河上游高生态价值地区的基础通道，终点分别位于巴罗纳湿地、雷东多海滩港口、洛杉矶港和太平洋水族馆。通道的总体长度为296.9公里，由多个相互连接的部分组合而成，通过绿色基础设施对该区域的雨水进行收集过滤，除了雨水管理与再利用，还能将不同的社区通过自然环境进行连接，从而实现地区界线的重塑。这种方法大幅度增加了城市的植被覆盖率，特别是由绿色通道连接、经过的区域，有效改善了城市公园匮乏的状况，同时提供了更多野生动物栖息地。洛杉矶的绿色雨水通道系统是从城市规划的层面利用绿色基础设施维护城市生物多样性。绿色雨水通道穿越了城市中公园匮乏的不发达地区，将有潜力的发展区域与公共开放空间相互连接，

同时使各部分通道连接成为一个整体，最终形成了多模式联运。这种整合方式，使该区域的绿色基础设施系统地影响并促进该区域动植物的繁衍生息以及栖息地的自我循环更新。21 世纪以来，保护城市多样性早已不仅仅停留在规范人类行为的层面，这也意味着城市设计将不仅仅服务于人类的审美需求。

(5) 绿色基础设施的经验启示

绿色基础设施是改善城市环境水平、提升居民生活质量的重要设施。在以矿业生产为核心产业的资源型城市，随着经济和产业的发展，必然会引起城市扩张、工业扩张，从而对其环境造成影响，降低其生态环境水平。而绿色基础设施对于资源型城市的环境改善具有重要意义：①转变发展理念，促进绿色城市建设。绿色基础设施网络具有生态功能与生态效益，要提高对城市绿色基础设施网络的保护和建设重视程度，实现其对城市生态环境的保护和改善作用，从而转变以往城市以经济发展为主的理念，促进经济、社会与城市环境的协调发展。②多角度优化城市绿色基础网络，指导城市发展规划。对城市绿色基础设施网络进行优化和布局，实现城市经济、社会、生态效益的协调发展。对城市土地利用规划中生态用地的进一步规划、城市发展规划、产业发展规划均具有一定的指导意义。

在中国快速城市化发展的背景下，在社会经济快速发展的同时遗留了比较严重的生态和环境负面效应。从不同尺度进行生态保护建设，以解决不同地理空间的生态问题变得日益重要。随着绿色基础设施的效应和规划技术不断成熟，探索符合我国不同城市和区域的绿色基础设施建设框架、规划方法和评估技术变得可行。在借鉴西方国家、地区、城市和社区等不同尺度绿色基础设施规划与建设的基础上，绿色基础设施在中国地区的实践应进一步强调系统性和区域性绿色基础设施规划的重要性，并且发挥政府职能，统筹资金安排和鼓励公众参与等方式有效推行绿色基础设施建设。

第三节　废弃地再利用

1. 美国夏洛特市再开发利用工商业废弃地实践

夏洛特市在 20 世纪 90 年代曾争取到联邦政府 20 余万美元用于支持该市的工商业废弃地治理示范工程。项目选址位于该市会议中心和黑豹橄榄球体育馆附近，由该市政府提供 150 万美元贷款，主要用于基础设施配建、废弃地清扫保洁、企业周转等方面。

通过一系列努力，在《小企业义务免除和工商业废弃地再生》法案及相关政策支持下，几年后的夏洛特市已与先前判若两样，在原商业废弃地上，不光建立起集住宅、商业、娱乐于一体的大型混合型用地区，而且成功引入企业 300 余家，直接增加就业人数近千人。该市改造的成功案例，不光惠及一市，对周边州市工业废弃地治理法案的通过实施也起到一定的带动作用，另外，随着一系列成绩的取得，相配套适用的废弃地开发契约也已出现，并逐步渗入该项治理工程的各项细则。

2. 德国鲁尔工业区工业废弃地修复和再开发利用实践

德国鲁尔工业区在西方社会集中工业化时期是闻名于世的工业强区，工矿产业发展曾经为这座城市带来了极其丰厚的收益，但随着时间推移，逐渐竭尽的矿产资源已远远不能满足于工业型城市发展的需求，传统工矿产业逐步衰退，大片的工矿业废弃地随之出现。

20 世纪 70 年代，德国政府开始对工业废弃地的开发和再利用有了全新认识，随即采取了一系列改造工程，不光使鲁尔区原有区容区貌得以改观，也为欧洲其他国家做出了成功示范。德国政府针对鲁尔地区采矿废弃地再利用，制定出了符合实际的长期投资规划方案，方案针对鲁尔区在资源枯竭之后遗留下来的各项社会问题予以全面筹划，不仅明确未来 10 年内该区域的发展方向，也明确了技术革命、生态修复和开发再利用的具体措施。例如：在工业大发展时期鲁尔区境内留存下来的桥梁涵洞、炼钢高炉、传送设施等，全部清除会耗资巨大，所以选定集中区域构建起了城市公园，现在的鲁尔区埃姆歇公园呈献给市民的是构思精巧的建筑，曾经废弃的高炉，已变成人们攀岩探险的地方；将钢厂冷却池改造为潜水训练场；还有“金属广场”、眺望台、高架梯，这些曾经是支撑这个城市工业发展强大驱动标志性设施建筑，如今不仅被保留了原有风貌，昭示出鲁尔区曾经的工业辉煌，同时，也开启和增强了前来参观游玩的人们对工业废弃地修复利用的智慧和意识。

3. 伦敦道克兰地区工业废弃地修复和再开发利用实践

位于英国伦敦的道克兰地区，也是工业废弃地修复和开发再利用的成功典型。它对伦敦市的经济发展发挥过重大作用，但随着城市的逐渐扩张，生态环境每况愈下，政府决定将港口功能迁出伦敦市区，交通运输能力的下降，使得道克兰地区工业生产能力急剧降低，形成了与城市经济发展极不协调的局面，20 世纪 60 年代之后，随着工矿企业陆续外迁，该地区工业随即走向衰败，矿业废弃地大面积产生。

20 世纪 70 年代，伦敦政府逐渐重新审视矿业废弃地修复和开发再利用问题，分别于 1977 年和 1980 年出台治理方案并成立道克兰开发公司，方案通过和公司的成立，使道克兰地区工业废气地的修复和再利用有了系统指导和权威操作。截至 20 世纪末期，道克兰地区在生态环境、城市形象和经济指标等方面已基本摆脱了窘境，当年的繁荣再度重现。基于治理方案的白皮书和道克兰公司市场化运作的模式，主要在以下方面做出了努力：（1）注重生态修复。道克兰地区的工业废气地多被矿物质结构所破坏，治理之初，公司鼓励土地复合的开发利用模式，在争取到新的 1000 公顷城市土地开发利用权之后，与现有的工业废弃地相结合，在产业间互相调配，各式形态相交融，逐步由纯粹工业向新型农业和服务业转型。另外，在现有工业资源基础上，实现就地改造和废物利用，例如：将水上公园建在原 Blackwall 造船坞上，将鸟类栖息地设置在原 East Indian Dock Basin 船坞中。（2）完善基础设施。首先，通过贷款形式，在工业废弃地上新建和翻建房屋住宅。其次，翻修更新道路，加大交通基础设施建设，谋划城市轻轨道路建设。再次，完善原有社区公共设施，据统计，开发公司仅在教育、培训、医疗和养老等领域的投入就达到 2 亿英镑。通过一系列措施，道克兰地区居住人口显著增加，各项事业得以长足发展。（3）提高第三产业比重。兴建大型商场、购物中心、写字楼和星级酒店，将该区域音乐中心建在伯特府第码头，把展览中心建设在原皇家码头，游人在沿海岸线观光游览的同时，即可品味当地鲜活水产，又可体味当年的工业气息。

4. 韩国首尔兰芝岛的废弃地修复和再开发利用实践

在亚洲国家中，韩国首尔的兰芝岛工业废弃地修复和开发再利用的积极探索较有代表性。早在工业文明之前，兰芝岛已经是环境优美的绿色小岛，自 20 世纪 70 年代开始，兰芝岛逐渐增加了服务首尔工业发展的功能，岛上多处建有垃圾倾倒场，空气污染严重，工业废水横流，在曾经污染最严重的十年间，岛上光由毒气引起的火灾就多达上百起。直到 20 世纪 90 年代，韩国政府在意识问题严重性之后，出于长远考虑和改造现实，开始着手对兰芝岛进行修复和再利用开发，具体做法是将岛上原有垃圾就地掩埋，使其在地下自然分解，然后重新在岛上进行生态修复。

兰芝岛在工业废弃地修复和再利用上，主要从垃圾污染治理和环境修复两方面入手，同时引入科技元素，把垃圾形成的渗滤液输送回污水处理厂，经处理以后进行再利用，把垃圾处理后形成的沼气收集并作为能源提供给附近居民。为适宜植物生长，针对岛上遍布垃圾的状况，将垃圾山整体铺上隔离层，一方面使得以植物存活，一方面能够在若干年后从地下不断汲取养分。2002 年的韩日世界杯，首尔的世界杯公园便位于兰芝岛，很多游人都不曾想象20年前兰芝岛的惨状景象，这一成绩的取得，既得益于韩国政府的资金支持，也得益于当时首尔民为改建工程进行的主动捐助。在废弃地修复和再利用后，兰芝岛再度成为首尔市著名的旅游景点。

5. 澳大利亚悉尼红布什湾工业废弃地修复和再开发利用实践

红布什湾地区原属工业废弃用地，但如今该区域已因建有悉尼运动场馆而闻名。20世纪90年代之前，城市污染逐年加剧，原有的湿地消失殆尽，河流湖泊排污能力急剧弱化，原有的生态多样性遭到严重破坏，澳大利亚政府于20世纪末着手启动该区域生态修复和再利用计划，重点在生态修复上增加投入。修复启动之后的10年时间里，红布什湾地区不仅绿色植被覆盖率迅速上升，犹如天然形成的热带植物园，还成功引入了悉尼奥运场馆和奥运村。红布什湾地区采取的修复模式，主要是以生态修复学和生态景观学为基础的将废墟变成森林和绿地的模式，恢复河流、湿地、湖泊的自然净化能力，打造出了协调的景观生态系统。具体措施包括：（1）动植物物种保护。澳大利亚政府对动植物物种保护一贯秉持坚定态度，例如：当地一种蛙类，一经发现就迅速被确定为当地濒危物种并写入保护行动法案。通过保护治理和人工培育，红布什湾地区的动植物种类和数量恢复到了被污染之前的指数。（2）水资源治理。在明确污染源之后，迅速做出清运或填埋处理，严格阻止堆放的垃圾渗滤液向河流、湖泊和湿地渗透，另外，通过对水源地栽种植物等形式达到涵养水源效果。（3）垃圾治理工作。将该区域不能清运的垃圾通过土壤固化等形式形成四个垃圾山，对垃圾山进行表层覆盖和绿化美化等,对沼气进行收集和再利用等。（4)湿地保护建设。通过政府手段，有序、有控制的将部分海防墙开放，让海水直接涌入被破坏的湿地，使湿地内垃圾逐步被海水清洗，营建适宜鱼类、鸟类繁殖的环境，随着湿地环境的改善和动植物多样性的形成，逐步完善了湿地功能。

6. 国外废弃地再利用对中国的启示

国际上工业废弃地再利用方面取得的成就，为我国的废弃地再利用提供了多种经验参考，将更加有助于我国融入到各个国家和地区生态保护和建设利用事业中去，更多地取得国际社会的帮助和支持。国际废弃地再利用的探索实践，对于我国废弃地再利用启示是：

（1）建立支持和约束机制。日本对森林的保护极其严格，在森林法中，除了严格处罚破坏行为外，国家对于被划为保安林的所有者也制定了相应的支持政策，给予相当一部分补偿，日本政府也对补偿收益者，包括团体和个人提出相关要求，涉及保护森林的职责和义务、自身需承担的费用等。美国在保护和修复生态事业中，也是严格按照政策法规执行，特别是考虑到绿色农业对生态保护起到的至关重要的作用，对此，美国在关于农业法案的制定上，重点提到了资金补偿和权力约束两个部分。与发达国家相比，我国在生态修复和再利用的补偿机制建设上起步较晚，还没有相对成熟定性的相关补偿条例，更没有法律条文出台作为依据。所以可考虑先建立试点机制，在借鉴发达国家做法的基础上，结合自身实际，逐步探索出相关标准和制度，待规范成熟后再推广开来。

（2）成立健全的税务体系。针对生态治理建立的环境税收制度最早出现在欧洲的瑞典，主要根据二氧化碳的排放量为税收依据，在航空领域、石化领域和煤炭钢铁等领域征收二氧化碳排放税。紧随其后实行相关税法的是法国，法国政府不光对高污染产业制定了严格的征税制度，为有效控制污染排放，征税额度也呈逐年上涨趋势。此外，欧洲的其他国家，英国、德国、荷兰等也纷纷开始制定征收与污染有关的税种，如水污染税、二氧化碳税和二氧化硫税等税种。据统计，在经济合作发展组织内的大部分国家对环境税的征收已有一定经验，征收的税种不光仅限于大气污染税和水污染税，在固体废弃物税和噪声税等方面也开始有立法和执行，所收取的税费，多数国家的做法是将其作为专项资金使用，仅限于生态环境保护项目。在我国，随着21世纪初科学发展观理论指导的提出，先后在不同领域建立了相应的环境税制度。目前，我国涉及环境污染方面的税种主要有固体废弃物排放税、废气和废水排放税等。为确保前期实施顺利，在征税起始阶段，税率结构不宜太复杂，税目也应该相对简单，逐步进行完善规范。

（3）实施生态环境补偿保证金制度。生态补偿保证金征收制度最早始于美国、德国和英国。其中，美国早在19世纪70年代就实施了《露天矿矿区土地管理及复垦条例》，条例中对矿业开采区缴纳复垦抵押金制度作出明确规定。在开采之前缴纳一定数量的抵押金，开采后，企业如能够自觉对开垦矿区修复，则退还当时抵押金，如不能进行修复，抵押金将被扣留，用于被破坏的生态修复。目前，我国也已经开始实行此类办法，对新建或在建的矿山开采企业征收一定数量的生态补偿保证金，保证金的额度根据企业开采程度、破坏程度和修复成本做出相应调整。在保证金管理使用上，由地方国土资源部门或环境执法部门收取，由国家统一调配。将来可考虑效仿美国，建立生态修复基金，由政府部门监管使用，一旦企业未能对受损生态进行修复，政府和基金管理机构有权对保证金进行使用，用于生态治理工程。

（4）实现政府宏观调控和市场机制相结合。政府作为依法行政施政的组织，作为国民的代表，是社会效益、生态效益建设的主要推动者。政府要积极履行宏观调控职能，确保市场配置资源的机制作用得以有效发挥，制定科学有效的公共政策和发展规划，引导企业在不断改善资源生态环境过程中获得经济利益，使广大群众获得日益增加的生态效益。现今国际社会主要存在以下两种模式，一是以法国和马来西亚为主的政府拨付资金的方式，二是以美国和巴西为主的市场竞争机制。我国在制度建立方面尚处于起步阶段，应当吸取两种模式的优点，遵循政府是主导、社会是渠道、市场是关键的互补模式，在相对完善的法规制度下，充分发挥市场机制，调动社会各阶层主体作用，顺应生态环境供需链关系，建立公开透明的生态环境保护权利和责任分担机制。

第五章　资源型城市绿色发展规划的国内实践

第一节　产业绿色发展

1. 河南焦作市：煤炭黑城的山水蝶变

焦作市境内煤炭储量丰富，早在1898年英国人就来此开采煤矿，因煤的储量丰富、质量上乘而享誉西方。焦作历史上以“煤城”著称，曾是我国五大煤炭基地之一，是一个典型的因煤矿而兴的资源型城市。同时，焦作市许多行业的形成和发展都与煤炭有着千丝万缕的联系，资源型工业企业增加值占全市工业增加值的比重曾一度高达80%以上。但历经100多年的开采，焦作市的煤炭储量大幅减少，到“九五”末期，焦作市已成为全国47个煤炭资源枯竭型城市之一。同大多数资源型城市一样，焦作市发展的步伐与主导资源行业的兴衰同进退，可谓“一荣俱荣，一损俱损”。20世纪90年代末，由于国家开始实行严格的环境保护政策，大批“五小”工业企业被关闭，一大批企业陷入困境。焦作市矿务局先后有6座矿井因资源枯竭面临闭矿，成为全国36家特困煤炭企业里的最为困难者，濒临整体破产境地。资源型城市固有的结构性矛盾不断涌现，经济增速连年下滑。“九五”期间，焦作经济年均增长率仅为3.5%，失业严重、城市设施落后、环境污染严重等各种社会矛盾和问题大量暴露。

煤炭黑城到山水绿城的蝶变。为了将危机转化为机遇，焦作市积极转变发展思路，形成城市转型的发展共识。从1999年开始，焦作市委、市政府做出“做强做大铝工业，改造提升传统产业，培育壮大骨干企业；大力发展高新技术产业；利用农业资源，发展农副产品加工业；以旅游业为龙头，带动全市第三产业快速发展”的战略决策。这一战略决策由此拉开了焦作市从黑色“煤城”蝶变为绿色“山水城”的序幕。焦作市通过加大投资，开发建设了焦作山水峡谷极品景观，形成了云台山、青龙峡、青天河、神农山4大旅游区和10大旅游景点的大旅游格局，通过旅游奖励、旅游专列以及多种大型宣传活动，招徕和吸引来了大量游客。在短短几年时间里，焦作旅游异军突起，连续7个黄金周接待游客人数、实现门票收入位居省辖市第一。旅游业占GDP的比重由2000年的不足1%剧增到2006年的10.5%。实现了由“煤城”到“中国优秀旅游城市”、由“黑色印象”到“绿色主题”的成功转型。焦作还荣获了“焦作山水”、“云台山世界地质公园”、“太极圣地”、“世界杰出旅游服务品牌”等众多旅游知名品牌。原本在国内旅游业中默默无闻的焦作一跃成为旅游界的一匹黑马，不断创造焦作旅游领先优势，引起国内外专家的高度重视，被誉为“焦作现象”。如今，“焦作现象”被赋予了引领功能、标准效应、进取意识、拉动作用、市场运作五种新的内涵，成为中国旅游业发展的一个标杆。

焦作在发展旅游业过程中始终贯彻四个工程，即一号工程、精品工程、营销工程和服务工程。一号工程：把旅游业列为“一号工程”，在全市形成了主要领导亲自抓、分管领导具体抓、其他领导配合抓，一级抓一级、层层抓落实的工作机制。每年都有一个有关旅游业发展的文件出台，制定了鼓励旅游业发展的优惠政策，为旅游业创造了广阔的发展空间及优良的发展环境。精品工程：焦作在发展旅游业之初，就把“焦作山水”作为最响亮的品牌来塑造，这一准确定位是今天成功的关键。围绕“焦作山水”的旅游定位，在北部太行山一线，营造以云台山、青天河、神农山、青龙峡、峰林峡五大景区为主的自然山水峡谷景观；在中心城区，建设以焦作黄河文化影视城、龙源湖公园、森林动物园三大主题公园为特色的城市休闲娱乐景观；在南部黄河一线，开发以太极拳发源地陈家沟、万里黄河第一观嘉应观、韩愈故里等景点为代表的历史人文景观。如今，焦作市已经形成了以自然山水游为主，历史文化游、休闲娱乐游、体育健身游、科普知识游、民俗风情游、工业参观游、农业观光游、黄河湿地游等配套发展的旅游产品体系。营销工程：焦作始终把宣传促销放在突出位置，建立了成熟的营销网络，确立了“占领巩固第一市场，强力开拓第二市场，积极发展第三市场”的营销思路，形成了稳固的客源市场。服务工程：焦作先后出台了《焦作市旅行社管理暂行办法》、《焦作市导游人员管理若干规定》等多个规范性文件，整理汇编了各项国家标准和行业标准。

经验总结：焦作市在面临城市转型中所遇到的资源枯竭、失业严重和环境恶化等问题正好能被旅游业的行业特性所克服，而焦作市高品位高等级的区域旅游资源、庞大广阔的旅游客源市场及较为完善的基础设施正好满足了旅游业的发展要求。焦作与旅游两者相互耦合，产生了“焦作现象”。透过“焦作现象”，总结出如下主要成功经验：

（1）政府主导旅游。政府主导旅游发展，确保旅游发展战略地位，为旅游发展保驾护航。包括政府主导旅游市场营销、旅游资源开发、旅游基础设施建设等有关旅游业发展的各个环节。焦作市政府实施的“一号工程”将旅游发展提升到战略性地位，充分调动政府各部门资源为旅游业发展服务，对旅游业发展给予足够的重视，为焦作市旅游业快速发展保驾护航。

（2）强势旅游营销。焦作市利用政府的公信力和权威性整合全市各部门资源对焦作旅游景区进行强势营销。不论是旅游专列还是全市总动员奔赴客源地促销，不论是旅游奖励还是旅游广告宣传，焦作市不断创新营销举措，大力推荐旅游景区和招徕游客，收到了奇迹般的效果，打响了焦作旅游品牌。

（3）塑造旅游品牌。“旅游品牌塑造”是新时期、新常态、新思维、新阶段下旅游发展战略的再创新、再定位、再突破；同时，又是一场全新认识、全新推动、全新打响未来旅游目的地攻坚战，具有深远特殊意义的变革。旅游品牌的塑造可以推广城市魅力，挖掘城市文化内涵，提升城市旅游品质，进而推动城市经济发展。焦作市在旅游业发展初期就开始贯彻“精品工程”和“服务工程”的超前理念，从开发山水自然景观旅游产品到深度挖掘太极文化旅游资源，都力求高标准化的旅游景区开发和过硬的旅游服务质量。这些为焦作塑造“太极圣地，山水焦作”的旅游品牌打下了坚实的基础。如今，“太极圣地，山水焦作”的城市旅游品牌已经成为焦作享誉世界的旅游金字招牌。

（4）旅游产业集群。焦作市通过修编《焦作市旅游产业发展总体规划》，建立科学的旅游产业配套体系、完善的旅游产业空间布局以及合理的旅游产业发展结构，加强旅游产业化运作力度，深入旅游业与农业、工业、文化产业的融合，不断拉长产业链条，催生旅游产业集聚发展。可以说，旅游产业集群是焦作市旅游发展的二次转型升级，使焦作旅游业更上一个台阶，从过去的观光旅游、“门票经济”升级为休闲度假旅游和“产业经济”。

2. 湖北黄石市：光灰城市的华丽转身

素有“百里黄金地，江南聚宝盆”美誉的黄石曾有着丰富的矿藏资源，是我国中部地区重要的原材料工业基地，被誉为青铜古都、钢铁摇篮和水泥故乡。黄石是以本地铁矿、铜矿、煤炭、石灰石等矿产资源开采加工生产钢、铜、水泥能源为主导产业的一个典型的综合性资源型城市。经过 50 多年的大规模开采，黄石市主要矿产资源进入了开采晚期，矿产资源濒临枯竭。自 20 世纪 70 年代以来，黄石市先后已关闭了 10 座煤矿和 22 座矿山。同时，因环境整治、节能减排等，还关闭了一批石灰石矿。烟囱曾是黄石生产繁忙、经济繁荣的标志，“烟囱经济”也曾一度为黄石经济的代名词。20 世纪 70 年代，黄石市区每月每平方公里的降尘量高达 90 多吨，城市空气污染严重，被人们戏称为“光灰”城市。长期以来这种戏称久而久之被媒体的报道及黄石市民、来过黄石的外地人的口口相传而逐渐沉淀为一种负面的固有形象，一谈到黄石，“光灰”城市的形象就让人望而却步，给黄石贴上了一个不宜旅游的城市标签，成为黄石旅游发展的“紧箍咒”。

光灰城市的华丽转身。为破解资源枯竭的困局，黄石以资源枯竭型城市转型为契机，把发展旅游业作为转变经济发展方式，推进产业结构战略性调整的重要抓手，用旅游的理念引导城市建设与发展，不断加快资源整合，推进项目建设，完善服务功能，优化旅游环境，突出区域特色。为此，黄石市委市政府高度重视，将旅游产业作为加强现代服务业发展的突破口加以打造。市人大、市政府领导多次深入旅游管理部门及景区调研，对发展旅游业提出了建议思路。社会各界对发展旅游业的认识不断提高，在相关部门的共同努力下，黄石市的交通、通信、能源等基础设施建设得到大力发展。道路旅游标识指示系统、旅游观光巴士、旅游公共汽车等城市旅游功能日益完善，相关产业协调发展带动明显。2009年以来，黄石市政府加强规划先行作指导，突出黄石工业、生态、佛教文化及红色旅游等特色理念，着力打造了一批A级重点景区，黄石国家矿山公园经过高端规划、精品建设喜获国家4A级旅游景区头衔，是黄石建市以来历史上首次获批国家高等级的旅游景区，已成为全省工业旅游的重要支点。同时，黄石红色旅游、乡村旅游也驶入快车道，相关专项规划已经出炉。黄石市对旅游景区建设体系还进行了有力的革新，带动了各县市区旅游发展的积极性。黄石国家矿山公园直属大冶铁矿管理，铜绿山古矿冶遗址交由大冶市全权建设与管理，成立东方山风景区管理委员会并对下陆区、铁山区等各城区旅游建设机制进行了调整，助推了旅游景区建设的迅猛发展。各景区建立健全旅游发展机制、明确旅游标识，旅游标牌效果突出，极大地提升了黄石旅游业态的档次。为进一步扩大黄石旅游在国内的知名度及影响力，黄石市政府积极组织行业单位参加了湖北省赴台湾旅游促销周、义乌国际旅游商品博览会、大连国内旅游博览会、江西龙虎山道教文化旅游节、咸宁国际温泉文化旅游节等各类旅游交易会和促销活动。积极通过多种途径开展旅游宣传与合作，提升黄石旅游形象魅力，拓展旅游市场。并且连续举办了两届黄石国际矿冶文化旅游节，极大地宣传了黄石工业旅游形象，推动了黄石旅游的快速发展。

目前，黄石共拥有4A级旅游景点两处，3A级旅游景点四处，省级风景名胜区一处。另有省级生态旅游景区一处，省级森林公园一处。此外，大冶铜绿山古铜矿遗址和彭德怀旧居等多处被纳为国家级文物保护单位，保安湖湿地被纳入国家级自然保护区，黄石矿冶工业遗产列入中国世界文化遗产预备名单。可以说，黄石市旅游产业可持续发展能力持续增强，旅游经济保持健康、有序、稳步的发展态势。旅游业在全市国民经济和社会发展中的地位不断提高。

经验总结：

（1）高度的政府重视。作为典型的资源型城市，黄石旅游发展曾一直不愠不火，发展缓慢。但在被评为资源枯竭型城市之后，城市转型迫在眉睫，黄石市政府开始意识到旅游业对于促进城市转型是一条可行之路，高度重视发展旅游业，从市政府领导到基层工作人员，从旅游部门到相关部门都不遗余力的为发展旅游业而工作。可以说，正是政府的高度重视将黄石旅游业推上了快速发展的快车道。

（2）科学的旅游规划。黄石旅游业发展起步晚，旅游资源开发不成熟，在市政府提出大力开发旅游业的号召之后，各个旅游景区都首先进行了高标准、高规格和高起点的旅游总体规划和旅游详细规划，为旅游景区的建设和发展提供指导，促使旅游景区快速发展。可以说，科学的旅游规划是黄石旅游业健康发展的先行保障。

（3）大力的宣传促销。黄石一方面通过参加国内外各种旅游交易会、旅游博览会宣传黄石旅游产品，一方面举办国际矿业文化旅游节，加大对黄石旅游的宣传促销力度。这种“引进来 + 走出去”的双向旅游宣传促销策略大大的提升了黄石旅游的知名度，同时也改变了外界公众对黄石市“光灰城市”的陈旧印象，重新塑造了黄石的新旅游形象。

3. 开滦集团绿色发展的主要经验

开滦集团是我国特大煤炭资源型企业，是“中国煤炭工业源头”，也是“北方民族工业摇篮”，在中国民族工业史上留下了不可磨灭的印记。但是随着企业长期粗放式的发展，2000 年以来，开滦集团的原有矿区也开始进入衰退期，旗下多家矿业相继破产，企业效益低、竞争能力下降、开采难度大、开采成本增高等开始成为开滦集团所面临的困境。从 2008 年开始，开滦集团转变经济发展模式，整合企业优势，在科学发展观的指导下，走上了企业绿色发展道路，并取得了重大成功，扭转了企业所面临的一系列困境，并在 2014 年跻身世界 500 强。其绿色发展的对策主要有：

（1）树立企业新理念新文化，坚持“四原则”。在开滦集团的经济转型发展中，企业首先对其全新的环保、人文的文化价值观进行了全方位的宣传，从而固化企业新文化，新理念。这种新价值、新文化、新理念包括爱岗敬业的行事作风、环保绿色的价值追求、清洁高效的生产模式等，还包括“基业长青，员工幸福”、“说了算、定了干，落实责任抓兑现”、“举力尽责，强企富民”、“争第一，做唯一”的口号，使企业崭新的价值理念成为推动开滦集团经济转型发展的强大精神动力。为开滦踏上了绿色发展、科学发展、持续发展的道路奠定了强大的精神基础。在转型发展中，开滦集团还制定了企业四项原则，分别是依托企业产业基础发挥企业比较优势；立足于国家产业政策和国家调控；学习国内外资源型企业和城市成功转型经验；积极协同区域内经济发展大局。

（2）调整产业结构，实现“六转向”。开滦集团在企业转型发展过程中，认识到了产业结构不合理这一主要矛盾，重点对从调整产业结构入手，一是立足自身比较优势，坚持发展主导煤炭产业；二是改善传统主导煤炭产业，发展相关延伸产业；三是寻找替代产业，由煤炭生产工业向服务业、物流业、旅游业转变；四是推进节能环保产业的发展，走低碳、循环、高效、绿色发展的道路，实现节能减排；五是开拓高科技新兴产业，着眼于高、精、尖的新能源、新材料、信息技术应用等。“六个转向”就是以煤炭为主的一元发展战略转向以多元发展战略；以产量增长为企业驱动力的发展模式转向节能减排、科技创新为驱动力的发展模式；依靠企业自身的发展模式转向融入区域协同发展模式；单区域发展模式转向多区域发展模式；封闭式发展模式转向开放式发展模式；传统落后的管理体系转向科学化的现代管理体系。

（3）增加企业资源储备，实现“六化”。开滦集团在企业转型发展过程中，整合企业资源，首先是“内挖”，就是在企业老区围绕浅煤炭开采、深煤层勘探等方面研发新技术，以延长老区资源开采寿命，稳定总部经济。“外扩”就是利用长期积累下来的开采技术、品牌效应，在其他有丰富资源的地区进行并购和开发，增强企业资源储备。在这样的基础上，进一步摸索出一条有利于企业健康发展的转型模式，实现“六化”，包括以煤炭产业为主，实现企业产业格局多元化；增强科技创新能力，依据科技创新实现企业发展高端化；走开放式资源整合道路，实现企业资源配置全球化；加强资本运营水平，实现企业融资渠道的多样化；推进产业区域化建设，实现经济发展方式集约化；实现企业文化升级，转型发展认同化。

经验总结：

开滦集团绿色发展是我国资源型企业绿色发展的新样本，该集团在借鉴国内外资源型企业绿色发展的经验中，从自身特点出发，找出了一条适合本企业转型发展的新路子，通过调整产业结构、科技创新、节能减排、贯彻企业环保、绿色的价值观、推进区域内合作，实现了企业跨越式发展，使企业在经济效益低、竞争能力下降、开采难度大、开采成本增高等多重困境中，又重新走上了崭新发展道路，使企业在技术水平、创新能力、产业结构等多方面得到了新的提升。

对我国资源型企业绿色发展有重要的启示：实现资源型企业绿色发展，必须解放思想，转变思维，推进企业文化升级，树立企业崭新的文化理念；还要学习借鉴国内外资源型企业成功转型经验，但是不能犯教条主义，还要结合自身特点，找出一条适合企业自身的绿色发展道路；转型中要发挥企业自身比较优势，调整产业结构，寻找替代产业，变粗放的经济发展模式为集约的发展模式，贯彻绿色发展理念，注重企业自主科技创新；注重区域内协同合作，变封闭的发展模式为开放的发展模式。

第二节 城市绿色基础设施：河北武安的实践

随着国外绿色基础设施的研究越来越成熟，国内绿色基础设施的规划实践也随即开展起来。比如，通过景观化方法，运用一套集合人工与自然的绿色基础设施，实现了新的绿洲体系重建（王川等，2009）；通过网络中心与连接廊道的有机结合，形成一个有机结合的动态绿色网络（苏同向等，2011）；运用低影响、低成本、低技术的规划设计理念构建绿色基础设施（李玲璐等,2014）;采用形态学空间格局分析（MSPA）方法、景观连通性指数和景观图谱理论（李咏华，2017），定量评价核心区景观连通性格局变化（于亚平等，2016）。武安作为典型的资源型城市，且处于新型城镇化阶段，一方面矿产资源的开采、加工、运输等为地区经济带来巨大收益，为国民经济发展做出了重要贡献，然而矿产资源的过度无序开采不可避免地造成了地形地貌破坏、土地利用结构破碎、生态空间萎缩、生态功能减弱，生态环境问题十分严峻；另一方面，快速的城镇化导致城市周边的生态空间不断被蚕食，生境破碎化日益严重。武安市绿色基础设施存在着生态源空间分布不均衡、破碎化程度不一、破碎化区域廊道分布较多、连通状况有高有低、绿色基础设施恢复力状况具有空间差异性的问题。

1. 武安市绿色基础设施现状

（1）生态源空间分布不均衡，破碎化程度不一。武安市生态源呈现四周环绕中部零散分布的空间格局，整体上缺乏均衡性和稳定性，地处西北部和西南部的生态源面积较大，空间紧密围绕，涵盖了青崖寨自然保护区、京娘湖、朝阳湖等风景区，生态源结构完整，破碎化程度较低，而位于中心城区及矿区附近的生态源，空间零散孤立，因长期遭受城镇化及矿业开采所引起的强烈人为干扰，加之土地复垦等实施的速度未跟进城镇化及矿业开采的步伐，该处生态源结构遭受较大破坏，生态源面积较小，景观破碎化程度较高。总体来看武安市生态源空间格局的完整性有待提升，大中型生态源的数量及生态源斑块间的空间联系有较大的提升空间。

（2）破碎化区域廊道分布较多，连通状况有高有低。武安市生态廊道集中分布于斑块破碎性较为严重的区域,将内部面积较小较破碎的生态源进行连接,连通状况中等，这些生态廊道的长度和宽度较小，平均阻抗也较小，离矿区或者城市建成区较近，少数生态廊道将面积较大且破碎化程度较低的生态源进行连接，连通状况处于较高等级，其中尤其又以南、北洺河这两条河流型生态廊道最为突出,几乎将半个武安市进行连接,构成了武安市生态网络的最外围框架。总体来看武安市生态廊道数目较多，连通状况较好，然而道路型生态廊道较少，不同的生态廊道由于自身固有属性及外界状况的较多差异，遭受的人为干扰程度不一，对干扰的抵抗程度不同，因此需对生态廊道加以不同的措施予以优化保护。

（3）绿色基础设施生态恢复力状况具有空间差异性。生态源整体第二等级所占比例最大，其次是第三等级、第四等级、第五等级，第一等级所占比重较小，整体生态恢复力处在中等水平，其中四、五级生态源主要存在于西北部山区和西南部丘陵区，作为武安市重要的生态保护区和封山育林区，限于严格的土地复垦及区域保护政策而生态恢复力等级较高；一、二、三级生态源零散分布于城区及矿区附近，城市经济的发展和城镇化水平的上涨，导致生态源用地被蚕食不断加剧，从而生态恢复力等级较低。生态廊道整体第二等级所占比例最大，其次是第三、四、一等级，第五等级所占比重最小，生态廊道生态恢复力处在中上等水平，其中四、五级生态廊道主要是连接等级较高生态源，构成了生态网络主体框架，尤其以南、北洺河最为突出；一、二、三级生态廊道连接等级较低生态源，南北向零散分布，城市建设用地及矿业用地的扩张，严重干扰廊道的生态稳定性而生态恢复力等级较低。

2. 武安市绿色基础设施优化目标

武安市绿色基础设施优化目标包括：第一，保障绿色基础设施的结构完整性和稳定性对于维持物种丰富度和景观多样性，保证生态系统过程的有序稳定进行，维持城市生态平衡具有非常重要的作用。在进行优化时，需充分考虑绿色基础设施生态恢复力状况，对绿色基础设施生态源及其生态廊道进行优先级别保护，尽可能保证武安市绿色基础设施的结构完整性和稳定性。第二，实现城市生态系统健康可持续发展。目前人们之所以如此重视可持续发展，主要是因为人类所带来的资源枯竭与环境污染等一系列问题使得土地问题变得日益严峻，绿色基础设施作为相互连接的公园和绿地系统，以维护人的多种利益为出发点，其次绿色基础设施作为生态网络，可以保护生物多样性，促进城市可持续发展。第三，平衡城市建设与生态保护之间的矛盾。绿色基础设施作为一生态网络，是由不同地貌形态相互连接而成，强调科学利用土地，平衡经济发展和生态保护，实现二者的共赢。

3. 武安市绿色基础设施分级优化措施

武安市绿色基础设施分级优化措施包括：

（1）生态源的分级优化：四、五级生态源主要集中于西北山区、西南丘陵区，涵盖了自然保护区、封山育林区、风景名胜区、森林公园、重要物种栖息地、水源涵养地等生态敏感区域。作为武安市生态系统的核心，四、五级生态源集中连片分布在城市内部，作为区域的大型绿色开放空间，对于全市区域物种多样性、生态系统完整性的维持具有无可替代的作用，应予以严格控制和保护，具体保护与优化的建议如下：划定核心保护区控制线，对于控制线范围内的生态源，严格维持生态源的原有用途，严禁城市建设或矿业开采进行占用，保护生态源结构和功能免遭破坏；封山育林，丰富武安市植被多样性，创造多样的动植物栖息地，维持原生栖息地，确保大型生态源的结构和功能完整性；严格控制人类活动入侵自然保护区，在风景名胜区域内，可适当开展生态旅游等活动，但应鼓励民众文明出游，严格遵守景区规定，同时限制“三高”产业的生产活动。三级生态源在武安市西部、西南部、北部及东南区域，主要位于城市四周边缘地带，主要由工业废弃用地以及林地组合成较大规模的生态源，作为物种的栖息地以及空间演变的跳板，受制于城市建成区及矿区的扩张，受人类活动干扰较大，作为生态源重点优化区域，是区域较为关键的生态源，构建物种栖息缓冲带，构成区域生态安全网络的重要部位，可以起到保护物种，使物种得以繁衍生息的作用，主要涵盖了山林、名胜古迹、森林公园等，建议优化措施如下：采取一定的措施恢复武安市内的生态环境和自然景观。进一步执行矿区土地复垦，保护原生植被，修复被破坏的山体和植被，改善矿区生态环境；按照总体规划严格规范建设性和旅游性的开发活动，并且一定要达到国家和地方规定的污染物排放标准；禁止建设和设置损害生态环境的项目，明令禁止生态源内部已建工程的实施活动并及时采取措施予以保护与修复；划定保护范围，严格保护文物与名胜古迹，对于受损区域及时进行补葺与修缮。一、二级生态源主要分散穿插于三级生态源之中，主要包括城市公园、道路绿化等，毗邻中心城区和北部矿区较近，受城市建设的影响更为直接，受人类频繁活动的强烈干扰更为明显，生态恢复力等级最低，转化能力最强的区域，作为生态源弹性优化区域，可进行灵活的用地调控安排，结合周边邻近状况以及规划建设方向，基于保护与生态恢复的前提，制定适应环境变化的总体调控框架，建议优化措施如下：限制生态源内城镇建设与矿业开采活动，在符合土地利用总体规划、矿产资源规划等前提下，进行矿产资源开采项目的新增，并且竭力集聚在现有产业园区作为，减少对生态空间的占用，生态源内已有的矿业开采或城镇建设项目，根据所受干扰程度采取相应的控制措施；加强维护原生植被，修复被破坏的植被，对于严重破碎化区域采取生态恢复措施予以着重修复，提升生态源间景观连通状况，逐步恢复生态功能；对于邻近城市建成区的生态源，建设不同使用功能的社区公园符合周围民众的需求，同时也是此类生态源优化的重要途径之一，目前社区公园的建立方式主要有“复合绿化”、“广场绿地化”等；弹性空间布局，当建设用地充足时，以缓冲区的形式保护核心区域；当建设用地不足时，根据现有用地性质及潜力可灵活进行土地利用类型的调整转变，比如低质量的草地可以被调整转化为建设用地。

（2）生态廊道的分级优化：四、五级生态廊道长度较长或者位置特殊，主要串联了大型生态源，主要包括南、北洺河两条河流型生态廊道以及部分城市内的主干道道路型生态廊道。这些廊道构成了武安市生态网络外围大型生态环，形成了武安 GI 生态网络的基本框架，此类廊道缺乏“跳板型”生态源的连接，物种的空间流通阻力较大，此类生态廊道的优化保护对于区域生态资源与要素流通的促进具有重大意义，优化建议如下：从物种迁徙角度出发，河流型廊道宽度应至少保持在200～600米之间，道路型廊道两侧分布宽度不得少于30米的绿化带；对于道路型生态廊道，加宽绿化带是较为简便且常用的措施，以满足不同类型的廊道的宽度要求，此外也可通过适宜的绿化方式，将道路型生态廊道建设成为空气通道和生态廊道的大型林荫道；对于河流型生态廊道，南、北洺河为季节性河流，可以根据河岸线规划沿河的带状公园，或模拟城市自然系统的方式，比如对城市的河流进行改造使其更符合城市生态系统；加强建设生物廊道，尤其是在物种迁移通道与道路的交叉口，可以建设生态涵洞、植被天桥、路下通道等上下行生物通道，实现生物迁移的有序引导。一、二、三级生态廊道主要分布于中心城区及矿区附近，大多呈南北向分布的状态，将各中小型等级较低且位置较孤立的一般生态源进行连接，涵盖了一般道路、潜在廊道等类型，这三种生态廊道的数量较多，廊道宽度较短，而且大多存在于集中紧凑分布的生态源之间，通过加强生态网络的紧密性，让物种间的更替演变更加顺利，生态区域内的系统也会随之变得安全。这些生态廊道主要连接主廊道并促进城市内部能量流动，建议给予廊道两侧至少30米的宽度，并对廊道两侧加强生态建设和保护，限制开发建设情况，具体优化建议如下：维护生态廊道的完整性，依据矿产资源规划，在鼓励开采区和允许开采区内，可进行相关的矿产资源开采活动，在禁止开采区内，尤其是重要交通要道两侧的禁止开采区，严格禁止任何矿业开采活动，避免矿业开采活动对廊道内部环境的侵蚀和破坏；对生态廊道进行缓冲保护建设，提升生态廊道整体的生态安全性，基于生态系统自然属性，以保留地段生态系统自然演替为主，通过植被恢复或者构建景观游憩生态空间的方式实现对受干扰较为严重的生态廊道的恢复和保护。

4. 武安市绿色基础设施的实施策略

武安市绿色基础设施的实施策略：（1）将绿色基础设施作为城市禁限建区的划定的指导依据。绿色基础设施的保护和恢复是应对城市的快速扩张，控制城市无序蔓延的重要途径。以绿地、河流、文化遗产和重要基础设施为基础进行“城市四线”的划定被认为是当前保护自然资源的有效手段，但“城市四线”侧重对建成区内的绿地加以保护，而无法避免建设活动对城市周边生态空间的侵蚀。因此可以充分发挥绿色基础设施的优势，将其作为禁限建区划定的依据，在此基础上划定严格的“生态控制线”，维护区域的生态安全。（2）建立保护与恢复并重的绿色基础设施落实机制。恢复与保护对于武安市可持续健康发展的作用是等量齐观的，保护现有重要生态源的同时注重区域绿色基础设施要素的修复与保护。例如对于武安市矿区或者建成区附近的塌陷地，结合绿色基础设施生态恢复力评价结果，优先恢复位于高等级的生态源，严格禁止城市边缘高等级生态源被开发为建设用地的行为，并尽可能寻求可能的生态源转变对象，扩充现有的生态源，重构可持续的绿色基础设施生态网络。（3）基于绿色基础设施实现生态空间网络化保护。绿色基础设施不仅仅关注重要生态源，更强调源斑块与源斑块之间的连接，生态廊道的设置增加了城市景观的连通性，增强了整体生态功能的发挥。生态廊道联系的生态空间网络是实现生态资源保护、动物多样性保护的关键。在进行生态空间保护时，不能只局限于特定生态资源地的保护，而要注重生态源之间的廊道建设，而生态廊道不只是现有的河流及交通等现实存在的廊道，还包括动物迁徙过程中的潜在生物廊道。（4）实现城市生态资源的分级差异化保护。根据生态源及生态廊道的生态恢复力等级排序，我们可以明确确定武安市优先保护或恢复的区域，从而实现生态源及生态廊道的分级优化。武安在编制相关生态空间规划时，应充分考虑生态恢复力状况，基于此划定不同级别的保护区域并给予相应的保护策略，对于受人为干扰较大并且生态恢复力等级较低的区域，可依据生态恢复力评价结果，采取不同层次的修复措施，努力使城市整体生态结构及功能达到最优化。

5. 武安市绿色基础设施建设的经验启示

绿色基础设施网络能有效平衡经济发展用地与生态用地的需求矛盾，能够为城市提供多项生态功能，引导城市空间可持续发展，对解决城市生态环境问题具有重要意义。合理的绿色基础设施网络布局不仅可以维持生态平衡，增强景观连通性，促进生态过程的流通，而且可以有效解决各种城市问题，改善生态环境，实现城市生态系统健康可持续发展。城市发展和产业发展作为社会的大趋势，绿色基础设施的优化对于城市发展及产业发展的空间布局具有一定的指导作用，能够有效削弱生态保护与城市发展的矛盾，实现经济发展与生态功能维系的协调。

对于像武安市这样矿产资源丰富的城市，矿产资源的丰富度和开发利用程度是社会发展水平的体现，代表着科学技术水平的高低，标志着国家经济的发达程度。矿产资源开采可以为社会经济发展带来巨大的收益，但同时也不可避免会对生态环境造成一定程度的破坏，不仅直接造成压占、挖损、塌陷与污染问题，更是间接导致地形地貌破坏、土地利用结构改变、环境污染等，严重的会导致整个矿区的生态环境发生改变，进而演变成不可修复的生态问题。矿区相较于非矿区，人类活动更为剧烈，迫使土地利用类型数量、质量、分布乃至生态功能受到严重干扰。与一般城市相比较，以采矿业为优势产业的资源型城市最突出的特点就是城市的发展受矿产资源的约束较大，具有不同于一般城市的城市布局与发展规律，土地演变过程与土地利用变化动力机制不一样，自然、社会、经济以及发展历史等方面也是差异显著，因此，在高度重视生态文明建设的大背景下，要深刻了解采矿活动对于绿色基础设施要素的影响规律以及土地利用变化的影响规律，优化绿色基础设施网络，充分认识绿色基础设施的生态恢复力以指导矿区土地的合理高效利用，从而缓解矿业开采与生态环境保护的矛盾，实现经济、社会与人口、资源、环境相协调，改善和保护生态环境，平衡经济发展和生态保护，实现资源型城市的可持续发展。

第三节　废弃地再利用

1. 辽宁省抚顺市西露天矿废弃地利用

辽宁省抚顺市是我国重要的煤炭矿业城市，煤炭开采历史最早可追溯至汉代，1907 年之后抚顺及周边的大型煤矿陆续被纳入“满铁”的经营管理范围。中华人民共和国成立后，抚顺市成为我国重要的煤炭生产基地，随着长时间的开采，已经进入资源枯竭阶段，同时对周边城市发展及群众的生产、生活带来了极大的影响。1998 年原国务院总理朱镕基在视察抚顺西露天矿之后提出“保城限采”的发展战略。抚顺西露天矿已结束开采，但在开采区内形成大型的矿坑。煤矿周边形成严重塌陷区，在塌陷区域内还有超过 1 平方公里的积水区。如此大规模的开采作业活动，不仅对矿区本身及周边的地质条件产生了重大影响，增加了地质灾害风险，使群众正常生产生活失去保障。仅西露天矿北部变形区范围内，就有 270 家企业，居民 1.9 万户，共 6 万余人受到影响。

抚顺市通过对采矿废弃地的综合调查研究，并按照中央及省级的安排部署，提出对采矿废弃地的综合开发与利用。通过对现状的分析，抚顺市西露天矿具有很好的可达性，景观独特多，同时受到周边经济开发区和南站中心商业圈的辐射。充分利用这些便捷的交通优势、近邻城市的客源及基础设施配套优势、独特的工业景观资源优势，同时充分利用国家“振兴东北老工业基地”以及被列入国家第二批 32 个资源枯竭城市等政策支持。遵循可持续、最小人为干预原则，将因矿业开采而形成的采矿废气矿坑改造开发成极具特色的工业旅游景区。目前已形成以原西露天矿矿坑为载体，建设了中心景区；以植被较好的东北部区域为基础建设观光休闲区；依托现有的沈阳空港、高句丽城墙旧址等资源建设西北部高端度假区。

通过开发改造，使西露天矿由原来人类工业活动所留下的痕迹，变成了景观奇特、对游人具有极大吸引力的旅游景区。该矿区于 2004 年 7 月被评为全国第一批工业旅游示范点，先后曾有多位国家领导人及国际友人参观考察，每年吸引众多游客，为当地经济发展起到了积极的作用，成为我国大型采矿废弃地成功开发利用的典范。

2. 安徽省淮北市采煤废弃地修复建设

淮北市曾作为安徽煤炭经济的主产地，有上百家煤矿企业集聚，经济发展也得益于此。但随着煤炭资源的逐渐枯竭，开采方式的不合理及生态修复措施的不到位，截至 2011 年年底，淮北市已因采煤塌陷造成搬迁的村庄 500 余个。大量农民被迫搬迁到陌生环境，生产和生活都存在极大不便，大量劳动力丧失工作岗位，对城市后续发展产生了极为严重的影响。

淮北市在认识到这些问题之后，逐渐转变发展思路，大力发展生态产业和绿色农业，在实现绿色转型之后，发展旅游产业。在原有采煤塌陷区治理上，由原来的单纯追求数量，向追求质量与数量兼顾的发展模式转变，以可持续发展为指导。增加了在农业、养殖业等方面的投资力度，由单纯的矿业开发投入逐渐向持续产业投入的转型。在废弃地修复方面，通过填充、粉碎等形式将原有废弃地变废为宝，不仅美化了环境，也使当地经济有所回升，为后续发展提供了土地资源。淮北市在完成系列治理工程之后，不仅在市容市貌上得以极大改观，在土地利用和水体质量上也得以优化。发展方式由先前的单一、粗放式逐渐转型为多元、集约式。

淮北市的成功实践，是当地政府对废弃地修复和再利用认识深化、大胆探索的结果，通过科学的规划论证，合理的资金使用，以及先进的理念和科技要素支撑，将多种元素整合到规划实施中，打造出了相对良性的运转机制，实现生态效益、社会效益和经济效益三方共赢。

3. 唐山南部的采煤塌陷区—南湖生态城

唐山南部的采煤塌陷区曾经是阻碍城市空间向南发展的屏障，并且由于距离市区距离较近，积水的塌陷区已经堆满了煤矿、电厂排灰以及生活和建筑的垃圾，致使塌陷区的生态环境遭到了严重的破坏，并逐渐沦为城市中的废弃地。这不仅对城市的环境和形象造成很大的影响，更制约了城市向南的发展，影响了城市居民的生活和居住环境。

在可持续发展的背景下，1996 年，唐山市政府就开始对其加以重视，并成立了“南部采煤下沉区的绿化工程建设指挥部”，并由市领导监督，进行大规模的整治、规划。

治理过程中充分利用其有利条件，因地制宜，以培养绿色植物为主，营造出多种能够适应不同地段、不同区域以及不同地质的人工植物群落，利用不同植物的不同生态功能来优化塌陷区的生态环境。南湖的修建在2004年一举摘得“迪拜国际改善居住环境最佳范例奖”，直到2006年年底，唐山市政府再一次做出了要加快南部下沉区建设的决策，并组织了中国煤炭研究总院等权威机构共同地解决了下沉区的水渗漏等诸多难题，使下沉区不能被开发利用的误区被打破。并由清华规划设计院、中国规划设计研究院、德国意夏规划设计集团、美国龙安公司共同确定了南湖生态城的建设的规划方案，包括对垃圾山的整治、对排灰的整治、对矸石山的整治，并有针对性的对水环境进行治理。如对湿地区域营造自然生态的湿地系统，提高生物的多样性，以提高地段本身的自我更新能力，实现此处的可持续发展。将煤、矸石堆砌的矸石山，通过种植景观树等，形成景观山或利用技术手段对其再利用。将南湖中仍然具有价值的历史遗存，建设成了具有保护识别的典型的文化景观，如保护区域内遗留下来的铁路、矿井、烟囱以及地震遗址等，建设形成具有纪念价值的区域。经过多年来对唐山市南湖生态城的成功改造，从根本上改变了城市的历史面貌，成功地将这条城市的伤疤演变成了城市中不可或缺的一道自然景观要素，它的建成不仅吸引了万科、绿城等开发商对周边区域的青睐，也吸引了世界园林博览会的到来，其不仅是对唐山市生态环境的改变，更是对城市空间结构和形态的提升，将推进唐山市资源型城市的转型以及可持续发展。

4. 国内废弃地再利用的启示

从国内废弃地再利用实践和经验总结可看出，启示可归纳如下：

（1）加强废弃地生态修复和再利用意识。首先是加大宣传力度，在全社会范围内营造生态再利用良好氛围，以政府为主体，社会为渠道，群众为关键，将其深入人心。

（2）加强立法、严格执法。在法律文件和政策法规方面，加强对该领域的立法和执法力度。同时，加强地区干部和广大群众执法和守法意识，增强对生态修复和再利用的自觉意识。另外，要打破地方政府以往的唯GDP是论的错误观念，将生态效益也纳入其考核测评重要指标之一。

（3）加大资金支持力度。特别是对中西部地区和已造成生态严重破坏的东南沿海地区，要加大资金支持力度。比如：设立转型资金、设置生态修复基金管理机构等。改革转移支付制度，加强对重要生态区域专项资金支持。

（4）利用税收调节杠杆。在相关税法的制定和实施上，进一步加大力度，在征收税种的划分方面，应进一步明确细分，分门别类予以制定和实行。另外，在税费收取的合理性上应予以考虑，有些存在实际问题的地区可以考虑给予减免或补贴。

（5）拓宽资金来源。首先政府应在废弃地生态修复和再利用方面加大资金支持力度，以主导身份进行实践，也可针对生态修复发行相关国家债券等，增加资金来源渠道。其次，积极引入和鼓励市场机制的运行，放宽市场准入口径，允许民间资本充实引入。再次，政府要在生态修复和再利用领域积极打造建立阳光透明平台，如：成立基金管理和使用委员会等。另外，在国际资本的引入上，门槛也应有所放宽。

（6）加大对生态补偿机制的科研力度。首先在立法层面应加强研究，着力在各个方面做出执法依据。其次，应分门别类，针对地区实际制定不同的补偿办法，要有所重点和偏重，有所保护和支持，在重点领域或区域实行差别对待，例如：对中西部在政策的支持上应有所侧重，在问题突出、矛盾尖锐的地方应有所侧重等。再次，可考虑先行建立试点机制，选定有代表性的几个区域，在政府、社会和群众三方面共同作用的前提下实现试点运行的良好效果。

（7）实行环境污染补偿机制。针对有环境污染可能的企业在起步之初收取或预存生态修复抵押金，待企业自觉对其破坏修复之后返还；如不能修复的，政府或成立的基金组织用抵押金部分委托第三方进行生态修复。补偿机制还应配合相关税费改革，在政府调控的前提下谋划引入市场机制。

（8）政府主导。从唐山市和淮北市废弃地的修复和再利用的实践中可以看出，在此程中政府起到了至关重要的作用。唐山市政府在南湖生态城的建设中成立了指挥部来指导工作的顺利进行，与德国鲁尔区采取的政府主导模式相效仿，在发展目标明确的转型道路上，可以大大加快转型发展，缩短转型路程以及有效地争取国家和政府的资金和项目的支持。而淮北市的成功实践是当地政府通过科学的规划论证、合理的资金使用，以及先进的理念和科技要素支撑，将多种元素整合到规划实施中的结果。

第六章　资源型城市的产业转型与空间规划

资源型城市的绿色发展是城市发展、区域经济发展、区域产业开发研究的重要内容。资源型城市空间规划是当发生城市资源问题时，重新规划、培育新的主导产业，促进产业更加生态化、多元化、合理化，实现可持续发展，要实现资源型城市绿色发展，就要在空间规划过程中从资源环境承载力、资源型城市转型、用地供需、空间增长边界划定等角度出发，保证做到资源高效利用、产业发展替代、提高居民生活水平及居住环境优化等，从而协调整合发展社会、生态、资源、城市经济及功能。

第一节　资源型城市的产业转型

资源型城市转型是指打破原有的以自然资源开采、加工为主导产业的发展路径依赖和体制机制障碍，实现产业协调和可持续发展。广义来说，资源型城市转型是一个系统的整体的转型，不仅包括产业的转型，还包括体制机制的转型、发展观念的转型、城市功能的转型、城市软实力的转型、市民文化素养的提升等。狭义来讲，资源型城市转型就是指产业转型和经济转型（帅俊杰，2017）。

我国资源型城市的分类依据不同的标准，可进行不同划分。主要有按资源类型分类、按生产方式分、按城市规模分、按发展阶段分、按资源开发种类、按产业结构等进行分类（王瑞霞，2008）。

根据《全国资源型城市可持续发展规划（2013～2020年）》，资源型城市可以分为四类：成长型、成熟型、衰退型、再生型。其中成长型城市有31个，包含地级行政区20个、县级市7个、县市辖区4个；成熟型资源型城市有141个，包含地级行政区66个、县级市29个、县市辖区46个；衰退型城市67个，24个地级行政区、22个县级市、16个县市辖区；再生型城市共有16个。包含16个地级行政区、4个县级市、3个县市辖区。

1. 基于发展阶段的资源型城市转型路径

资源型城市数量众多，资源开发处于不同阶段，经济社会发展水平差异较大，面临的矛盾和问题不尽相同。遵循分类指导、特色发展的原则，根据资源保障能力和可持续发展能力差异，经济转型政策应按照分类，明确各类城市的发展方向和重点任务，因地制宜进行转型。

崔璇等（2015）研究山东省资源型城市经济发展研究，提出资源型城市转型路径主要解决以下问题：第一，调整产业结构，培养接续替代产业。进行资源深加工，延伸产业链，提升资源型产业效率；培育发展接续替代产业，进行产业结构升级。资源型城市在发展资源产业基础上，积极培育接续替代产业，促进城市的可持续发展。第二，解决就业问题，积极鼓励自主创业。在个人方面，政府鼓励支持城乡各类劳动者从事创业活动，提高创业补贴标准，健全创业培训体系，提高全民创业能力；在企业方面，允许困难企业在一定期限内缓缴社会保险费，阶段性降低四项社会保险费，使用失业保险基金帮助困难企业稳定就业岗位，鼓励困难企业通过开展职工在职培训等方式稳定职工队伍。第三，治理环境污染，促进生态文明建设。对排污问题较严重、治污效率低的企业进行通报批评；对环境问题也制定相应的政策，深化小型锅炉专项治理，推广燃煤清洁生产技术，严格控制挥发性有机物污染，有效解决工业异味问题。第四，发展公共事业，完善社会保障体系。全面实施居民大病保险制度，逐步完善政策和管理办法，提高大病保险保障水平，形成规范运作、可持续发展的长效机制。

（1）成长型资源型城市

杨继瑞等人（2018）等人研究种提出，成长型资源城市是我国能源资源的供给及后备基地，资源充足，开发正处于上升阶段。作为成长型资源型城市，六盘水市在转型过程中进行了大胆探索。六盘水位于贵州省，具有丰富的矿产资源，常被称为“西南煤海”和“江南煤都”。六盘水的产业结构具有十分突出的矛盾，传统产业往往出现“一煤独大”的情况，煤、电、钢材等在规模以上的工业增加值占比高达 89.5%，新产业和旧产业“青黄不接”，这些情况导致其转型发展十分艰难。近年来，六盘水市从自身实际出发，坚持创新驱动，绿色发展，基本实现了从“煤都”向“凉都”的转型发展。其转型发展主要路径是：在循环经济的基础上，全力实行工业的转型和升级；发挥山地特色，大力培植后发赶超优势；推行大数据和大健康行动，全力扶持新兴产业发展；发展完善基础设施网络，完成互联互通；注重生产、生活以及生态的绿色发展；注重民生，全面提高公共服务水平。六盘水的转型升级效果十分显著，其三次产业结构从 2010 年的 6 : 60.6 : 33.4，调整为 2015 年的 9.5 : 51.1 : 39.4；粮经比从 2010 年的 70 : 30，调整为 2015 年的 36 : 64；建成 2 个省级现代高效农业示范园区和 5 个省级产业园区；接待游客以及旅游的收入各增加了 35.3% 和 47.4%。

成长型城市在转型过程中，应该着力以下几点：

①建立矿产资源储备制度，确立合理的资源开发强度

处于开发上升阶段的成长型资源型城市，应该对优势矿产资源实行分级储备保护措施，有序地开发和合理利用资源，并加强政府对矿产资源的宏观调控能力。在矿产资源开发和利用上，不仅要进行总量控制，并且要有计划地进行合理资源配置以及合

理布局，所有与矿产资源相关联的新建立企业，必须实行审批制；设置矿产开发和利用的准入制度，设置最低资源开采的规模与制度；不仅要设置与完善矿产资源储量核查检测及储量动用申报制度，还要增强国家的开发利用管理，推行保护性开采矿种及产业政策限制开采的优势矿种方式；资源的开发与生态环境保护及修复同步。

②加快推进新型工业化进程，培育核心竞争力

新型工业化，是成长型资源型城市转型的必由之路，在新型工业化过程中，要注重与新型城镇化的互动发展；加大创新力度，发展智能化产业，提高产业总体水平，培育企业的核心竞争力。加大煤炭资源的开采，提高煤炭资源的利用率；在大力发展经济的同时，注重环境保护，减少废弃物排放量，经济和环境“两手都要抓”；在发展经济的同时，注重教育等方面的发展，促进城市其他方面的快速发展；加大煤炭工业投资，大力提高煤炭工业在城市经济中的支柱地位。

（2）成熟型资源型城市

成熟型资源城市是我国能源资源安全保障的核心区，资源开发处于稳定阶段。

作为成熟型资源型城市，攀枝花市在转型过程中解放思想，不断探索，取得了积极成效。攀枝花位于四川省境内，它依矿而建、因钢而兴，其采矿和冶炼业在城市经济发展中最高占比达 90%。这几年，由于钢铁和煤炭等产业开始调整，攀枝花的城市转型迫在眉睫。

一是从钢铁之城向康养之城的转型。攀枝花以其特有阳光优势和温度、湿度、海拔高度、优产度、洁静度与和谐度，快速发展康养产业，建立了适宜各阶层和各年龄段的康养业态和康养产业；大力推动“康养 +”，根据攀枝花的发展实际，发展“康养 + 农业”“康养 + 工业”“康养 + 医疗”“康养 + 旅游”“康养 + 运动”，实现康养产业与医疗、旅游、商贸、文化、健身和房地产等的联动发展。

二是大力发展替代产业机械制造业，使其成为城市转型的主导产业。攀枝花具有良好的工业基础，工业原材料充足，其关键替代产业是机械制造业，要以冶金矿山设备、汽车及工程机械配件等领域为依托，做大做强。从《攀枝花市人民政府第三次全国经济普查》中的数据来看，到 2013 年年末，攀枝花已具备 751 个制造业，占比为 8.1%；法人单位的从业人员中，制造业就拥有约 11.5 万人。

三是大力发展中医药业和职业教育。攀枝花还充分利用其医疗资源以及中药材加工资源，建设滇西攀西区域医疗高地和特别中医药的区域高地；大力推动中成药工业、中药饮片工业、医用材料、医疗器械工业和医疗用品制造工业的发展；大力发展职业技术教育，力图把攀枝花建设成为全国的职业技术教育之都。

总体而言，成熟型资源城市在转型过程中，要着力做好以下几点：

①发展资源深加工企业和产业集群

以高效的方式开发利用资源，增加成熟型资源型产业的技术水平，扩展产业链条，推进资源产业往下游延伸，建设一批资源深加工龙头企业和产业集群；开展石油炼化一体化以及煤电一体化，发展现代煤化工，提升钢铁和有色金属的深加工水平，推行绿色节能和高附加值的新型建材的发展建设，建立具有完整的产业链及主业突出的资源深加工产业基地；深化供给侧结构性改革，废除相对落后的产能，提升技术改造的速度，以使产品档次及产品质量提升。

②围绕互联网+、大数据等发展特色产业和新经济，以接续替代资源型产业集群

成长型资源城市在转型中要充分结合政府的投资带动作用激发市场活力，推动各种生产要素在接续替代产业中的集聚；要统筹区域特点，推动绿色食品加工业、医药开发业以及饲料加工业等新兴产业的发展，实现绿色食品生产、加工、销售和服务一体化。

③建设绿色发展资源型城市

在资源型城市中，因为长期和极高强度地开采及挖掘各类资源，这些城市几乎都出现了十分严重的环境污染及生态破坏等问题。这些环境问题对资源型城市的生存与发展产生了严重影响，因此资源型城市的生态环境也需要转型，增加对环境治理和约束的力度，本着“谁污染、谁治理”和“谁受益，谁付费”的原则，把对其生态环境的保护放在首要位置，促进人与自然和谐相处。

④提升基本公共服务水平

大力发展教育卫生、文化体育等社会事业；努力完善就业服务体系，推动就业再就业；完善社会保障制度，使人民群众的生活具有坚实的保障；完善城市收入分配制度；完善和发展市场监管制度，推进市场经济有序发展；大力推动道路、电力、通信和给水排水等公共设施的建设。

（3）衰退型资源型城市

衰退型资源城市是我国资源型城市转型的重点和难点区域，资源枯竭，经济滞后，民生问题突出，生态环境破坏严重。衰退型资源型城市在转型过程中要着力推进就业，提高社会保障水平，实现基本公共服务的全覆盖，提升人民群众的生产和生活环境，提高城镇化质量及水平，促使社会发展和谐稳定，使广大人民群众充分体会资源开发和经济发展的成果。衰退型资源城市要着力通过提升政策支持的力度，大力发展特色产业及新经济产业和业态，以接续替代资源型产业。在我国，资源衰退型城市转型依据当地特色，转型路径各不相同。主要包含以下几类转型途径：

①发展替代产业

发展替代产业可以分为：以同类资源为基础发展接续替代产业和以资源转换为基

础发展替代产业。代表城市分别为：大庆市和抚顺市。大庆是以石油和石化占绝对优势的资源型城市。依托当地具备的充足油气资源优势和强劲的产业基础，大庆市将做大做强石化产业作为结构调整的重点，不仅积极规划实施了5个百万吨石化大项目，还扶持石化大企业建设了一批与石化相关联的大项目，有效地推进了石化产业的发展，石化产业的竞争力进一步加强。发展了一批以石化装备为代表的高端制造业，以化纺、麻纺、毛纺为代表的纺织业，以新型建材为主的新材料产业和以芯片制造、软件开发为主的电子信息业等接续产业，实现了非石化产业的快速、良性发展；抚顺是当时全国最大的煤炭化产基地之一，被誉为"煤都"。抗顺市转变原有过度依靠发展煤炭资源的模式，及时推进资源转换，利用其他丰富的替代资源如石油、铁矿等大力发展接续替代产业，逐步形成以石油、化工、冶金、机械等替代产业为主导的发展模式，昔日的"煤都"已成为辽中南的重工业综合巧城市。

②以优势产业为主建设生态城市

安徽省淮北市也是我国著名的"煤都"，在为国家经济建设作出重大贡献的同时，也付出了沉重代价，土地大面积沉陷、生态环境破坏严重、资源日趋枯竭。初步探索出一条具有淮北特色的转型发展之路：A. 新建一批加工企业，形成煤 - 焦 - 化循环系统。"吃干榨净"煤炭资源，避免了资源的浪费和环境的污染。B. 高度重视生态环境治理和保护，在复垦复绿的基础上，合理利用约10万亩塌陷区规划建设了工业园区、现代化城区、高科技产业园、休闲旅游区、商贸物流中心和观光旅游区等六大板块，既集约节约利用土地，又整治生态环境，把淮北建设成为美丽绿色家园。C. 利用当地优势资源发展当地群众比较乐于接受的轻工业，积极引导发展污染小又利于就业创业的金融业、服务业等第三产业，不断提高各个行业对煤炭资源的使用率和利用率，相互依托、相互支撑和服务，积极发展绿色经济，形成了以资源消耗低、环境污染少、经济效益好为主的经济发展新模式，有效推进了经济结构调整和产业转型升级。

③利用高新技术提升改造传统煤炭产业

首先，立足资源优势，突出发展煤化工主导产业，努力拉长"煤—焦—化、煤—电—化、煤—气—化"产业链。对原有工业结构的优化升级，在调整中培植新优势。利用高新技术提升改造煤炭这项传统的支柱产业，淘汰落后生产能力，关闭小煤矿，建成了水煤浆气化及煤化工国家工程研究中心和一批依附于煤化工产业链的化工企业，煤炭深加工能力得到很大提高，市场竞争力也显著增强；其次，选择新材料、生物技术与制药、机电一体化、电子信息等高新技术领域，作为主攻方向和发展重点培植新产业，重点发展了造纸、机械制造、啤酒酿造等替代产业；再次是加快利用高新技术和适用技术改造传统产业，提升煤炭、建材、机电、食品、造纸和建筑等产业的科技含量，实现传统产业高新化，以改变该城市过于单一的资源型产业结构。枣庄市通过以上措施，成功的将其煤炭工业占全市工业比重由 1990 年的 20% 以上，下降到 2000 年的 10% 左右（沈镭，2005）。

④退出传统的工矿业发展现代农业

衰退型城市的工业规模远不能解决因资源枯竭而带来的就业、保障等一系列社会问题。新上项目投资多、周期长、风险大，无法解决大规模的下岗问题。而重点发展现代农业则有独到的优势。下岗职工转向现代农业、进入农业园区的三种模式：一是村里出资包建棚舍，由下岗职工租赁；二是由民营大户出资，为下岗职工提供就业岗位；三是由下岗职工自己出资，自建自营。阜新市产业转型就是通过退出第二产业，进入第一、三产业，进入现代农业，解决矿区下岗职工的再就业问题，实现阜新市资源枯竭的经济转型。

⑤调整行政区划、寻求新发展

资源型城市在发展过程中会存在经济中心和行政中心偏离的现象，容易导致该地区与周边处于一种不公平的市场竞争，制约了城市的可持续发展，难以负荷起工业化和城市化的历史使命。例如：冷水江市。在其发展过程中，应本着区划应具有阶段性和长远性的特点，采取分批分期、逐步扩大的办法，调整冷水江市的行政区划。首先，将冷水江市和新化县合并；其次，将安化和新邵县并入冷水江市，使其行政区划面积达 12717 平方公里；建议将娄底地区的娄底市的双峰县并入湘潭市，撤销娄底地区的行政区划建制，新冷水江市发展成为以市带县的地级市（叶丽燕，2016）。

（4）再生型资源型城市

再生型资源城市是我国资源型城市转型的先行区，已不存在对资源的依赖性，经济发展较好。再生型城市产业转型，实现可持续发展，有以下几点措施：

①发展新兴战略产业

围绕非矿产资源优势，大力发展诸如旅游观光、软件服务、电子商务、新能源、新动力等现代服务业。发展区域性现代商贸物流和城市配送、城乡配送、电子商务，发展金融、外包、创意、会展、咨询与信息服务；发展休闲度假旅游、自然风光旅游、特色工业旅游和红色旅游；发展社区商业和家庭服务业，完善居民区服务网点建设。作为再生型资源型城市，唐山市在转型过程中不断探索。唐山市因煤而建、因钢而兴，其推进转型发展的主要思路：一是改造提升钢铁建材、化工能源等优势传统产业；二是培育高端装备制造业等战略性新兴产业；三是全方位发展服务业，尤其是生产性服务业；四是建设国家级现代农业示范园区，发展现代生态农业，打造环京津优质农产品生产供应基地，发展休闲观光农业和乡村旅游业；五是创新发展智能制造和“互联网 +”，提升产业智能化水平；六是加大保税区和开发区建设力度。

②重视资金和技术投入

尤其是民营企业缺少足够的资金积累和科研积累，因而在进行新产业和新项目开发时都会遇到资金短缺和技术落后的问题，要开拓和创新投融资机制，加大与地方高校的科研合作。

③做好体制和机制创新

资源型城市绝大多数都是在长期计划经济体制下发展起来的，主要以国有企业为主。要实现政府和企业之间的良好互动与合作，减少企业的市场障碍，要正确处理二者之间的关系，兼顾双方利益，寻找适当的契合点，消除制度障碍，力求达到全局利益均衡。要着力深化供给侧结构性改革，进一步优化经济结构。进一步完善产业链条，促进关联产业协同创新发展，通过产业园区和集聚区建设，积极培育和引进龙头企业，从而优化经济结构。

④做好统筹规划和合理布局

我国资源型城市比较多，各个资源型城市都在努力实现产业结构转型升级，在制定后续产业、确定新兴主导产业时很容易出现雷同现象，因此，各级政府必须有一个沟通和预警系统，避免出现产业结构相似而导致的恶性竞争。

⑤加大环保力度，树立城市新形象

国内外不同地区不同类型的资源型城市发展实践表明，再生型资源型城市已经摆脱了传统资源型城市脏、乱、差的社会印象，今后就是要进一步打造城市“名片”，建设绿色城市、文明城市、宜居城市，才可以吸引到更多的资金、技术和人才（王芳，2018）。

2. 基于资源类型的资源型城市转型路径

狭义的资源型城市是随着能源、矿产、森林、水电、旅游等自然资源的开发利用而兴起，并且因资源采掘及相关产业在国民经济中占有主导地位的城市。资源型城市不仅限于矿业城市，还有大量的森工城市、水电城市、旅游城市等。根据开采资源的不同又分为油城、煤城、钢城、有色金属城、森林城、旅游城等不同类型。在我国典型的资源型城市中，油城有大庆、玉门等；煤城有鸡西、阜新、大同、淮南、淮北等；钢城有唐山、攀枝花、鞍山；有色金属城有白银、金昌、招远、灵宝等；非金属城有景德镇、钟祥；森林城有牙克石、伊春；旅游城，有五大连池、井冈山等。

根据资源种类的不同，我国煤炭资源型城市有 63 个，占我国资源型城市的一半，有 21 个森工资源型城市，有 12 个色冶金资源型城市，石油资源型城市有 9 个，黑色冶金资源型城市有 8 个，其他资源型城市有 5 个。详细见表 6-1。

资源型城市根据资源种类分类 表 6-1

城市类型	数量	城市名称
煤炭城市	64	武安、唐山、大同、邮部、晋城、邢台、阳泉、太原、长治、朔州、原平、古交、乌海、霍州、赤峰、孝义、介休、高平、满洲里、抚顺、东胜、江源、霍林郭勒、阜新、铁法、淮北、北票、淮南、鸡西、永安、鹤岗、高安、双鸭山、枣庄、七台河、龙口、萍乡、焦作、丰城、汝州、乐平、登封、新泰、滕州、耒阳、邹城、华盛、肥城、合山、平顶山、鹤壁、义马、资兴、涟源、广元、绵竹、达州、韩城、六盘水、开远、宣威、铜川、哈密、石嘴山
森工城市	21	白山、牙克石、敦化、根河、阿尔山、临江、珲春、桦甸、蛟河、黑河、松原、舒兰、海林、和龙、虎林、伊春、五大连池、铁力、宁安、尚志、穆棱
有色冶金城市	12	东川、葫芦岛、乐昌、铜陵、个旧、德兴、白银、冷水江、金昌、乐昌、凭祥、阜新、勒泰
石油城市	9	锡林浩特、玉门、大庆、克拉玛依、盘锦、库尔勒、潜江、东营、濮阳
黑色冶金城市	8	大冶、迁安、马鞍山、本溪、漳平、临湘、郴州、攀枝花
其他城市	5	福泉、灵宝、莱州、云浮、招远

（1）煤炭城市

煤炭城市是我国资源型城市占比最大，数量最多的资源类型城市，其发展转型有较为统一的转型模式，主要包含以下几点：

①接续产业的培育

煤炭城市转型实质是城市主导产业的转换和升级问题。煤炭城市要实现可持续发展的转型战略目标，必须选择和发展接续产业，这是转型的核心和关键。那么如何选择和培育接续产业呢？一是要坚持因地制宜、因企制宜原则。我国的煤炭城市较多，类型各异，不同的自然环境、社会条件、经济发展差别很大，各地发展接续产业既没有现成的模式可套，也没有放之四海而皆准的经验可搬，需要的是因地制宜，走符合市情的发展之路。也就是说，要注意发挥地区的比较优势，体现在市场上就是一种竞争优势。二是要坚持符合市场需求原则。市场需求是一切产业、企业和产品发展的外在动力，也是接续产业发展的内在要求，国内市场和国际市场，也包括明显的当前市场和潜在的未来市场。三是要坚持讲求综合效益原则。即在发展和培育接续产业的过程中，不仅要获取最大的经济效益，还要注重维护社会效益和生态环境效益。不能顾此失彼，重蹈历史覆辙，要讲究一盘棋，以求实现城市的可持续发展。

②解决劳动力再就业

就业是民生之本。目前，全国县级以上煤矿共有 425 万人，煤炭城市面临的最大压力是下岗职工多、社会保障能力弱以及由此引来的一系列社会矛盾和问题。因此，转型解决劳动力再就业问题，是缓解社会矛盾和不稳定因素的重要前提，也是转型顺利推进的重要因素。因为只有把劳动力再就业问题解决好了，其他问题相对才会好办一些。解决劳动力再就业，一定要坚持以人为本，优化群众意识，多为百姓着想，立足当前、着眼长远的基本原则 . 处理好就业和转型的关系。在这里，一方面要引导职工破除传统的就业观；一方面要拓宽就业渠道，鼓励大家通过创业去带动就业。

③采煤沉陷区的治理

沉陷区综合治理是转型面临的一个艰巨而紧迫的任务，特别是沉陷区居民的搬迁问题，更是迫在眉睫，因为在很多煤炭城市这个问题已严重威胁到人们的生命财产安全。近几年，在一些矿区多次发生居民、牲畜、车辆甚至房屋整体陷入裂缝、坑口的重大事故。虽说近几年各煤炭城市都采取了一些措施，一部分沉陷区居民得到了安置，但由于受资金困扰，沉陷区搬迁问题始终没能得到根本解决，任务依然十分艰巨。作为煤炭城市自身，下一步的工作重点应放在多渠道筹集资金、抓好中央政策的落实上。一是对沉陷区治理工程所需费用要认真进行调研，摸清工程底数，算好细账，对于沉陷区居民的新房建设标准要实事求是，充分考虑居民的经济承受能力，通过减免配套费用、合理选择搬迁新址等方法降低工程成本。二是按照国家相关鉴定标准，对沉陷区内的住宅、学校和医院等应作出破坏性等级鉴定，再根据其结果进行易地搬迁、维修加固或就地翻造，确保人民群众生命、财产安全。三是同时确立“谁破坏、谁复垦”和“谁复垦、谁受益”的原则，鼓励企事业单位、个人乃至外商，采取承包、拍卖等多种形式，加强对采煤沉陷区的开发复垦（贾敬敦，2004）。

（2）石油城市

石油产业的快速消亡不仅带来许多沉没成本和退出成本，而且会使接续产业缺乏适当的缓冲期和强有力的资金支持，结果会适得其反。因此石油城市不仅不要放松对石油工业的投入，还应该下大力气延长它的服务期限，给接续产业争取更多的资金和时间。石油城市的转型主要有以下路径：

①改造提升石油勘探开发产业

第一，加强对外围油气田的勘探力度。大庆油田应加强地质综合研究，深化油藏地质分析，开展前期地质评价，使勘探工作效率和水平得到全面提升。首先要依靠勘探理论、方法、技术、管理的不断创新，通过实施战略勘探，向“低、深、难”的领域进军。其次，要实施精细勘探，把老探区工作做深做细，向已勘探过的领域、老探井进行再次测量。最后实施综合勘探，实现多种资源的综合开发利用。

第二，提高油田的采收率。加大科技攻关，力争使油田部分主力油层采收率突破50%。水驱开发要以控制含水上升和产量递减为重点，深化精细地质研究，优化注水系统调整，落实三次加密井位，加快套损井和“两低一关”井治理，进一步提高总体开发水平。聚驱开发要优化调整措施，完善聚驱方案设计，加大深度调剖力度，加强注聚全过程的跟踪调整，加快二类油层聚驱实验研究进度，进一步改善聚驱开发效果。同时，要重点加强三次加密调整技术、三低油藏经济有效开发技术、三元复合驱油技术等攻关工作，以进一步提高采收率，延长油田开采寿命。

②重点发展石化产业

石油的产业链短，加工层次浅，这不仅使得石油开采本身的效益被转移，而且还使城市产业陷入产业结构单一的怪圈。因此，应抢抓老工业基地调整改造，建立龙头企业，加快培植配套产业，延伸产业链条，做大做强石油石化产业。石油加工大体上有两条路线，一条是原油直接加工成成品油，作为燃料油消费；另一条是把原油加工成裂解原料，如三苯、三烯等，在此基础上，加工成中间体，有些可以直接加工成专用化学品，有些则可以进入精细化工，精细化工再往下延伸，可以做出更多中间体，再向下延伸，成为最终消费品。

③积极培育新兴接续产业

培育新型接续产业，实际上是挖掘区域潜在优势、重塑区域竞争优势的过程。但相对于石油石化产业，作为接续产业的非油产业还是相对弱小，因此它的成长、壮大更加需要政府以及全社会的扶持。政府应当在这方面起积极的作用：第一，政府应通过财政、税收和金融等多种形式对其鼓励和扶持，包括税收优惠、关税优惠、利率优惠。第二，建立风险投资基金，拓宽社会投融资渠道，化解金融风险，利用国内资金为企业提高自主创新能力和竞争力。第三，加强对高新技术进入接续产业的咨询服务，即健全技术情报信息的服务网络及顾问制度，通过技术市场等组织促进技术交流、技术转让，大力发展中介经营和服务组织等。第四，建立良好的经济秩序，加强道路、通信、环境、科、教、文、卫等基础设施和公用事业的建设（孙明明，2006）。

（3）森工城市

我国共有 21 个典型的森工城市，主要集中在吉林和黑龙江省。长期的过度采伐使森林资源难以更新循环，可采林木资源濒临枯竭。在这些地区发展森林生态旅游业不仅将取代木材的支柱产业和主财源地位，还将成为新的经济增长点和产业群中新的支柱产业，并带动交通、餐饮、宾馆业、建筑、通信、保健、文化娱乐产业的发展，拉长林区产业链。截止到 2006 年底，我国共设立了 660 个国家级森林公园，但绝大多数森林旅游产品单一，主要以自然观光为主，既有高品位的生态旅游资源又有浓郁的森林文化气息的城市或森林旅游区却是鲜见的，因而对游客缺乏足够的吸引力，经济效益也不高（王瑞霞，2008）。

森工城市实现可持续发展主要有以下策略措施：

①产业结构调整策略

产业结构调整策略主要从三方面展开，分别是优化经济结构调整、推进“供给侧”结构改革、扩大招商引资的产业项目建设。

优化经济结构调整策略。从第一产业看，应推进农业体系化发展。提高土地连片程度，机械化种植大豆、杂粮等，促进种植业产值的提高。同时，依托河流等资源，推进农田水利基础设施的兴建，为整体农业，特别是种植业的生产奠定基础；在第二产业发展方面，依托老工业基地的森工产业发挥重要基础，全面推进产业更新升级。在第三产业方面，推进城市电子商务、金融服务、旅游会议产业的发展，发展会展经济,形成对旅游业的带动。在总体产业结构调整的基础上,也应促进产业的均衡化发展，将生态旅游业、食品加工业、北药业、矿产采掘加工业、木材加工业作为城市发展的重点产业，倡导伊春市经济发展均衡化，加快城市整体经济转型进程。

推进“供给侧”结构改革。促进就业结构改善。进专业人才的兼职与离岗创业；原有森工企业职工应实现就业转型，或是转向木材产品深加工企业，或是转向旅游业、绿色有机产品种植与养殖业与商品流通业等行业，通过分化行业人口，促进人才配置结构的完善；促进产业结构完善。

扩大招商引资和产业项目建设。在已投产项目中,落实项目承包制,在基础产业上，落实对电力、交通、森林加工业项目的过程性监督进程，进行对应放款与融资；在食品产业上，加强生产过程性抽检；在北药业相关立项项目中，将立项投入研发并获得生产资格的药品投入生产，提高变现效率;在旅游业上，推进豪华度假村、狩猎风景区、生态旅游项目投入市场化竞争，加快项目的融资与再融资；在木材加工业上，打造家具品牌，提升市场化程度，保障资金链的完善等；在招商和筹备的项目中，秉持绿色生态的理念，提升招商引资过程中的核心竞争力，打造新的资金吸纳元素。

②产业转型升级策略

森林科技研发与工艺革新方面：一方面通过国家与地方出资，兴建科技门户企业，以科技龙头企业的兴建提升高新科技产业的产值；另一方面，国家与地方支持伊春市引进高新科技发展人才，兴建高新科技产业园，以龙头企业的发展加快森林加工业科技含量的提升与产能的提高，这是提升森林产品附加值，促进森林产品加工业集约化发展的重要选择。

③推进创业渠道拓展与平台打造

通过创业带动整体就业，提升人民生活水平，为城市经济注入新活力的尝试。

第一，创业类型应该多样化。促进创业者在服装、食品、旅游等方面协同发展，避免单一行业创业过于集中而加大非合作博弈的过程性消耗，通过合理创业为城市寻找新的经济增长点。

第二，创业人员层次多样化，积极发动森工行业转型职工、学生及科研人员创业，提升创业人员素质。

第三，创业平台多元化。随着电子商务的发展，BTC 模式、OTO 模式均成为重要的商业发展模式，这客观上为创业者提供了创业平台。

第四，创业管理规范化。创业管理即注册登记、税收申报、资金链维持等方面入手，提升创业管理的规范性。在注册登记方面，简化创业流程，以私营经济的“五证合一”与个体经济的“双证合一”代替原有注册登记流程；在条件审核方面放宽对新创企业登记条件的限制，在认缴制下鼓励合理创业；在定项补助方面加大对大学生创业与高新技术人才创业的定项补助力度，精准扶植潜力型产业发展；在财政税收方面推行营改增，合并新创小微企业的税种，通过合理减税，鼓励全民创业，并通过大学生创业定向税收减免政策的推行提升创业群体的整体素质。

④强化人才引进和培养

不仅有人才的保留，也有外来人才的吸引。原有林业采运业人才在林业产品生产流通方面具有经验，其可通过转向木材深加工行业以促进其原有技术和社会资源作用的发挥。在非林产业方面，有人才的缺失，应加强对外来人才的引进。人才引进与培养体系的建立是人才培养机制的基础，形成完善的人才吸纳机制，包括人才薪酬与其他待遇体系、人才的选拔制度与绩效考核体系、人才的安置补助体系确立等。

⑤生态保护提升策略

加强资源保护，培育后备森林资源。培育后备森林资源的过程中，加强对高质量森林的培植，并促进对荒山的利用，提高补种比例。伊春市在推进后备林种植的同时，也侧重对花卉的养殖，并将花卉种植业产业化提上进程，将花卉作为森林资源的补足，可置入广义的后备森林资源培育范畴中；推进节能减排。切实推进天然林保护工程的可行措施。节能减排分为两部分。从节能方面看，加强对水资源的管理，推行“河长制”，促进对河流的保护；保护耕地，加强对国家基本农田的保护措施，促进生态养殖业发展；严抓大气治理，从空气污染的治理出发，促进空气污染防控措施的推行。

⑥政府职能优化策略

政府由直接介入生产转为监督指导，强力政府也逐渐转变为服务型政府。政府应转变既有命令式的经济指导方式，而转向建构外部制约与服务体系；深化国有林区机构改革（张小静，2016）。

（4）有色冶金城市

有色冶金城市的转型主要以市场为导向，按照“大项目 - 产业链 - 产业集群 - 产业基地”的模式，复活主导产业，做强产业，做大基地，推进经济发展从粗放型、外延型向集约型、内涵型转变。转型路径为以下几点：

①实施资源扩张战略复活主导产业

实施资源扩张战略。加快探矿步伐，加大探矿找矿力度，对具有探矿前景的靶区，尽快实施合作探矿，重点实施后备资源基地建设项目:积极争取国家支持，在新疆、西藏、青海、内蒙古等周边地区建立白银有色金属、煤炭基地:加强与国际有色矿产资源输出国合作，储备接续资源。

②改变以初级原材料加工为主的发展格局

依托现有优势，着力改变以初级原材料加工为主的发展格局，实现产业集群发展。实施产业技术提升战略。运用高新技术和先进适用技术，改造现有主导冶炼企业，提高冶炼技术水平，提升有色金属冶炼能力，重点实施铅锌冶炼，节能技术提升、铜冶炼污染治理及产业技术提升、三冶炼厂ISP工艺技术改造。实施产业集群战略。培育壮大接续替代产业，积极引进国内外战略投资者，开发铜基产业链、铝基产业链、铅基产业链、锌基产业链、稀土能源材料产业链，实现产业集群发展。重点实施新型高精度有色金属精深加工产业化、有色金属延伸产品及新材料产业化、贵金属产品及制品延伸、高档电解铜箔、高桔新型铜管、铜板带材、高精度专用铝板材生产线等有色金属深加工、纳米级活性氧化锌等项目。

③精细化工一体化产业

以做大做强精细化工园为中心，以异氰酸酯、氯碱、煤化工、氟化工、有机硅、硼化工和石油化工等七条产业链为建设重点，形成具有自主知识产权的异氰酸酯系列产品研发生产基地。

④矿产业及资源再生利用产业

大力推进矿产资源勘查运行机制改革，加大对危机矿山后备资源勘查的资金投入，鼓励各类投资者包括国外投资者参与风险勘查，实现提升传统资源（有色金属和煤炭资源）开发的技术、装备和规模，保持有色金属在全省的优势地位。

⑤发展多元支柱产业

根据因地制宜的原则，结合各地优势，充分发挥煤炭、电力、水力、风能、太阳能等资源优势，坚持适度超前、优化结构、多能并举原则，壮大能源基础工业，提高能源产业保障支撑力。例如:白银市。白银市昼夜温差大，日照充足，农产品品质优良，已形成西北最大的反季节蔬菜生产基地、甘肃最大的羔羊肉生产基地和小杂粮产区。马铃薯、枸杞、大枣、啤酒大麦、瓜果等特色农产品产量大，营养价值高，已获得国家绿色食品证书的产品达56个，获得国家绿色无公害农产品产地认证的基地达到17个，为进一步深加工和提升产品档次奠定了良好基础。以四龙生态示范园为重点，发展农业生态游:以明长城、法泉寺、永泰龟城、五佛寺、北城滩为重点，发展丝路文化游;以火焰山国家矿山公园为重点，发展工业文化游。将“黄河奇观、红色圣地”两大旅游品牌纳入国家精品旅游线路;建设西部现代化区域物流基地。使现代物流成为白银的支柱产业，把白银建设成为兰白都市经济圈综合性物流中心、兰州（白银）-西宁（海东）经济区物流中心、西北地区中转物流和东西铁路物流的重要枢纽、欧亚大陆桥国际物流的重要通道（吴玉萍，2010）。

（5）黑色冶金城市

我国目前黑色冶金城市有:大冶、迁安、马鞍山、本溪、漳平、临湘、郴州、攀枝花。这里主要以攀枝花为例，其主要转型措施有：

①调整产业结构，推进产业发展多元化

一是主动淘汰落后产能，提升经济效益。通过积极争取中央、省级奖补资金，大力推进“三去一降一补”扎实落地。二是大力发展康养服务业。利用攀枝花得天独厚的“夏无酷暑、冬无严寒”气候资源和现代观光农业基础优势，大力发展康养产业和休闲旅游业。三是支持和推动中小企业发展,进一步活跃攀枝花民营经济,迸发“双创”活力。

②延伸产业链，发展钒钛延展加工

延伸产业链是推动产业升级、缓解产业危机、实现资源型城市转型的重要途径和基本保障。一方面，推动产业链上游拓展，围绕钒钛磁铁矿资源综合利用，进一步改进生产工艺，开发了安全高效的采选技术，促进了从钒钛磁铁矿中分离和提取钒、钛等稀贵资源水平的提升，钒钛磁铁矿入选品位逐渐得到降低，原来弃之不用的表外矿、尾矿等逐渐得到有效利用，资源综合利用率得到不断提高。另一方面，推动产业链向下游伸展，大力推进钢铁工业结构调整和优化布局，在稳定和做强采矿、钢铁、煤炭、化工、炼焦等传统产业的同时，关闭淘汰了一大批小钢厂、小轧钢厂、小铁厂、小铁合金厂、小煤窑、小焦化厂等落后产能，钢铁产品品种结构由普钢为主向铁道用钢、汽车用钢、管线用钢、核电用钢以及高强度建筑用钢等高档产品调整升级。

③完善服务配套，加快三产服务业发展

三产服务业是现代城市兴旺发达的重要指标和象征，也是资源型城市可以选择和培训的重要替代接续产业。是立足攀枝花气候优势，编制康养产业规划。是立足攀西独特的旅游资源优势，着力创建国家全域旅游示范区，结合康养产业和现代农业，精准推出休闲养老、森林康养、乡村旅游、欢乐阳光等主题旅游。

④加强基础设施建设，提升城市功能环境

以老工业区基地搬迁、棚户区改造、花城新区建设为载体，以城市项目建设为支撑，以“五创联动”为牵引，大力推进城市建设改造。大批城市道路、水电气管网、广场、公园、博物馆、市政服务设施等相继建成并投入使用，推动了城市综合功能的不断提升。同时，大力推进城市环境改善，深入开展城市环境综合治理，着力加强城市视野区生态环境建设和景观打造。

⑤加大招商引资，促进民营企业发展

资本是发展新产业、创造新业态，推动资源型城市转型的重要基础。民营企业是经济发展中最具活力的组成部分。攀枝花市政府通过组建成立专门的招商引资部门，创新实施领导带队招商、节会招商、驻点招商、以商招商等方式，不断加大招引强、招好引优工作力度，深化与中建材、中铁、中电建、中建三局、华润集团、中丝集团及川能投等大企业的合作。

⑥加强科技攻关，加快科研成果转化

科技是推动资源型城市转型的主导力量和重要基础。钒钛磁铁矿在20世纪60年代被苏联专家称为无法冶炼的“呆矿”，如何才能让“呆矿”变成“富矿”成为攀枝花开发建设的关键。改革开放以来，攀枝花市政府主动适应新形势新变化新要求，加强对重大科技攻关的顶层设计，联手中科院等一流科研院校，重点打造钒钛科技攻关国家队。到2016年，攀枝花市科技对经济增长的贡献率达到55%。

⑦抓好民生就业，维护转型期和谐稳定

保证民生就业和转型期和谐稳定是资源型城市能否转型成功的重要条件。攀枝花市政府通过不断加强民生投入，建好民生工程建，办好民生实事，进一步提升了广大市民和群众的满意度和获得感。加强下岗分流人员再就业技能培训，引导其多渠道就业创业，同时，推进网格化治理，加强对下岗分流人员心理疏导和思想政治工作，加强群众信访接待和矛盾问题化解，推动将问题解决在萌芽状态，保障了城市转型期间攀枝花未发生大的群体性事件（帅俊杰，2017）。

第二节 资源型城市的转型模式

总体而言，我国资源型城市转型具有一定模式，可归纳为以下几点：

1. 资源认识从简单向立体转变

一般而言，资源型城市主要依靠不可再生资源，以较为单一的产业为依托完成初步的城市化和城市的进一步发展。与其相配套的“资源观”，是相对较为传统的“以不可再生的资源为根本性资源”的观念。国外的主要资源型城市，例如，德国的鲁尔地区的城市（煤、钢铁等）、法国的洛林地区（煤炭、钢铁）、美国的休斯敦（石油）、日本的筑丰（煤炭），长期以来都主要依靠其优势资源发展，在其兴旺时期，一般较少利用和引入矿产资源以外的资源，甚至不能意识到自身所握有和积累的其他社会资源。这样的“资源观”能够使一些具有深厚矿产资源的城市获得城市化初级的高速积累，却很难将更为深广的社会资源嵌入其产业结构中去，引导产业结构的纵深发展。一旦自身矿产资源耗尽，或者国际产业形势等产生波动，就会对这些单纯产业的城市造成毁灭性的影响。因此,资源型城市的传统危机是扎根于“资源观”之中的,打破资源“诅咒”要从转变观念人手。

2. 产业结构由单一向复合转变

资源型城市转型，面临着长期单极产业结构发展造成的专业化锁定的问题。由于资源型产业往往成为区域经济的增长高地，成为经济要素的聚集之所，在巨大的吸纳力作用下，各种经济要素被固化在资源型产业领域，非资源型产业处于弱势和从属地位，难以形成产业吸引力，发展机会明显减少。当资源枯竭时，由于锁定效应 . 此类地区的产业应变性、适应性较差，存在功能性、认知性和政治性的多方锁定，需要以外力强制性地打破。各国的转型经历大致上就是打破多方锁定，产业结构逐步由单一向复合转变的过程，在这其中，选择最易于打破锁定的产业进行培育，是转型的关键。

3. 空间布局由单极向多极转变

从各地的发展经验来看，转型的过程同时也是空间结构重新调整的过程。这个过程伴随着城市中心的转换、产业重心的外推、总体布局的重置，以及城市边界的扩张等。在转型完成后，城市或区域格局一般由资源型城市的单极布局向多极布局转变，城市往往形成新的发展轴线，以前在经济地理上处于相对弱势边缘的地带，相对而言获得了更好的发展机会。因此，在转型之初，对于这些地块来说应提前做好准备。

4. 城市消费功能逐步凸显

资源型城市的转型，意味着产业的复合化和城市功能的复合化。通过转型，城市产业结构往往由以第二产业为主发展为第二、第三产业兼顾。因缘于第三产业的发展，城市功能也往往从单一的生产功能中生发出更丰富的消费功能。因此，城市往往需要新的商业地带、需要新的生活娱乐设施等。这对于外来的投资商、对城市中心沿线区块，都是新的机会。

5. 政策导向由补贴向培育转变

从历史上来看，政府对资源型城市的支持政策，都经历了由补贴向培育的转变。最初，政府往往对资源将枯竭的产业给予大量的补贴，但最终结果往往并不成功。例如日本，给予了产煤地带的重点产业进行了连续八次的补贴性政策，都没有起到效果，最终不得不由援助规划转变为转型规划，着力于通过政策吸引投资、改变产业结构、培育新兴产业等。由补贴向培育的转变，是正视资源枯竭的事实，着眼于未来发展的战略方式。

第三节　煤炭资源型城市的绿色发展

1. 煤炭资源型城市绿色发展的模式

煤炭资源是我国的主体能源，煤炭地区是资源型地区的重要类型。煤炭资源型城市绿色发展有三个基本要素：资源、环境和经济，三个要素相互关联，形成了一个相互作用的系统，称为“REE”系统。“REE”系统的相互作用和有序联动，即为绿色发展。煤炭地区绿色发展有以下四种模式：

（1）资源 - 环境联动模式。强调边开采、边治理、边保护，即在开采和利用当地煤炭资源的过程中，虽然对环境造成了破坏，但根据区域独特的自然特征和自然环境，以及生态环境的破坏程度，及时设计出恢复生态环境的路线，治理环境污染，恢复生态环境。最终，使得煤炭开采区域的生态环境得到有效保护。

（2）资源 - 经济联动模式。煤炭地区依托当地的煤炭资源，在不影响能源安全的前提之下，加快对煤炭产业进行升级。比如，可以将煤炭开发、火力发电、煤化工等过程进行有机整合。通过在煤炭地区建成大型的能源基地，推动区域经济社会的稳定发展。

（3）循环经济联动模式。循环经济联动是指在矿区的各项经济活动进行有效的组合和交互，形成以矿井为单位的循环经济。比如，从矿井中排放的污染物可以再循环，这样可以改善资源的利用率，并且减少对生态环境的破坏。循环经济联动的特点是自然资源消耗减少、污染物的排放减少、污染物的再利用增加，提倡实现煤炭——煤炭产品——再生资源的循环利用。

（4）资源—环境—经济联动模式。资源－环境－经济系统联动是煤炭地区绿色发展的最高模式，是指煤炭地区的资源、环境、经济实现可持续发展的联动模式。这要求对当地煤炭资源的开采和环境保护进行统一部署、整体规划，以实现煤炭有序开采、产业结构合理、经济稳定发展、社会不断进步的多重目标。在这种发展模式下，煤炭的开采和利用应该以清洁为原则，煤炭产业应该实现产业升级。社会经济的发展则是各方面的利益相互协调的复合型发展。

2. 煤炭资源型城市绿色发展的特征

煤炭资源型城市绿色发展的特征主要包括三个方面，分别是安全、环保和高效。

（1）安全。煤炭地区的绿色发展是以人为本的可持续发展，“安全”既是绿色发展的基本特征，更是绿色发展的基本要求。“安全”首先是人的安全，人的生命和财产安全是绿色发展的最低要求。最重要的是煤炭生产过程中的安全生产。煤炭采掘业作为采矿业的一种特殊形式，各国的都十分重视煤炭安全生产工作。我国作为世界第一产煤大国，现在每年生产消耗的煤炭占世界总产量的一半，而且我国的煤层条件比较复杂，存在水、火、瓦斯、地热等各种灾害，对矿工的生命存在潜在威胁。必须将煤炭的安全生产工作始终作为煤炭地区绿色发展的重中之重。经过长时间的努力，全国煤矿安全生产正朝着稳定并持续向好发展。随着煤炭开采向深部推进，开采难度加大，开采成本上升。加之近期煤炭价格下降，各个煤炭生产企业的煤炭价格决定其市场竞争力，在通风、排水等各种固定支出不变的情况下，企业为了利益，最有可能减少的就是投入，其中包括煤炭开采企业持续加大安全生产的投入。必须加大监管执法力度，促进企业依法办矿，引导企业加大科技投入，依托科技提升安全生产水平。同时，要加大对矿工和企业负责人的宣传教育，提供安全生产意识。深层次的“安全”还包括经济的安全、社会的安全和生态环境的安全。经济的安全，主要是改变“一煤独大”的产业结构，构筑多元化的现代产业体系，加速煤炭地区的发展转型；生态环境的安全，主要是加大生态保护和环境治理力度，维系煤炭地区的自然生态系统安全，并加强矿山环境恢复治理和地质灾害防治，确保地质环境安全；社会的安全，主要是协调企业、矿区居民、政府等各利益群体的利益，建设和谐矿区。

（2）环保。环保是绿色发展有别于传统发展方式的明显特征。良好的生态环境是煤炭地区绿色发展的重要前提和基础。“环保”首先是加强生态保护和环境治理。经过多年的掠夺式开采，煤炭地区的生态环境受到极大的破坏，主要表现为水土流失、采空区塌陷、地表地下水失衡、大气粉尘污染、地表植被破坏，进而引起地表生态系统破坏、水生态环境失衡等生态环境问题。未来煤炭地区的发展，需要坚持生态环保的理念，在资源环境综合承载能力评价的基础上，制定合理的开采规模，加强生态保护和环境治理。“环保”还要求在产业的发展中贯彻低碳、绿色的理念。传统的产业发展是“先污染，后治理”、“生产末端治理”的模式。这种治理模式，治理成本高、难度大、效果差。煤炭地区的绿色发展要求在产业链的全过程贯彻环保理念，特别是注重污染的源头治理。在煤炭等矿产资源的开发前进行合理的环境影响评价、矿产资源规划，加强循环园区建设，设计循环产业链，减少污染物排放。

（3）高效。高效是煤炭地区绿色发展的重要手段。通过高效利用资源，可以提高煤炭资源的可采年限，增加附加值，以最小的资源消耗，获取最大的经济效益。“高效”首先是在煤炭开采环节提高资源产出率。我国煤炭资源储量丰富，多年来的粗放发展带了一系列的问题，资源利用效率不高尤为突出。例如，在超强度开采过程中，企业往往急功近利，“采厚弃薄”、超环境容量开采、私挖滥采的现象非常普遍。从而导致我国煤炭回采率较低。据统计，近年来我国大矿区煤炭回采率均值为 30% ~ 40%，中小型矿井回采率最低不足 10%。而世界煤炭回采率最高为 85%。2000 ~ 2010 年间，我国煤炭累计产量 234.4 亿吨。按 30% ~ 40% 的回采率计算，开采出 234.4 亿吨原煤要消耗地下原煤资源 586 亿~ 780 亿吨，而国外先进水平只需消耗 275 亿吨左右。相当于 11 年间，我国浪费了 311 亿~ 505 亿吨不可再生的原煤资源。按每年至少增加 1 亿吨产量计算，浪费的量可供未来开采 9 ~ 13 年。因此，必须重视开采环节的资源产出率。“高效”还在于延长煤炭工业产业链，发展煤炭深加工。通过一系列加工工艺，在焦化、气化、液化和合成化学品的基础上，积极发展精细化工，提高煤炭资源利用效率，增加附加值。并积极发展服务于煤炭主业的现代仓储物流业、信息产业、机械制造、金融产业等现代服务业，做大产业集群，吸纳更多人就业，创造更大的经济价值。

3. 煤炭资源型城市绿色发展的路径

在当前绿色发展的大背景下，煤炭资源型城市要在经济增长的同时提升生态效率，实现一种绿色的增长、绿色的发展，走一条可持续发展的道路，我国煤炭资源型城市的绿色发展若干路径如下：

（1）科技驱动型发展路径

煤炭资源型城市是依托煤炭资源而建立的，在资源开采业的初期，对生产技术水平的要求很低；同时，由于资源产品的竞争力主要由资源禀赋条件决定，其更新的速度很慢，因此煤炭企业缺乏进行技术研发的动力。此外，大部分煤炭资源型城市都将煤炭企业作为发展战略的核心，这造成大量的专业人才集中在优势产业——煤炭产业，其他产业明显的科技力量不足，这使得产业协同的优势无法实现，造成技术的溢出效应无法发挥。同时，虽然有大量的专业人才集中在煤炭产业，但是其中作为研发团队的高科技人才比较稀缺，无法实现有效的科技研发。最后，研发投入不够是影响煤炭资源型城市走科技驱动发展路径的最大掣肘。无论是技术的研发，还是高科技人才引进与储备，都需要投入大量的资金。这部分资金见效慢，产生收益的周期往往很长，甚至在很长的时间内看不到回报，加之缺乏创新动力，许多采煤企业不重视研发投入。科技创新力量不足，不但直接影响煤炭产业的发展，同时也导致其他产业发展乏力，城市便无法实现有效的发展，只能逐渐走向衰退。因此，政府和采煤企业必须对科技研发引起重视，一方面加大研发投入，提升自主创新能力；另一方面促进科技成果转化机制，确保科技成果能够快速应用到生产环节，带来收益。

加大研发投入，提升自主创新能力。中国煤炭工业协会在2016年发布的《关于推进煤炭工业“十三五”科技发展的指导意见》中提出，到2020年我国的煤炭工业要实现自主创新能力的大幅提升，核心技术要实现关键性突破，建成有中国特色的创新型煤炭行业科技体系。随着新能源和可再生能源快速发展对煤炭的替代作用在不断增强，按2020年、2030年我国能源消费总量50亿吨、60亿吨标准煤分析，将有2.7亿吨和7.5亿吨煤炭被新能源和可再生能源替代。煤炭行业必须依靠科技进步实现生产力总体水平的提升。有关安全绿色开采、清洁高效利用、煤炭高效转化的基础理论研究要实现重大突破。大型煤机、露天开采装备、洗选加工设备与煤化工设备关键零部件和控制系统实现国产化，逐步实现整机装备高端化，推动重大成套技术与装备出口。这些都表明在宏观层面上，国家已经充分认识到科技创新对煤炭资源型城市发展的重要性和迫切性，与此同时，在微观层面上，越来越多的采煤企业开始意识到科技研发的重要性。例如神华集团在2016年对研发投入进行了大幅度增加，将企业的发展目标将定为要成为世界一流清洁能源供应商、世界一流清洁能源技术方案提供商。

加强产学研合作，建立科技成果转化机制。研发投入的增加，能够为采煤企业进行新技术的研发和科技创新提供基础和保障，能够为企业引进和储备高科技人才提供支持，但是企业的自主研发只是科技创新的渠道之一，产学研合作是科技创新的另一条有效渠道，产学研作用的有效发挥，依赖于有效的科技成果转化机制。高校及研发机构有很强的科研实力，聚集了大量的高素质人才，但是由于缺乏有效的科技成果转化机制，高校及研发机构的科技成果难以得到有效转化。一方面采煤企业需要投入大量资金引进人才进行科技研发，另一方面高校及研究机构的科技成果难以转化，造成资源的极大浪费。因此，企业需要加强与地方高校及科研院所的合作，通过建立行之有效的产学研合作机制，促使产学研三方接轨，为科技成果的转化提供条件，这是当前亟待解决的问题。

(2)循环经济型发展路径

当前我国对煤炭资源的回收利用非常不充分。由于当前我国对原煤的洗选率比较低，造成大部分原煤在未经充分加工的情况下被投入使用，不但形成了大量的污染物和废弃物,还造成资源的极大浪费。此外,煤矸石和煤炭资源初加工所产生的废弃物渣,不能得到有效的利用；煤炭开采过程中产生的伴生资源（例如煤层气等）没有得到利用；当前我国燃煤发电机组的热效率偏低，仅在 33% ~ 35% 之间。由此可见，当前煤炭资源的利用是很不充分的。循环经济建立的基础是对资源进行不断的循环利用，这是促进煤炭资源得以充分利用的有效途径。尤其对于煤炭资源型城市而言，能够有效地改善其发展情况。首先，原煤在洗选过程中会产生煤矸石和煤泥，焦炭的生产过程中会产生焦油和煤气，这些废弃物和副产品并没有得到有效的利用，这不但是资源的浪费，也是对环境的破坏。许多煤炭资源型城市的矿区都有堆积如山的煤矸石，说明循环经济有很大的发展空间。此外，从产业的角度来看，当前我国煤炭资源型城市的产业结构单一,产业关联度偏低,循环经济是煤炭资源型城市进行产业融合的重要途径。循环经济倡导的是经济与环境资源的共赢，是一种从资源到产品，从产品到再生资源，这样一种资源的闭合回路、循环利用。因此，通过发展循环经济，促进煤炭产业链的延伸，让上下游产业能够相互支撑，下游产业对上游产业的废弃物进行回收利用，打造一个促进资源循环利用的闭合循环发展回路，是煤炭资源型城市实现绿色发展的有效路径之一。发展循环经济可以通过以下两个途径实现：

建设循环经济生态工业园。循环经济生态工业园是一种新型的工业组织形态，也可以看作是一种新型的产业集群。在这样的生态工业园区内，煤炭在加工过程中产生的废弃物或副产品，可以称为其他产业的资源投入。因此在设计生态工业园时，一方面要考虑空间聚集的经济性，集中共性产业；另一方面也要考虑生态的共生性，兼顾企业之间在资源利用上的关联性。建设循环经济生态工业园可以从宏观、中观和微观三个层面考虑。在宏观层面主要指的是园区内部，不同产业之间的循环。全面考虑在煤炭工业领域内具有关联性、共生性的产业，通过煤炭资源型城市的努力，创造条件促使其在空间上聚集起来，实现社会分工协作和专业化经营的优势局面。例如，在原煤洗选过程中会产生煤泥，可以将其进行生产型煤；煤炭炼焦过程中会产生焦油、苯和煤气，焦油和苯可以投入煤化工产业，煤气则可以民用以及发电；火电厂在发电时产生的余热可以对居民进行供热，产生的粉煤灰能成为水泥的生产辅料。因此，煤炭资源型城市在宏观布局方面，综合考虑各产业的关联性，建立一个或几个生态工业园，能够带动整个社会循环经济的发展。中观层面主要指的是在生态工业园区内部，各煤炭企业之间的循环。园区通过合理规划，让建材厂、热电厂等能够对煤炭企业的废弃物和副产品进行有效利用的企业，形成共生体系。煤矸石和煤泥可以提供给热电厂做燃料，热电厂反过来给煤炭企业供电供热，提高整个园区的规模效益。微观层面指的是在企业内部发展小循环，通过打造循环经济示范企业，倡导清洁生产，降低废弃物的排放量，从源头上减少污染和浪费。

重建、优化产业链。将有生产关联、能够实现资源循环利用的产业进行横向和纵向的耦合，打造一个资源循环高效利用的产业网络。从纵向来看，煤炭资源型城市需要将主导产业链进行适当的延伸。为了发展循环经济，煤炭资源型城市需要对煤炭主导产业进行产业链的延伸，可以考虑拓展煤化工产业，发展煤—气—化联产；发展煤—焦—化联产；打造煤、电、化、焦、冶一体化的产业链。从横向来看，考虑对煤炭工业副产品和废弃物的循环利用，可以衍生出煤矸石（煤泥）—热电厂—热电、煤矸石—充填、复垦—土地资源（旅游资源）、煤矸石（灰渣）—建材厂—建材产品（水泥等）、矿井排水—污水处理—供水等多条共生产业链。

（3）外资拉动型发展路径

煤炭资源型城市主要依靠煤炭资源的增长来形成经济的增长，产业结构单一，生态环境较差，投资服务环境及法制环境一般，不具备吸引外资的优势条件。而外资对于煤炭资源型城市的发展有非常重要的拉动作用，通过营造更好的投资环境、制定更优的投资政策，规范外资的投资项目，提高外资的使用效率，能够成为推动煤炭资源型城市绿色发展的有效路径。但是也需要注意到，外向型经济为主体的经济，其经济发展在很大程度上是由于外资大量涌入带来的，主要依靠这种外部的刺激，内部的自主增长动力比较缺乏。当出现经济危机或其他特殊变化时，经济将受到很大冲击，形成危机。因此，在促进引入外资时，还需要注意对自身的全面优化，在利用外资的同时做到不依赖外资。具体地说可以通过以下几个方面营造良好环境，促进外资的进入。

打造良好空间环境。作为经济欠发达的资源型城市，要实现城市转型就不宜再继续采用这种多部门齐头并进的均衡增长模式，而应该借鉴生长及理论和核心边缘模式来寻求核心城镇和边缘城镇的合理划分及空间增长区别对待的多元发展策略，实施组团式发展模式。以安徽省淮南市为例，该市东部以田家庵区为核心，大力开发经济技术开发区，将其建成以政治、科教、文化、服务和居住为主的现代化城市中心区。西部以谢家集区和八公山区为核心，形成以发展商业、居住、旅游、服务和地方工业为主，具有较强的生态功能、经济功能的城市副中心城区。南部将舜耕山以南的地区开发建设成具有综合功能的城市新区。在推进以上三大组团建设基础上，大力发展潘集、凤台、大通（部分地区）、毛集等卫星城镇。通过组团式发展模式，将淮南建成为一座综合功能高、聚集效益强、对外资具有强大吸引力的现代化城市。

创造优势产业环境。优化产业结构需要打破经济对煤炭主导产业的依赖，通过发展接续替代产业来拓展产业链，创造其他的经济增长动力。例如发展煤化工行业、新型建材业、机械铸造业等。这些行业可以借助煤炭产业的优势，实现共赢，例如机械铸造业可以借助焦炭优势。除了在第二产业延伸产业链，还可以在第三产业和第一产业发展优势产业。例如部分煤炭资源型城市形成的大面积塌陷区水域，在深度适中、水资源不存在化工污染的前提下，可以发展渔业；如果水域深度太大，或是有化工污染，无法进行渔业养殖，可以利用其发展资源型城市的特色旅游业；还可以在国家政策的许可下发展光伏发电产业。这些都是充分结合煤炭资源型城市的实际情况，对发展其他优势产业所进行的探索。多元化的产业结构能够为外资投入的项目提供一定的支持。

建设美好生态环境。生态环境的改善对于外资的吸引作用明显。因此推进生态环境建设，是吸引外资进入的优势条件之一。在环境保护方面需要做出相应的努力，通过排污治理和提供对三废的回收利用来改善环境。例如淮南市建立了多个污水厂，用以处理废水，改善环境。建设生态工程，以此来推动企业进行技术升级、减少三废排放。保护并建设生态风景区，通过开发自然景观，建设城市公园，改善城市生态环境。良好的生态环境是一个城市形象很重要的部分，在吸引外资时有较强的作用。

推动和谐法治环境。法治因素是影响投资行为的最重要的因素之一。能否通过立法和执法的公平公正来给予外商安全感，是立法和执法中需要注意的关键所在。这要求政府的行政管理逐步公开化，通过政务公开让社会公众对政府部门的职能、办事流程有清晰的认知，既能提高政府部门的办事效率，又能让外来投资者感受到政务的规范性。同时，各级政府必须打破地方保护主义，在发生相应的争议和纠纷时，政府部门不干涉法院的审判，充分尊重法院的独立审判权。这样可以大大提升外商的安全感。提供一个安全、稳定、有序的法治环境，才能让外商对所投资金的安全有把握，而安全是盈利的前提，更受到外商的重视，因此法治环境的建设尤为重要。

营造优质服务环境。外资投资的服务环境能够直接影响到外商在投资活动中开展各项经济活动时的直接感受。优化投资服务，营造优质并且高效的投资环境，有助于形成口碑效应，带动连锁投资。在决策前可以为外商提供的服务有搭建信息平台，为资金和项目牵线搭桥，提供金融、税收等相关优惠政策，提供基础设施等。让外商对本地的劳动力情况、合作伙伴情况、当地企业情况等有比较充分的预知。同时通过组织促进各种商会、行业协会等方式，促进信息的沟通交流，帮助企业实现优势互补、资源共享。此外还要注意相关投资服务举措必须是常态化的稳定机制，才能够在吸引外资方面形成长效化的作用。

（4）基于产量策略的发展路径

部分城市采取增产策略有助于提升生态效率，促进绿色发展；大部分城市应该选择减产策略，以提升生态效率，促进绿色发展。当前国家关于煤炭的“去产能”政策，是一个宏观的指导政策，在结构上的优化主要体现在对落后产能的淘汰和优势产能的支持，未能落实到不同城市的不同策略。对于应当采取增产城市，应当主要通过大力推进绿色生产、清洁生产，通过技术的改进来缓解对城市环境的损害，实现一种绿色的发展。对于应当减产的城市，需要通过经济转型来寻找新的经济增长动力，从而积蓄发展的新动力。

绿色制造——“增产策略城市”的发展路径。应采取增产策略的城市，均为成熟型煤炭资源型城市，其特点是煤炭储量丰富，煤炭产业发展成熟，能够成为当地的经济主导产业，能够形成持续的经济增长动力。这类型的城市，在通向绿色发展的过程中，应当重点从绿色制造的角度推进，以减少煤炭产业在生产过程中对环境的危害，改进生产技术，提高生产效率，从而推进绿色发展。绿色制造涉及环境保护问题、制造问题、资源优化利用三个方面：环境保护问题主要是煤炭产对生态环境造成破坏后如何进行修复，涉及资源开发补偿机制的建立和具体生态修复的实施；在制造问题方面，主要包括安全生产和清洁生产；在资源优化利用方面包括如何提高对资源的利用效率。其中，资源开发补偿机制的建立和清洁生产技术是最为重要的两个方面：①加快完善资源开发补偿机制。煤炭企业的开采行为会给生态环境带来极大的影响，除了开采过程中的粉尘污染，相关产业形成的废水、废气、固废污染，还会引起生态条件的改变，如采煤塌陷区的形成。由于生态修复是一个漫长的过程，很难在生态发生破坏后的短期内得以完成，这是一个长期的持续的并且大额的投入，因此部分煤炭企业并没有很好地执行这一原则，未能对生态修复承担起应有的责任。为了改善这一状况，应当加强完善资源开发补偿机制，在核准煤炭企业开采量的同时，按照开采量提取资源开发补偿准备金，做到先提取后开采，为生态修复提供资金保障。对于应当增产的城市而言，其煤炭资源储量丰富，在未来相对稳定的一段时间内，仍将以煤炭产业作为经济支柱，其煤炭开采行为仍将大范围持续，给生态环境造成的损害也将持续出现。完善的资源开发补偿机制对于修复煤炭开采带来的生态破坏，是至关重要的。因此增产城市在通过绿色制造实现绿色发展的过程中，应当首先建立资源开发补偿机制。②清洁生产。推动清洁生产有激励机制和约束机制两条路径。对于激励机制主要通过节能补贴、资源定价、加速折旧来实现优化；对于约束机制主要通过提高环境税费，提高排污标准来规范各利益相关者的行为。财政补贴、节能环保，提高排污标准等针对性措施可以从源头削减污染，提高资源、能源利用效率，实现经济社会发展和资源环境协调的双赢。通过推行清洁生产，能够在很大程度上降低煤炭的开采过程中给环境带来的危害，一方面有助于改善环境；另一方面，即使煤炭产量在结构性优化的前提下得以提高，增加的煤炭开采量给环境带来的损害，也可以由清洁生产的推动得以弥补。

产业转型——“减产策略城市”的发展路径。对于煤炭资源型城市而言，煤炭及其相关产业在经济结构中的主导地位的动摇，在很大程度上削弱了其经济增长的动力。若要继续保持经济增长的动力，需要对资源进行重新配置，打造新的支柱产业和优势产业，寻找新的经济增长点。减产策略城市要实现产业转型，主要依靠拓展传统产业链的方式：①发展接续产业：拓展传统的产业链，积极开办上游、下游的相关行业，与煤炭开采、加工进行衔接，形成更长的产业链条。一方面可以对原有的煤炭产业进行补充和支持；另一方面也能够培养新的增长点，形成新的产业竞争力。例如淮南矿业集团在内蒙古鄂尔多斯开办西部公司，西部公司结合当地的实际情况，开办了一家机械配件制造企业，既可以满足矿上正常运转的零配件需求，又可以对外销售，创造经济利润；同时成立运输公司，为矿业集团的煤炭运输提供便利，同时对外承接业务。②扶持替代产业：从长期来看，为了在不断减产的同时，不影响本地的经济发展，保持经济增长的持久动力，必须要大力发展脱离煤炭产业的新的优势产业，即必须大力发展替代产业。替代产业的选择需要充分结合当地的实际情况，既可以选择优先发展第一产业，如农业、林业、渔业、牧业等；也可以在第二产业中大力扶持煤炭以外的其他行业，如纺织、建材、食品、化工、机械等；还可以选择丰富的第三产业优先发展，如教育业、运输业、旅游业、餐饮住宿、批发零售等。

第四节 资源型城市的用地供需

随着人们对土地资源利用的深度、广度的加深，伴随着资源型城市工业化和城市化的不断发展，土地利用规划也因之产生、发展和加速，土地资源供需的研究也在逐步深入。随着人口、资源、环境和发展问题的日益突现，土地利用规划逐渐从传统的建设性或蓝图规划，发展到以调控土地利用变化和以可持续发展为目的且具有广泛民众基础的公共决策，作为土地利用规划中最重要、最核心的土地资源供需问题的研究随之受到了前所未有的重视。

1. 用地供需的发展现状

土地是城市形成与发展的基础资源与重要载体，城市发展与土地利用之间具有紧密关系，两者相互依存、相互影响（黎云，2006）。当前我国已进入城市化高速发展阶段，以城市群为主体形态的城市发展道路已成为加快推进新型城镇化进程的重要模式。随着城市化、工业化的快速发展，城乡建设用地数量与规模呈现出迅速增长之势，土地供需矛盾日趋突出。而资源型城市的这一问题更为突出。

（1）土地资源稀缺，人地矛盾突出

我国的基本国情是地少人多，耕地资源十分稀缺，到 2010 年年底，我国耕地总面积不足 18.26 亿亩，十分接近 18 亿亩红线。但我国人均耕地面积不到 0.1 公顷，比世界平均水平的 1/2 还低、相当于发达国家的 1/4，我国可以利用的土地资源总量并不丰富。随着社会经济发展速度加快，人地矛盾更加突出，研究用地供需平衡研究可以加速经济发展，还可保障土地资源的可持续利用，为实施土地节约集约利用提供依据，为构建资源节约型、环境友好型社会贡献力量（刘黎明，2004；何芳，2003）。

（2）供地紧张和土地浪费并存

近年来，我国土地节约集约利用水平渐渐提高，但土地资源浪费和粗放利用等情况仍然较严重。一是城镇向外延扩张所造成土地得过量消耗，二是工业用地所占比例较高，利用效率却偏低，另外农村建设用地比例大，土地闲置情况客观存在。资源型城市在城市土地使用制度改革前已经无偿划拨大量土地给工矿企业和事业单位，真正未利用的土地较少，土地资源在数量上可开发的潜力不大，随着资源型城市的发展，还将占用大量土地，城市内部用地利用效率低下，闲置土地多，城市公共设施不完善，居民住房紧张，土地供需矛盾将更加突出。供地紧张和土地浪费并存，建设用地供应存在阶段性失控。

（3）土地利用结构不合理

城市用地的供需平衡不仅包括城市建设用地供需总量的平衡，也包括供需结构的平衡。城市建设用地供需总量与供需结构是交互作用的，供需总量的变动会引起供需结构的改变，供需结构的改变又会引起供需总量的变动。城市建设用地供应结构的合理程度，关系到区域经济社会的持续发展和产业结构的优化布局，关系到土地的集约利用程度（陈煜红，2009）。资源型城市在前期城市发展中主要以资源开发的第二产业为主，城市工业用地所占比例较大、用地结构混乱等现状问题较为突出，工业用地不

断侵蚀城市周边的农地，城市土地空间呈摊大饼式向外扩展，城市化和保护耕地的矛盾越来越大，且新型工业化、信息化、城镇化、农业现代化都在不断的进行发展，需要有更多的土地资源（贺然，2017）。

（4）国家政策支持

土地不仅是重要的生产要素，而且作为人类社会和自然界存在的载体，也是巨大的生态系统不可或缺的基本要素。工业发展与人口增加所带来的对于土地资源的巨大压力从生态与环境的角度集中表现为土地资源的退化，土地资源作为生态环境子系统功能衰退，降低了生态功能大系统功能，与此同时威胁到土地资源作为重要生产要素投入的数量与质量，更加剧了土地资源短缺。土地资源的可持续利用要求优化城乡用地结构，合理布局。可持续的土地资源管理也被提升到国家的战略高度，国家出于粮食安全和保护耕地的目的，严格限制非农业建设占用耕地反映了国家对土地供需的重视程度，有利于保障土地科学可持续发展。

资源型城市土地供应的不合理造成大量土地闲置，由于缺乏管理，工地上杂草丛生、垃圾遍地，严重损害城市空间形象。此外，由于土地供应在空间分布引导上的不足，使得零星建设的现象突出，尤其是高层建筑见缝插针，遍地开花的建设，不仅使旧城区的轮廓线遭到破坏，亦使得新区呈现出一派混乱、无序的面貌。如何在有限的土地利用空间中合理规划土地增加量，划定城市扩张边界，解决供需之间的矛盾，并有效平衡工业用地与其他用地之间的比例，合理安排土地结构，满足居民生活需求等是城市转型期需要解决的重要问题。

2. 用地供需的发展建议

（1）科学规划，严格标准，提高土地利用效率

第一，科学规划，严格各项用地标准。在编制规划时必须统筹考虑区域经济差异、产业结构特征、城镇体系发育状况和区域发展战略等因素，按照绿色发展的要求、国家土地用地指标定额，制定相关指标与控制标准，建立节约与集约利用土地的长效机制，统筹安排各业、各区域用地规模与布局范围，严格控制城镇建设用地的供应总量。在城镇建设中要根据城市职能、规模、各功能区性质分别从容积率、绿化率、投资强度、建筑系数、营业额等方面制定各功能区总量控制指标和微观用地标准。在交通、能源、水利等基础设施建设方面，要严格按照国家建设项目用地标准用地，避免过宽的公路绿化带、防护林带，减少或压缩不必要的管理、服务设施用地。在独立工矿用地方面推行工矿用地准入制度，促进工业向开发区集中。根据2007年国土资源部下发了《工

业项目建设用地控制指标（试行）》，作为今后工矿建设用地的准入依据，不同的地区要严格执行相应的控制指标。通过建立严格的用地准入制度和建立促进工业项目向工业园区集中的供地机制，打破建制镇行政区域范围，合理配置产业布局，实施园区整合，实现产业集聚，使集聚效应达到最优，使土地粗放型开发逐步转向集约型利用，实现中心城区的发展从单向扩张转向城镇之间的双向对接，减少基础配套设施建设用地。在农村建设方面，综合考虑各地经济发展水平、农村建设用地情况，针对不同的区域制定不同的户均住宅用地标准，实行农民向小城镇集中等办法加强农村“空心村”治理工作。

第二，建立和完善集约用地的利益约束机制。一是要改革征地制度，适当提高土地取得成本（李闽，2008）。在充分尊重土地财产权的基础上，建立新的征地制度和补偿机制；严格界定征地范围，严格履行法定程序，按价征购。二是改革土地税制，提高土地保有环节的税负，对单位和个人占用和浪费大量土地资源进行经济制约。三是建立土地收益基金制度，控制各级政府使用土地收益的规模。国有土地收益不得在当期全额支出，从而控制基本建设规模，防止重复建设，并建立起地方政府在任期内对土地资源合理利用和配置的经济约束机制。四是完善土地产权制度，按照“归属清晰”的要求，在坚持土地公有制的前提下，明确土地所有权主体和所有权实现方式。五是建立集约利用评估体系（张燕，2006），制定城乡建设用地集约利用评价指标与保准，定期进行评估，测定土地的集约利用水平，以便管理部门进行监督管理。

第三，完善土地市场建设，优化土地资源配置。市场机制是实现土地集约利用的基本途径（吴正红，2007）。充分发挥市场机制的基础性作用，重点体现在积极推行经营性建设用地招标、拍卖和挂牌出让方式，建立统一、公开和透明的土地市场（曲福田，2007）。一是强化对协议出让行为的监管，科学制定协议出让最低价并严格施行，防止低价出让土地；要进一步完善土地使用权招标、拍卖、挂牌出让制度，扩大市场配置土地范围；研究出台规范农民集体建设用地流转的政策意见，推进集体建设用地入市流转。二是加大信息公开力度，建立统一的信息服务平台，要在健全土地市场动态监测系统的基础上，加大信息公开力度，对土地供应计划、供地政策、出让公告、出让结果等进行公示，引导理性投资，发挥市场信息对盲目投资、无序用地的“警示”作用。

（2）明确建设时序，实现城市土地合理配置

针对资源型城市空间增长方式粗放，土地利用率低的现状，城市增长管理应该具体问题具体分析，因地制宜，采取不同于那些快速增长的城市的方法，重视城市建设时序，建立土地供应监督机制以提供保障。科学合理的建立对适合资源型城市发展现状的发展时序，以“统一规划，分期实施”的方法管理城市空间的增长，是减少城市

低效扩张的有效办法。在实际工作中，应该有计划、有步骤、分阶段地进行城市中心城区的城市更新与改造以及新区的建设，使城市土地的供需矛盾得到缓解，并与城市发展相互适应。在城市发展过程中，对已建成的不适宜发展的项目或者用地进行土地置换；对建设条件不理想的待建项目，一方面可以通过积极的招商引资促进其发展；另一方面可以控制项目用地动工情况以避免无效建设。通过这些方法可以增强城市发展的理性，对城中村地块、棚户区地块进行更新改造，在此基础上进一步对已建新区的重要公共服务设施，市政基础设施进行完善，整体而言，建议城区建设着力于已建设用地的改善，而非着眼于外延式的城区扩展。同时，在明确建设时序的同时，制定土地利用管理政策，对建成区内的闲置土地或低效开发的土地进行跟踪，在给予调整机会之后，对仍未达到政策要求的土地，应由政府予以收回，对确定不具备开发条件的土地可以采取赎回或者收回土地使用权的办法，进行城市土地储备或者安排其他的使用方式，从而实现城市土地供应的可控性。

（3）挖掘空间潜力，明确集约空间发展道路

一直以来，资源型城市空间增长都是以蔓延式的增长为主，这意味着城市建设过程中总有大量的农业用地转化为建设用地，其中有很大一部分是对耕地的占用，同时使用效率较低。随着土地供需矛盾日益加大，对于耕地资源十分匮乏的城市而言，实现建设用地的可持续发展就显得尤为重要了。要从根本上实现土地实用高效，解决乱占用耕地的问题，就需要用地理念的变革与创新。需从各方面入手，尝试改变单一的城市扩展模式，提升利用土地的强度，挖掘地上和地下空间的潜力，在尽可能少的土地上满足尽可能多的城市建设需要。目前市中心城区内部存量土地尚有很大的挖掘空间，尤其在老城区聚集有大量低效利用的平房、棚户、企事业单位的低密度建设或不合理利用的划拨土地，以及缺乏开发资金的闲置土地等。可采取用地整治、置换搬迁等方式对这些土地进行盘活。首先应该研究确定既有利于城市化建设，又有利于节约用地的指标体系，并依据指标要求改造城市空间格局，提高城市用地容积率。其次，应充分挖掘城市建设中尚未充分利用土地。再次，应该编制各片区控制性详细规划、修建性详细规划时对片区容积率提出底线要求，并给出地下空间利用引导，以有效知道各个建设项目，充分推进建设用多个内涵挖掘和集约利用，解决城市建设用地的供求矛盾。

（4）盘活存量，调整增量，优化用地结构与布局

首先，要摸清“家底”，按照存量土地位置、面积、等级、用途、权属等，编制存量土地动态台账和分布图，并实行动态跟踪管理。同时对闲置土地的单位进行走访，

因地制宜，制订合理的利用方案。其次，严格按计划、按标准供地，改变原来有报必批、按需供地的局面。最后，在安排新的建设项目时，优先利用存量土地。

城市建设要严格执行城市用地标准和村镇建设用地标准，推行建设用地准入制度，正确处理旧城镇改造与新区发展的关系，城镇建设用地扩展与基本农田保护的关系，引导工业企业向城镇集聚，向工业园区集中。逐步调整城镇内部用地结构，减少工业用地比重，增加居住用地和绿地比重，提高基础设施水平，建造适宜的人居环境。充分利用各区及各城镇的优势条件，扬长补短，在各城镇发展区之间、城镇之间开展广泛的分工协作，协调好城镇布局、资源开发和基础设施建设。各城镇用地形态及扩展方向、区域社会服务设施建设等方面要加强协调，避免重复建设，优化用地结构（张永康，2009）。

（5）加强土地利用监督管理

第一，充分利用 GIS 技术进行监督检查管理，及时掌握并运用变更调查土地利用现状、遥感和基本农田等数据成果，更新土地数据库，真正实现数量、质量、生态三位一体管控和“一张图”管理。对通过技术手段监测出的违法用地应及时有效处理，同时登记备案。建立“一张图”信息平台，即建设用地“报批、征用、供地、用地”等审批都需要经过信息平台审查和记录，做到“以图定地”，即数据和图件一致，以实现长期有效监督管理。

第二，要建立有效的土地执法监察体制，打造高水平高素质的执法监察队伍。要提高执法人员的法律意识水平和政策水平，强化监督检查，深入剖析具有倾向性、典型性的问题，研究引发违法的深层次原因，并提出防范措施，从而有效制止违法行为的发生。

第三，各级政府应建立土地管理目标责任制，严格执行土地监管责任追究制度。国土资源行政主管部门及其工作人员不依法履行工作职责，明知建设项目用地涉嫌违反土地管理规定，未经依法处理，仍为其办理用地审批、颁发土地证书；发现土地违法行为时应按规定报告而不报告或不及时报告；对土地违法行为不依法查处，应当给予行政处罚而不给予行政处罚的，以及因故意或重大过失，致使案件处理错误，给案件当事人的合法权益造成损害或者造成不良社会影响的，要严格依法依规追究有关人员的责任。

第四，建立健全耕地占补平衡全面全程监管制度。按照建设占用耕地“占一补一”和“先补后占”的要求，从补充耕地项目入手，做到制度健全，责任明确。要落实补充耕地项目，根据本区域经济发展用地需求和耕地后备资源状况，本着统一规划、集中连片、形成规模的原则，安排使用耕地开垦费、土地复垦费等补充耕地资金，引导企业或个人利用自筹资金或结合生产建设活动，应先行组织实施补充耕地项目。各类补充耕地项目，都必须严格按土地整理复垦开发项目管理规定履行立项、验收等程序，项目验收后按规定进行土地变更调查、登记，纳入统一管理。

第五，充分发挥公众参和监督作用。将公众参与引入土地执法监察中，在对土地执法人员监督的同时能够有效的发现土地利用问题，并通过提高全民合理合法进行土地利用的意识，能够形成良好的公众氛围，约束违法违规现象，把保护耕地、集约用地等理念变成自觉行动。

第五节　资源型城市空间增长边界划定

资源型城市蔓延式发展带来的问题是城市无节制扩张的结果，而城市增长管理的最有效手段之一就是城市空间增长边界的划定，为城市建设用地和非建设用地的边界线，而处于不同发展阶段的资源型城市空间增长边界的划定要依据其发展的阶段和问题进行判断。

1. 空间增长边界的概念和内涵

（1）空间增长边界的理论基础

20 世纪初，英国社会活动家霍华德提出的田园城市理论，指出为防止城市环境的恶化,要限制城市的无限扩展和土地控制。随后,泰勒（Taylar）提出并由恩温（Unwin）发展的卫星城理论，旨在控制大城市的过度扩展，疏散过分集中的人口和工业。美国社会学家帕克（Park）与伯吉斯（Burgess）提出的同心圆理论（1925）、芬兰建筑师沙里宁提出的有机疏散理论（1934）、土地经济学家霍伊特提出的城市地域扇形理论（Hoyt，1939）、地理学家哈利斯（Harris）和乌尔曼（Ullman）提出的城市地域结构多核心学（1945）等都指出城市不能无限地扩张，要有一定的城市增长界限，这些不断创新的理论思想为近年来城市空间增长的研究奠定了基础。

20 世纪 90 年代，我国城市空间增长的研究起步，在起步阶段主要以相关理论研究为主，随着快速城市化进程使得城市建设的不断提速，导致城市空间的增长使用地矛盾异常突出，城市空间增长的研究逐渐受到重视，并取得了丰富的成果。在城市空间增长的理论方面，经过早期对西方理论与方法的引进和介绍后，我国对城市空间增长的相关理论从城市形态、结构演进等角度迈出了尝试性步伐。最典型的研究成果是段进在《城市空间发展论》（1999）一书中，以发展理论的基本原理和方法为指导，构建了一个全面、系统和综合的城市空间发展研究体系，并对城市发展观念、城市空间发展深层结构、基本规律与形态特征等方面进行了总结（李兰，2014）。

（2）空间增长边界的概念和内涵

①空间增长边界的概念

城市增长边界（UrbanGrowthBoundaries，UGBs）的划定最早是由西方国家针对城市的无序扩张而提出来的一种技术解决手段，在1958年提出并应用于美国的莱克星顿市，主要理念是认识和反思城市空间发展质量和发展模式（李一曼，2012）。1976年，美国俄勒冈州塞勒姆市提出城市增长边界的概念即城市土地和农村土地之间的分界线，其核心是围绕现有的城市建设区画出一条具有法律效力的界线，所有的城市开发都被限制在界线内，从而起到保护土地资源的作用。城市空间增长边界作为一种控制城市无序蔓延、保护用地安全及区域内生态资源的一种政策是伴随着城市的发展而不断创新（刁书鹏，2017）。之后，相关的学者对城市增长边界的概念又进行了完善，但由于地方实践的差异性和形式的多样性，仍然未能统一。1991年理查德（Richard）认为城市增长边界是为遏制城市用地无限制扩张，在城市外围划定的一条限制城市空间无限制进行扩张的线（刘志玲，2006）。2004年，戴维（David）认为城市增长边界其实是政府在地图上进行标示并将其运用于分区生态预留用地与城市化地区的重要界限（黄晓军，2009）。2008年，Cho等人提出城市增长边界是一条用于控制城市化形态的地域界线，期内土地进行高密度城市开发，其外土地进行低密度的农村开发。2013年，Hepinstall-Cymermanl等指出城市增长边界是一条开发界线，地方政府当局将高密度的城市开发集中于其内部，而将农村和未开发土地隔离于外部加以保护。

2006年，新版《城市规划编制办法》正式提出“城市空间增长边界”，并作为城市空间管理的对策之一（谭漪玟，2015），城市空间增长边界在国内逐渐受到重视，然而《城市规划编制办法》中并没对城市空间增长边界的概念、划定方法、实施及管理措施进行明确的阐述。2002年张进将美国的增长边界等城市增长管理工具引入我国，2005年，刘海龙针对我国的现状问题提出对边界、非建设区、规划方法及规划管理的思考与建议（刘海龙，2005）；黄慧明（2007）从城市发展需求的角度，提出城市增长边界是一个城市的预期增长边界，是为满足未来城市空间扩展需求而预留的土地。

国内外学者对城市增长边界概念的研究一般基于实际城市管理问题和由城市发展带来的环境问题，主要探讨界线两侧用地性质的差异和依附于用地性质的空间管理方式的不同，主要分两类，一类是借鉴了城市服务边界的内涵，基础设施的服务范围区分城市增长边界内外的开发和管理差异，例如Williams、Porter、EPA等；另一类则强调城市增长边界对城乡用地的划分作用，对内鼓励紧凑开发、约束无序蔓延、促进城市更新改造，对外强调保护生态环境和绿色开放空间（王馨，2016）。

②空间增长边界的内涵

西方学者对城市增长边界的内涵解释是从不同角度出发的。从确定城市建设用地范围的角度来看，海岸线、山体、河流、农田等特殊地理要素常用作界定城市空间范围边界，其不应因城市蔓延而变模糊甚至被侵占（Andres，1998）。从构成方面，城市增长边界有控制和引导两个方面的作用（徐勤政，2010），增长边界由霍华德从城市发展的视角将其定义为控制城市无限扩张，在城市周围形成的连续、独立的界限。从时间尺度方面，城市增长边界应同时具有永久性和动态性。

我国学者对城市增长边界内涵的理解主要可以概括为以下几个观点（王馨，2016）：

第一，城市增长边界是城市建设用地或者说未来一定时间内允许成为城市建设用地的其他用地与非城市建设用地的分界线；

第二，城市增长边界由刚性边界和弹性边界两部分组成，刚性边界重点研究非城市建设用地，是城市的“生态安全底线”，不可逾越；弹性边界针对城市建设用地，相当于城市总体规划中确定的城市建设用地边界，可依据法定程序调整；

第三，城市增长边界是城市、生态、农业几个功能区之间的相互作用与平衡，应兼顾增长因素与阻碍因素，达到综合效益最优化；

第四，城市增长边界的划定因地而异，应根据地方的发展情况和特殊地域因素具体设定。

2. 空间增长边界划定的主要作用

城市空间增长边界的划定并非要限制城市的经济发展，严禁城镇建设用地增长，目的是在一个可控的、合理的范围内引导城市空间合理扩展，有效地遏制资源型城市低效率蔓延，保护基本农田，建设绿色城市，综合运用社会、生态和经济等技术措施来促进新型城镇化的健康可持续（孙珊珊，2017）。

（1）有效遏制城市空间低效率“大饼式”蔓延

在现有形式下，作为人类赖以生存的自然资源，土地在城市经济的发展、城市空间的扩张以及人口的加速膨胀过程中起到了十分重要的支撑作用，这使各种土地利用类型之间的相互转换愈发活跃。伴随着城镇化的大力推进，城市“摊大饼”式发展多有发生，建设项目不断增加导致城市周边的农用地被侵占的越来越多，生态空间被大肆挤占，环境状况愈发恶劣。划定城市空间增长边界，不仅可以提高城市土地节约集约利用度，使城市在边界内进行集中连片开发建设，而且能够在很大程度上控制土地开发强度，节约利用并有效保护农村土地资源。

为城市集中发展和建设划出一条边界线，还有利于控制城市发展规模，解决人口与资源环境的矛盾。随着人口的自由迁徙和农村劳动力进城打工，城市人口急剧膨胀，北京、上海、广州、深圳等一线城市尤为突出。优化城市空间扩展骨架和城市空间管控格局，增强城市综合承载力，是完善健康城镇化体制机制的基本条件，也是坚持走中国特色新型城镇化道路的必然要求。为城市划出边界线，对城市发展规模实施控制，无疑也是解决人口与资源环境的矛盾的重要举措之一。

（2）保护高质量耕地，保障粮食安全

当前我国面临着较为严峻的耕地现状，耕地总量多但人均耕地少且分布不均衡、高质量耕地少且退化较为严重、耕地后备资源严重不足且耕地利用效率低下，总结为“一多三少”。根据 2013 年底发布的《关于第二次全国土地调查主要数据成果的公报》，届时全国耕地总面积为 20.31 亿亩（约为 1.35 亿公顷），人均耕地面积为 1.52 亩（约为 0.101 公顷），世界人均耕地面积为 4.32 亩（约为 0.288 公顷），我国人均耕地面积不足世界平均水平的一半。为守住 18 亿亩耕地红线，我国正在实行世界上最严格的耕地保护制度，但是实际的实施效果不如人意，建设大量占用耕地甚至是城市周边高质量耕地的趋势继续发展，将会对我国的粮食安全产生极为严重的威胁。伴随着我国新型城镇化的不断推进和展开，城市规模扩张成为必然趋势，城镇建设用地需求不断增大，城市建设用地规模增速在短时间内很难得到有效控制，对此，只能通过科学合理制定规划来引导城市空间有序集约扩展，力图遏制耕地资源被过度占用。

（3）保护生态环境，建设绿色城市

在城镇化进程中，大部分城市扩张都是由内向外，经过不停地侵占城市外围生态空间和自然环境来达成城市规模持续扩张的目的。与此同时，城市大规模扩张也导致了一系列的生态问题，如沙尘暴、雾霾、土地资源急剧减少等，给人民的生产生活带来了诸多负面影响，同时也在一定程度上限制了城市的健康发展。城市空间增长边界的划定能够有效地保护生态敏感区、水源保护地、湿地、自然历史文化遗产等重点生态区域，达到优化生态环境的目的。在生态环境保护的基础上促进城市空间结构合理扩展，结合城市发展现状制定规划能够更好的促进城市未来拓展，实现城市发展的绿色可持续。

从生态文明的角度看，高效、可持续地利用城市空间资源，更需要对城市空间进

行有效规划，从而实现城市与环境的共生、平等关系，而这一目标必须借助城市空间增长管理才能实现（龚富华，2017）。

（4）提高土地集约度，优化资源配置

在当前发展现状下，很多城市为追求大而全的规模扩张，一味提高土地开发的广度，却忽略了通过城市建设用地的再利用来提高土地开发的深度和强度，这导致城市土地利用效率低下，甚至出现批而未用的闲置状态。因此，节约集约利用土地，提高土地利用效率，将土地使用思路从增量供给转变成存量挖掘是未来城市增长管理的重点内容。城市空间增长边界的划定力图在一定程度上降低城市向外拓展的速度，倒逼城市土地利用走向内部挖潜和存量再利用，这能够有效缓解城市土地闲置浪费以及低效率利用的严峻现状。

3. 空间增长边界划定的机遇与挑战

随着全球环境问题的不断加剧，特别是资源型城市，城市从一开始的选址到发展都是资源开发为导向的，都是在特殊历史时期中，在国家指令的“嵌入式”模式下，随着资源的大规模开发在短时间内骤然形成的资源型工业城市，由于受制于资源的赋存状况，而资源又分布于较为偏僻的地区，致使这些城市往往位于资源富集而农业生产贫乏、生态基础脆弱的区域。

（1）空间增长边界划定的挑战

资源型城市由于工业持续增长与生态环境压力的增大，使得这类城市往往面临发展与治理、消耗与环境遭受过度破坏的恶性困境，城市空间发展所面临的最大的威胁是来自于脆弱生态环境条件下的生态安全和生存约束的严峻挑战，城市一方面要应对适应经济规模发展的空间扩张增长管理需要，另一方面又要应对适应经济结构调整的空间内涵增长管理需要；与此同时，资源节约与环境友好型社会建设等国家战略的转型又对城市空间增长管理提出了特定的要求（龚富华，2017）。

第一，城市无序蔓延问题凸显。随着人口剧增、经济发展，原有的城市空间已经不再能够满足城市的需求，资源型城市为满足自身发展开始逐渐向外扩张，农用地与非农用地之间的冲突愈来愈深。相比城市人口增长速率，城市建设用地增长速率要高很多，而随人口增多带来的基础设施和住宅用地增加，以及产业经济发展都需要更多的空间，导致耕地资源被大量占有，尤其是平原地区出现了严重的“摊大饼”式发展模式（成亮，2014）。城市建设用地逐渐呈现低密度、非连续，以大量消耗农田为代价

的城市蔓延特点，这种城市空间扩展的特点不但影响了城市的健康发展，同时也造成城市土地资源的浪费。2006 年陆大道院士提出只有及时控制冒进式的城镇化发展方式，治理好空间失控的问题才能有效促进我国现代化的进行，随后不少专家学者开始提出要对城市扩展过程进行增长管理的建议和设想（严金明，2005；刘盛和，2000）。

第二，城市周围生态环境受到影响。城市周边的生态用地原本可作为城市未来建设发展的储备用地，也是城市生态的安全底线（李旭锋，2010）。但是，由于城市大规模的扩建不断压缩周围的生态空间，使得城市周围的生态环境面临越来越大的压力。同时由于城市用地越来越杂乱无章，工业用地、农耕用地和居住用地等紊乱，造成土地质量的下降，这些生态破坏现象使城市自然生境大量损失、城市生态敏感区遭到破坏。而在生态脆弱地区，生态退化日渐突出，沙尘暴、草场退化、土地沙化的地退化、生物多样性减少、水资源短缺、森林质量下降等呈上升趋势。生态问题日益突出和扩大，已经影响到区域、流域的生态安全和可持续发展。生态问题不仅导致地区生存与发展的自然条件退化，而且出现大范围的生态失衡，加剧了贫穷、灾害风险和生态危机，使经济难以持续增长并引发社会不稳定（汪劲柏，2006）。因此，采取有效的城市管控手段，使经济发展与环境保护协调并驾齐行，不仅有利于目前城市问题的解决，对未来城市空间发展有着重要的指导意义（龙瀛，2006）。

伴随着城市规模的急剧扩张，城市自身的环境问题日益突出，同时也对周边的生态环境造成了难以恢复的损害。城市走可持续发展道路迫切需要一种新的发展理念，在确定一个城市的发展目标和规模时将生态保护、环境容量和城市综合承载能力作为基本依据，从而采取相应的管制措施，实现城市的生态文明建设和可持续发展。

第三，现有土地利用规划缺乏合理性。城市的发展和扩展是基于现有的土地利用规划展开的，土地利用规划明确了一个城市未来一定时期内的发展规模和发展方向等战略部署，对城市的发展有很大的指导意义。然而当前城市在规划土地利用时更多的是侧重扩大增量用地，是一种外延式的扩展，对划定的开发区内部土地适宜建设情况没有进行全面评估，例如，规划中虽有提到“三区四线”和精明增长等概念，然而针对某一类用地划定的红、绿、黄、紫四线综合性不足；而且，不同单位部门多是从自身专业角度出发进行规划，规划之间不可避免地产生矛盾，导致实际规划效果削弱。

（2）空间增长边界划定的机遇

第一，城市空间增长转型的需求。我国城市空间伴随着城市化的快速推进步入转型阶段。改革开放以来，中国经济迅猛发展，城市化进程同样进入一个快速发展时期，快速城市化的同时也伴随着城市空间的转型，2012 年党的十八大提出的“美丽中国”理念，要求城市发展实现从忽略人的感受到以人为本的转型；2015 年在中央城市工作会议上确定了中国城市已经步入全新的发展时期，同时要贯彻实施“坚持集约发展，保护自然，改善城市生态环境”的理念。因此，中国城市的空间转型迫切要求增长模式由外延扩张式向内涵提升式转变，由粗放增长向集约化增长模式转变，由传统建设需求导向向兼顾生态保护和社会发展的导向转变。

第二，城市空间边界是城市空间增长管理的政策工具之一。我国2006年颁布的《城市规划编制办法》对城市空间增长边界的具体划定提出明确要求；2009年国土资源部提出强化对城乡建设用地的空间管制，明确“三界四区”；为了促进城市用地存量发展，2013年年底中央城镇化工作会议首次明确要求“尽快把每个城市特别是特大城市开发边界划定，把城市放在大自然中”。2014年11月，中央提出划定城市增长边界红线、基本农田数量红线以及生态红线，三条红线划定协同开展，实现“三线合一”。2015年中央城市工作会议明确提出要科学合理地划定城市开发边界。城市空间增长管理通过研究、设立以及运用多种政策工具对城市发展进行调控、管制以及引导，从而达到城市预期的发展目标。

第三，城市增长边界的科学与合理划定可以控制城市无限扩张、协调城市生态保护与空间增长需求之间的矛盾，以确保城市可持续发展。基于城市增长边界提出的可实施的管控策略，可有效控制城市无序蔓延，加强区域生态系统服务功能以及促进城市可持续发展。为满足城市生态环境保护与不同阶段发展的需要，需探讨生态资源约束下的适应资源型城市不同发展阶段的动态弹性边界划定方法。2006年颁布的《城市规划编制办法》有明确规定，科学划定城市空间增长边界、预测建设用地规模和用地范围是城市规划的重要工作之一，其目的是为了抑制城市蔓延以及控制城市空间发展时序。但目前边界划定的方法众多，缺少适用性评判和统一的划定方法。

4. 资源型城市空间增长边界划定

资源型城市空间增长边界的划定要结合各资源型城市的特点，直面各资源型城市中暴露出的问题，不断完善技术规范，建立健全管控体系，真正给城市扩张戴上“紧箍咒”。

（1）精细界定，准确划定城市增长边界

从完善城市功能的角度，而非仅方便于管理的角度，统筹研究城市增长边界的技术规程，加快建立统一规范的技术标准。遵循循序渐进、从易到难的思路，重点划定城市、镇区、各类功能性平台（开发区、园区、高新区、保税区、自贸区等）等开发边界。在城市边界划定中，应将城市生态空间、应急避险空间、休闲空间等纳入城市

增长边界划定范畴，确保城市“三生”空间协调共生。同时，从总体规划层面和落地勘界两个层面，精细划定城市增长边界，确保管控措施能落到实处。总体规划层面城市增长边界划定应该按照明确的地物标识，比如建构筑物、道路、河流、铁路、行政区、林地划线等，尽可能做到清晰化，以便公众监督和政府管理。针对缺乏明显参照物的情况，需要确定空间坐标，并立桩标识。总体规划层面的城市增长边界一旦确定后，则要在下一层次规划落地勘界。各地区可以根据各自内部空间发展的特点，确立城市增长边界的形态，并不强制要求边界线的连续性。如对于“多中心”“组团”拓展模式的城市可划定多条封闭但不连续的开发边界线（黄征学，2019）。

（2）明确不同资源型城市发展问题

成长型资源型城市的资源储量较为丰富，随着能源经济的发展，周边形成与资源开发利用相关的工业片区，外来人口逐步增多，主要居住在矿区周边环境较差的村庄或城区的棚户区。这一时期，城市的核心问题为用地蔓延与外来人口居住环境品质较差。成熟型资源型城市的资源开发处于相对稳定阶段，城市周边用地扩张以工业用地为主，辅以居住用地，在中心城区周边形成多处工业园区，在矿区周边逐渐形成功能较为完整的社区，但扩张速度仍然较快；老城区范围内开发强度不断提高，整体用地相对紧张。这一时期，城市的核心问题为城区周边用地的快速扩展与老城区建设用地有限的矛盾。衰退型资源型城市由于资源枯竭，城市发展动力不足，城市整体经济实力减弱，用地蔓延速度逐步放缓，产业结构面临调整、用地类型急需重组；中心城区周边的工矿点或工矿城镇呈现收缩趋势，矿区出现采煤沉陷区，生态环境遭到较为严重的破坏。这一时期，城市的核心问题为环境保护与用地重组。再生型资源型城市通过建立高新园区等继续引导工业转型，通过建设公园等进行生态修复，用地增长以绿地、居住用地等的无序开发为主；部分城市通过建设高新技术园区、教育园区等寻求新的经济增长点，触发了城市建设用地的扩张。这一时期，城市的核心问题为开发无序与底线突破。

（3）不同资源型城市空间增长管理方式

成长型资源型城市受资源采掘的影响处于快速扩展阶段，城市增长应考虑未来产业集聚等因素，合理划定城市弹性增长边界，并通过公共服务设施及基础设施的合理配置来引导城市增长。成熟型资源型城市处于相对稳定阶段，城市发展应充分考虑未来产业的发展，合理确定城市的规模及方向，科学划定城市弹性增长边界。衰退型资源型城市原有的城区范围基本确定，出现收缩的趋势，部分城市通过新区的扩展寻求新的增长点，其增长管理应考虑资源枯竭及产业发展等因素，合理划定弹性增长边界。再生型资源型城市的发展应考虑产业升级及周边矿区生态修复等因素，科学划定城市弹性增长边界。在划定增长边界的同时，应针对不同阶段空间发展的特征，辅以相应的配套政策（郝海钊，2019）。

（4）建立刚性约束和弹性留白相结合的管控体系

无论是永久性开发边界，还是阶段性开发边界，都面临边界的确定性和城镇发展规模不确定性的矛盾，建立健全刚性约束和弹性留白相结合的管控体系，是保障城镇开发边界管用、好用的重要举措。不同阶段资源型城市空间的演变呈现出相应的规律性，需要相应的城市空间增长管理手段与方式加以引导。而每一个资源型城市的发展轨迹所呈现出的不同阶段的特征，又要求在远景“永久性”刚性增长边界范围内，强调对各阶段的合理紧凑引导和分期间有机融合。在城市发展过程中，刚性增长边界始终是城市发展的底线，从成长型到再生型，城市扩展呈现出相应的空间特征和规律性，故不同阶段的弹性增长边界设定需要在刚性增长边界内采取相应的管理措施加以引导。

（5）完善公众参与机制

通过建立完善的协商机制确保城市空间增长边界的实施，在公共政策的约束下，公众参与不仅体现了社会公平，同时也是城市经济发展与竞争力的反映。提高公众参与度，从全民意识以及法律角度上保障了城市规划政策的科学性与有效性。《城乡规划法》提倡通过划定城市增长边界来遏制城市的无序蔓延，这一政策的事实势必会对一些社会团体的利益造成影响。作为城市建设的实施者以及城市规划的受益者，公众有权了解政府城市规划的详细内容。所以，在制定城市规划增长边界之前，应该意识到公众参与的作用与意义，并积极提倡公众参与，鼓励社会各个阶层包括投资者、市民等为城市建设献言献策，通过这种方式促使增长边界的制定遵循以民为本的原则，使城市空间增长边界的实施考虑到大部分人的利益；其次，为了保障公众的参与以及知情权，应该以法律形式明确规定城市空间增长边界的制定过程中要有公众参与，若没有经过公众审核确认通过的城市增长边界最终不能通过上级的审批；另外，管理部门开展实施公众参与的方式应该多样化发展，不仅限于口头表达，而应该成为一项全民自觉参与的活动。最后，在城市增长边界制定并发挥法律效应之后，民众的监督依旧发挥着重要的作用，不但能够城市的开发建设的逐渐展开，还能够对那些突破边界的建设行为形成强大的舆论压力，以此来监督和保障城市增长边界的实施（黄媛，2017）。

第七章　资源型城市的生态修复与城市修补

第一节 “城市双修”的必要性

1. “城市双修”的概念

过去30余年，我国城镇化进程快速推进。但因对远期规划的认识和考虑不足，在生态环境、基础设施、公共服务、城市文化、城市品质方面出现了不少问题。按照中央决策部署和有关要求，住房城乡建设部将“城市双修”作为治理城市病、转变城市发展的重要抓手，推动供给侧结构性改革的重要任务，全面部署，全力推进。“城市双修”工作是指“生态修复和城市修补”，是新时期城市转型发展的重要方法，对解决当前发展中普遍存在的“城市病”，探索可持续发展道路，提升城市环境品质，提高人民生活质量有着重要意义。现就“生态修复和城市修补”工作做出具体阐述：

（1）生态修复

生态修复是指在城市建设过程中，面对以往市政建设和经济发展给城市造成的生态破坏和环境污染，在现在和将来的城市建设中切实落实再生态理念，修复已破坏的城市生态环境，防止出现新的生态破坏，从而促进健康美丽城市的发展，构建出生态与城市的共生、保护与发展协调、人与自然和谐的关系。主要包括自然生态环境的修复，像在推行“城市双修”的试点城市三亚，生态修复主要包括海岸线、河岸线和山体的修复。城市修补是指在城市建设过程中落实“更新织补”的理念，对城市功能和公共设施进一步完善，对城市空间环境和景观风貌进行修复，从而塑造出一个具有特色的和活力的城市。我国生态修复在修复范围、修复标准、修复方式和管理体制等方面需要进一步完善。对此，需要科学界定生态保护者与受益者权利义务，加快形成生态损害者赔偿、受益者付费、保护者得到合理补偿的运行机制。加大生态修复投入力度，推动开发与保护地区之间实行横向生态补偿，建立对粮食主产区、重点生态功能区、生态环境脆弱区的地区间横向修复制度，探索多元化投入机制。加强监测和监督考核，各级政府履行相应义务，督促履行生态保护建设责任，加强对生态补偿资金使用的监督管理，提高公众参与度。

生态修复是指在对城市生态安全格局及各类生态要素进行整体性和系统性分析的基础上，梳理现状城市生态格局存在的主要问题，通过对各类主要生态要素的完善，来修复整体的生态格局和生境系统，使之恢复到被破坏前的自然状态。因此，城市的生态修复工作的重点集中于影响城市当地生态格局的主要的生态要素：山、河、海等。通过对生态要素的修复，进一步完善城市的整体生态格局。

对山体的主要问题进行修复，应该因地制宜地提出分类修复的策略，如对黏土开采破坏、一般花岗岩开采破坏、大面积果林种植破坏等不同的破坏类型制定相应的修复策略和措施。通过地质灾害处理、基质改良、退果还林、山体复绿、景观美化等措施修复受损的山体。

河流是城市较为重要的生态要素，赋予了城市独特的山水风貌。然而现状存在的问题是各类建筑侵占河道、水系被阻断、湿地被填埋、红树林遭滥砍滥伐等，并且有大量的面源污染物和城市生活污水直接排河，造成河水被严重污染。关于河道修复主要基于生态安全格局以及城市建设在水环境、水安全上的要求，以整体性、系统性的方式对城市的河流生态系统进行修复。具体措施包括清除淤塞，实现水系贯通；整治污水直排，完善市政管网，强化末端净污，加强全程控污，改善河水水质；破除硬质岸线，优化生态岸线，补种红树林，修复沿河岸线的生态性。通过一系列修复策略和措施全面改善城市的水环境。

海的修复主要针对港口区及河口区的污染、海岸植被退化及过于人工化、沙滩驳岸受到侵蚀等问题，提出综合的海水、海岸及海底修复策略。通过对河口及近海海域污染的综合防治、污水排放系统的整治以及截污、净污等方式改善海水水质；通过补栽海岸原生植被、尽量减少硬质化岸线和人工干扰等措施打造自然生态的滨海岸线；通过人工补沙和持续的跟踪监测与评估，修复受损的沙滩驳岸；通过人工培育珊瑚礁等“海底牧场”项目修复海底生态环境。

总的来说，“生态修复”，就是把“创造优良人居环境”作为中心目标，使城市生态系统的结构和功能恢复到受干扰前的自然状态，一方面将城市开发对生态系统的干扰降到最低；另一方面通过一系列手段恢复城市生态系统的自我调节能力，使其逐步具备克服和消除外部干扰的能力，促进生态系统在动态过程中不断调整而趋于平衡。

（2）城市修补

城市修补是运用总体城市设计的方法，对城市空间格局中的各类要素进行系统梳理，依据总体规划等各项规划确定的城市空间结构，以“山、河、城、海”相交融的城市空间体系为目标，针对突出问题、因地制宜地进行“修补”。城市修补涵盖了城市功能完善、道路交通改善、基础设施改造、城市文脉延续、社会网络建构等多项综合性的内容。通过对总体城市设计的梳理可以发现，城市修补涉及的主要内容既包括建筑实体要素，如建筑形体、色彩风貌、广告牌匾附着物等，也包括建筑外部空间的环境要素，如绿地公园、广场、街道等公共开敞空间；既有日间的景观风貌，也有夜景的照明形象；既涉及外在形象方面的内容，也涉及内涵功能方面的内容。因此，城市修补工作在总体城市设计框架的指引下，结合近期整治修复的重点，以城市形态、城市色彩、广告牌匾、绿化景观、夜景亮化、违法建筑拆除“六大战役”为抓手，充分运用城市修补的更新理念，促进城市的发展转型。对涉及城市空间环境、品质特色的各要素进行系统的梳理和研究，并提出具体的修补策略及指引。

城市形态的修补工作主要是结合城市设计高度的敏感性分析，从总体上强化对建筑高度的分区、分级管控；同时从人的视角出发，对滨河、滨海、临山等重要区域的建筑界面形态提出指引。城市色彩的协调工作主要是通过对现状建筑色彩的分析以及相似城市的案例研究，提出建筑色彩的总体修补指引。广告牌匾的整治工作主要是结合现状广告牌匾存在的突出问题，制定一系列广告牌匾设置的通则，明确各种类型和不同区域位置的广告牌匾在尺寸、材质、色彩等方面的要求。城市绿化的提升工作则是在完善城市整体绿地景观系统的基础上，针对现状问题，从生态性、开放性、系统性的角度提出分类修补策略。夜景亮化的改造工作同样是结合现状问题，梳理各类城市照明系统，以点、线、面相结合的方式，提出夜景照明的分类修补指引。违法建筑拆除是“城市双修”工作得以顺利实施的重要保障，通过拆除违法建筑，有力支持绿化扩容、城市更新和产业发展。

简而言之，“城市修补”，就是围绕着“让人民群众在城市生活得更方便、更舒心、更美好”的目标，采用科学的规划设计方法，以系统的、渐进的、有针对性的方式，不断改善城市公共服务质量，不断改进市政基础设施条件，大力发掘、保护、传承城市历史文化，维系社会网络，使城市功能体系及其承载的空间场所得到全面系统的修复、弥补和完善，使城市更加宜居、更具活力、更有特色。

“城市双修”是我国结合世界城市发展历程以及我国城市建设经验所提出的一个全新概念。简单说，就是用再生态的理念，修复城市中被破坏的自然环境和地形地貌，改善生态环境质量；用更新织补的理念，拆除违章建筑，修复城市设施、空间环境、景观风貌，提升城市特色和活力。“双修”有别于“城市美化”、“城市更新”、“城市复兴”、“城市改造”等理念，其博采众长，是基于可持续发展思想和我国特殊国情下的城市建设与生态保护兼顾的城市发展经验的集大成者，是目前城市建设理念的前沿。

2.“城市双修”的特性

“城市双修”是一项有关城市规划、建设和管理的综合性工作，拥有更具深和更广的视角，以及更为综合、全面、系统的手段，是为应对中国城市转型的阶段要求和“城市病”高发的现实问题而提出来的具有中国特色的城市工作与综合举措。“城市双修”既是物质空间环境的修复修补，也是城市社会、文化和行政等软环境的修补；是实现城市品质提升、风貌形象优化、由量向质转变的过程，也是改善城市管理水平、提升政府治理能力和促进城市文明进步的动力。“城市双修”在试点城市推进开展的过程中表现出一定的特性，主要表现在以下几个方面：

（1）全域性

全域性是指在一定区域内，通过对区域内经济社会资源、相关产业、生态环境、公共服务、体制机制、政策法规、文明素质等进行全方位、系统化的修补修复。而全域性的“双修”改变了传统的“边边角角修复、修补或填空”式更新，强调顺应城市自然基底，遵从生态系统演替规律，掌握生态要素的禀赋特性，严守生态底线。

全域性的推进“城市双修”，主要是遵循城市可持续发展的理念，其根本是统筹好生产空间、生活空间、生态空间三者之间的关系。一方面，“双修”注重增强城市内部布局的合理性，提升城市的包容性；另一方面，通过划定水体、绿地、历史文化、基本农田及基础设施等保护线、控制线，修复水脉、绿脉、地脉等生态要素，全面修补破碎化的景观生态格局。

在推进“城市双修”过程中，各行业积极融入其中，各部门齐抓共管，全城居民共同参与。同时，加强城乡乃至区域生态系统的连接性，维护自然山水格局的完整性，形成城乡一体、区域一体的全域化生态系统。

（2）持续性

在过去的几十年中，由于部分城市管理者过度崇尚“巧夺天工”式物质空间景观风貌更新标准，致使城市建筑更新“贪大、媚洋、求怪而乱象丛生，特色缺失”，严重破坏城市风貌及天际线。不仅如此，一些城市物质空间环境的更新还出现了“假山假水假生态”的病态化现象，严重割裂了生态系统的完整性。以上现象的肆意妄为均因缺乏对自然的基本敬畏，给城市生态和景观风貌带来了严重的负面影响。

持续性“双修”中首先是强调敬畏自然，以城市发展客观规律为基础，采用科学的规划设计手段和生态化的技术措施，通过小范围渐进式的更新与自然、文化一脉相承的物质空间环境，促进人地关系和谐。其次针对持续性的理念，持续性注重事物发展的条件和状态，表述了可持续发展思想在开展“城市双修”中的应用。强调持续的推进这一过程，增强城市持续“双修”发展能力。要推进城市科技、文化等诸多领域改革，释放城市发展新动能。要结合自己的历史传承、区域文化、时代要求，打造自己的城市精神，对外树立形象，对内凝聚人心。

（3）精细化

“精细化”是一种思想，也是一种理念。政府推进“精细化城市双修”给予了前所未有的关注和重视。当时的主要原因之一是许多城市发展正处于转型期，过去粗放式的发展方式已经不能适应现代城市发展的需要。由宏大规划、概念规划发展向小尺度规划、整合织补、精细落地“双修”转移。未来一年，甚至更远的若干年内，各个部门将从“小”和“细”字上着手,努力提升市民的居住、出行方便度和舒适度。在城市建设的过去10年，利用大活动大项目带动城市的快速建设，利用大规模土地收储和投放推动城镇化，利用大规模的大型基础设施投入提高城市扩张的承载力，在新阶段的城市建设中，城乡发展应在整合、织补和协同的精细化修补上发挥重要作用。

基于此，“双修”更强调更新内容的高品质化，通过精细化的城市治理手段对更新的规划建设活动进行有效管控，结合当地文化特色和自然条件开展精致化城市设计，以及根据更新对象的特性而精准地选择适宜的修复 / 修补措施，成为建设宜居城市、美丽中国的实质性抓手。

3.“城市双修”的作用

“城市双修”是党和国家在城市发展理念和治理理念上的重大转变。在以往的城市建设中，注重的是城市规模的扩大和发展的速度，城市双修更侧重于城市特色的塑造和城市活力的提升，以往的城市建设没有跳出西方城市发展的“套路”，“城市双修”无论从理论上还是从实践来讲，都是中国式的规划创新，它不同于西方国家在解决城市发展过程中的问题时采用圈地建设新的区域的策略，它主要是要基于我国城市发展的现状，把已经建成的区域建设得更好。

（1）推动城市化模式创新变革

在城市现代化建设进程不断加快背景下，城市化水平不断提升，但是城市化模式需要消耗的成本和资源较大，以破坏生存环境、破坏土地和滥用资源为代价，这种粗放式的城市化模式中存在的缺陷和不足愈加明显，甚至很多经济水平不足的城市已经无法难以持续。城市基础设施投入力度不断增加，但是实际效果却持续下跌，除了自然因素以外，更多的是由于人为因素影响，缺乏对城市的合理利用的规划，致使大量资源浪费，甚至出现“城市病”的问题，带来严重的损失。因此开展“城市双修”是城市化模式的创新变革，是促进城市更好发展的必要措施。

（2）促进城市治理模式的改革

开展城市双修有助于城市治理模式的改革，以此来满足新时期城市修复的需求，营造良好的城市环境，打造城市公平秩序，促使城市民众可以享受更加优质的服务。

加强推动“城市双修”，营造文明、高效、有序的城市环境，积极推动城市发展由粗放型向集约型、由传统型向法制型转变，同时加快修复城市基础设施建设，增强和优化城市功能。使我们的城市基础设施，无论数量还是质量、效益上都得到改善。当前，开展“双修”的主要城市要集中财力，完善城市基础设施建设，增加供应量。保护自然和历史文化资源，构建高质量的、有序的、可持续的发展框架，全力塑造人与自然和谐统一的新形象。

（3）促使城市人居环境的改善

“城市双修”是促进城市实现以“人与自然、人与社会的生态和谐”的发展目标，“城市双修”综合考虑社会、经济、环境发展各个方面，从城市与区域等方面入手，合理布局各项生产和生活设施，完善各项配套，使城市的各个发展要素在未来发展过程中相互协调，满足生产和生活各个方面的需要，提高城乡环境的品质，为未来的建设活动提供统一的框架。开展“城市双修”应坚持城市整体规划原则，综合平衡原则，区域协调原则，生态高效原则，因地制宜原则，参与管理原则和效益协调原则。城市经过开展“城市双修”，从生态修补和城市修补两方面进行城市建设，提供服务，真正为市民创造良好的人居环境，保障市民正常生活，服务城市经济社会发展。因此，开展“城市双修”促使城市人居环境改善，实现人民美好生活。

（4）推行实现生态城市的保障

在旧的发展方式里，城市的建设以人的主观意念为主，不考虑自然的状态，以改变自然为自己想要的状态为荣。这样的做法也取得了一些成绩，但带来的是造成了严重的城市问题，极大的破坏了生态环境。“城市双修”则采取以自然为中心的原则，在自然的基础上去设计各种建筑和设施，把因为人为措施带给自然的破坏降到最低。“城市双修”中的一项重要工作就是进行“生态修复”，主要是对城市生态环境影响进行预评价后，对遭到破坏的生态环境进行一定的修复，可以有效改善城市发展对环境造成负面影响。“城市双修”旨在从生态修复方面来缓解强化城市未来发展对可持续思想的贯彻力度。城市发展以保护自然为基础，与环境的承载能力相协调。自然环境及其演进过程得到最大限度的保护，合理利用一切自然资源和保护生命支持系统，开发建设活动始终保持在环境的承载能力之内。所以，开展“城市双修”是一个以生态为核心理念的对自然具有低影响的城市建设方式。

（5）促进新型城镇化内涵提升

新型城镇化的推进离不开经济发展，以开展“城市双修”的理念推进新型城镇化，关键是要进行“生态修复和城市修补”。可以有效推动“城市双修”的发展，实现城市经济发展与环境保护相协调，走可持续发展之路。以“城市双修”理念推进新型城镇化是一项复杂的系统工程，不仅需要政府部门不断从生态方面对城市生态环境进行改善，也要从城市建设方面进行不断的修补，创新城市发展思路、优化城市职能，且需要社会公众积极参与，聚焦促进城镇发展的正能量。

（6）新常态下的必然要求

“城市双修”是促进良好的生态环境与城镇化的协调发展，而“新常态”是经过一段不正常状态后重新恢复正常状态。“新常态”在彰显城市发展对现实问题和未来挑战的清醒认识中回归城市本源，探索跨界创新通道，加快以信息化先进产能为代表的载体稳健落地和有效运营；融合理念与维度，构建推进城市发展的长效机制；深刻把握特别是与人口、城镇化和宏观经济相匹配的城市新常态，理性策划项目；以强健城市基础能力建设，带动知识学习和再次创新，加快布局四个先导，合理实施“城市双修”，促进新时期“生态修复和城市修补”等取得实质性进展。

总的来说，“城市双修”理念的提出和对相关理论的阐释，弥补了中国特色社会主义理论体系中关于城市建设理论方面的空白。“城市双修”是的中国特色社会主义理论体系更趋完整。而“城市双修”工作的开展和推进，将使交通拥挤、环境污染等城市病得到有效的治疗，到 2020 年，全国大部分城市将成为更适合人居住的宜居城市，从而大大的改善人们的居住环境，提高人们的生活质量。

4. 资源型城市开展“城市双修”的意义

资源型城市开展城市双修是资源型城市发展中的一次必须经历的战略性调整过程，是包括培育接续产业在内的一项复杂的系统工程和长期艰巨的任务，而资源型城市面临的问题复杂且急需解决，战略性调整的长期性与解决眼前难题的迫切性的矛盾十分突出。资源型城市涉及百余个城市和上亿人口，经济发展困难、贫困人口千万之众、贫富差距悬殊、失业严重和社会矛盾较为尖锐等现实问题集中且突出，实现资源型城市成功推进城市双修的重要性不亚于“三农”问题的顺利解决，具有强烈的现实意义和长期战略意义。

是生存与发展的必然要求。中国资源型城市的兴起和成长集中于新中国成立以后三十年高度集权的计划经济体制时期。以数量最多的煤炭型城市为例。煤炭作为国家战略物资长时期实行严格的统一配置，在全国经济一盘棋的大背景下，"以煤为纲"是资源型城市几十年的工作重点，先生产和后生活的策略使其疏于发展其它非资源产业，城市基础设施建设滞后，生态环境破坏严重。改革开放以后，尤其是20世纪90年代以后，我国的市场经济体制进展加快，市场竞争加剧，国企改革进入攻坚期，而恰巧此时，我国有一批资源型城市开始进入资源快速开发后的衰退期，一大批煤矿因资源枯竭而关闭，随之而来的是一系列经济困难和社会问题，步入衰退期的资源型城市面临着空前巨大的压力。问题是计划经济遗留的，还涉及公有制下的国有企业问题，但是时代已经不一样了，需要在建设中的市场经济体制下解决问题，全世界都没有现成的方法可以简单套用。资源型城市要生存和发展，首先是生存问题，这是北京等发达城市面临高层次的转型发展未曾碰到的，煤炭资源的不可再生性决定了资源型城市面临矿竭城衰的生死存亡的首要问题，需要解决下岗职工的就业、贫困等急迫问题，需要发展接续替代产业，开展城市双修的紧迫性更强烈。然后，需要实现经济较快增长、环境治理等发展问题。

是保持资源型城市社会基本稳定的必然要求。在我国许多资源枯竭资源型城市，一个普遍的社会问题就是相当数量的工人失业、基本生活水平难以保障等问题较为严峻，容易诱发社会矛盾。困难群体在资源型城市中大量存在，特别是在已处于资源枯竭期的资源型城市，问题更为突出，已成为社会不稳定的根源。有的矿区长期拖欠工人工资，有的居民存在吃洁净水难、行路难等生活难题，有的因采煤形成土地塌陷造成居民住房困难、危房普遍存在，有的矿区居民生病无钱医治，子女上学交不起学费等。诸多因素的叠加使得资源型城市一度成为中国城市最不稳定的地方，大规模群众集体上访屡见不鲜，"要工作，要吃饭"的呼声高涨，围堵政府大楼和矿务局，堵塞城市道路交通等事件屡见不鲜。

资源型城市的稳定问题归根结底要靠发展经济、优化生态问题来解决。尽管国家建立了最低生活保障制度，使困难群体的基本生存有了保障，但毕竟是很低水平的。要提高城市居民的生活水平，显著改善困难群体的生活水平和质量，根本措施还是靠加快推进城市双修，促进生态修补和城市修复。

是全面建设小康社会和实现可持续发展的必然要求。根据党的十八大报告，"我们要全面建设惠及十几亿人口的更高水平的小康社会。面对资源约束趋紧、环境污染严重、生态系统退化的严峻形势，要大力推进生态文明建设，建设美丽中国。坚持节约资源和保护环境的基本国策，坚持节约优先、保护优先、自然恢复为主的方针，着力推进绿色发展、循环发展、低碳发展，形成节约资源和保护环境的空间格局、产业结构、生产方式、生活方式，从源头上扭转生态环境恶化趋势。”理想很美好，但是现实不容乐观。我国资源型城市面临下列问题：生产力和科技、教育人才建设落后；城乡二元经济结构较为明显，尚未得到实质性转变；贫富差距扩大的趋势尚未扭转，贫困人口数量巨大；老龄化速度加快，就业和社会保障压力增大；生态环境恶化、自然资源枯竭和经济社会发展的矛盾日益突出。

国际政治经济形势不如过去 20 年宽松，形势较为严峻。经济方面，欧美金融危机后，我国面临的外部经济环境大不如前。政治和国际关系方面，美国战略重点已经东移到亚太地区，“美国东进”加速将成为未来 5 ~ 10 年的趋势。俄罗斯加速复兴，中俄力量对比将发生微妙的变化。钓鱼岛争端、南海问题、朝鲜半岛问题等将对我国发展的外部环境构成重大的挑战。此外，美国“页岩气”革命的成功，使得其大幅降低了对煤炭、石油等传统战略资源的需求，并且开始出口煤炭，未来几年后甚至将出口石油和天然气，这百年未有的能源格局巨变，将从资源价格、地缘政治等多方面对我国的经济发展形成深刻的影响，对于资源型城市的发展环境很可能带来严峻的挑战。

资源型城市推进开展城市双修就有特殊重要的意义，摆脱对单一不可再生自然资源的依赖。通过开展城市双修，提升资源型城市的质量，努力缩小与发达地区的差距，治理改善生态环境，改善居民生活状况，以对子孙后代负责任的态度，将资源型城市转型为经济发展、生活富裕、环境美好、可持续的现代化城市。

第二节 “城市双修”的基本原则和发展目标

1.“城市双修”的基本原则

开展“城市双修”对于城市未来的发展至关重要，要想建设好城市，就必须有一个规范的、科学的“城市双修”的标准，并且在推进“双修”的过程中严格地按照这些标准和原则去执行，这是成功开展“城市双修”的关键。

（1）以人为本的原则

以人为本，是党的执政理念，也是我们在进行城市修补、生态修复的过程中必须坚持的原则，要处处坚持以人为本的原则，针对不同群众的需求，制定可行计划。随着科学发展观的深入人心，其核心“以人为本”也逐渐成为城市发展的标准。以人为本在“城市双修”的视角下主要是尊重市民在城市发展中的主体地位，追求凸显人本价值的“宜居”与“乐居”。

“城市双修”中的“以人为本”，是以城市市民的根本利益为根本。实现对人的全方位关怀，在致力于满足市民物质需要的同时，还要自觉地满足市民的精神文化等各方面的需要，关注市民生活质量的全面提高和人的全面发展。

作为自然存在和社会存在的统一体，人的需要是多元的、丰富的和有层次性的。这就要求在开展“城市双修”的过程中，不仅仅要满足人的基本物质需要，如安全的住房、清洁的水源、必要的交通设施、健康的生活环境等，还要进一步提高和改善生活质量，不断满足市民美好生活的需求。总之，以人的需要全面推进“城市双修”，引导和规范生态修复和城市修补的发展方向，处处体现出对市民的生活关怀，处处关注市民的全面发展并为之提供应有的发展条件和机会，应当成为推进“城市双修”的基本原则之一。

（2）因地制宜的原则

不同城市有不同的发展历史，也有不同的生活状况、发展程度和经济条件等的区别，因此我们在进行“城市双修”的过程中，不能搞“一刀切”，必须重视不同城市的不同建设背景，一切从实际出发，实事求是，因地制宜。

在城市中开展“城市双修”，不同的城市有不同的建设形态、不同的表现方式，其开展“城市双修”的措施也是不同的。因地制宜原则就是要求在推进“城市双修”的过程中充分利用丰富的自然资源和人文资源，结合自身实际，突出城市特色，逐步建立科学、完整的城市体系。

因地制宜原则是“城市双修”得以实现的保证。由于城市环境多样、系统脆弱和胁迫深刻，“双修”工作必须因地制宜，根据环境、位置和功能等综合因素。不注重因地制宜，盲目照搬异地和他国“城市双修”模式，跟风赶时髦，长官意志，代价极大，生态景观和城市功能也得不到保证，这在我国一些地方的城市发展中已得到验证，应引起特别重视。因此，“城市双修”要将因地制宜作为其基本原则之一，从基本原则的高度确保其贯彻于城市双修活动的整个过程。

（3）可持续发展的原则

城市的发展，离不开人文设施的建设和自然景观的保护，只有使自然环境和人工环境协调发展，才能保证城市经济稳定和人们生活的便利。因此，我们在进行“城市双修”的过程中，必须遵循可持续发展的原则，合理进行城市，特别是城市郊区的规划、建设和管理，使城市发展模式更加优化，推动城市发展的绿色、低碳和环保。

开展可持续的“城市双修”，首先按照自然界的规律，以一种合作友好的姿态去对待生态环境。在做一些有关城市双修的项目中，必须严格思考城市可持续发展的过程。在坚持尊重当地自然和地方文化特征的基础上，找到实现城市“生态修复和城市修补”的合理的方法。实现城市双修的可持续发展，除了应当考虑常规的城市发展方面的内容外，还必须综合考虑城市发展的资源与环境问题，形成可持续发展观念下的“城市双修”的新思路。

其次，在推进“城市双修”的过程中，更应该全面贯彻落实科学发展观和构建社会主义和谐社会的战略思想，以增加就业、消除贫困、改善人居条件、健全社会保障体系、维护社会稳定为基本目标，以深化改革、扩大开放和自主创新为根本动力，制定强有力的政策措施，不断完善体制机制，大力推进产业结构优化升级和转变经济发展方式，培育壮大接续替代产业，改善生态环境，促进城市生态经济社会全面协调可持续发展。所以，坚持“可持续发展”也是成功推进“城市双修”的重要原则。

（4）系统规划的原则

在“城市双修”的过程中，首先必须依据实际情况，从全局出发，从实际情况出发，正确的处理和协调城市各个系统。要正确处理好城市局部建设和整体发展的辩证关系，利用好城市用地，合理划分功能区，遵循“系统规划”的原则。

在推进“城市双修”的过程中，在进行“生态修复和城市修补”的过程中，要把规划的眼光放长远一点，给城市留有足够的发展空间，并且结合城市发展的各个子系统进行统筹规划。城市中的各个子系统组成城市系统，将它们联结成一个相互协调、有机联系的整体。“城市双修”中遵循系统规划，应以合理的城市用地功能组织为前提，根据城市现状及自然环境特点，经济合理地布局规划城市系统，既满足城市的需要，又形成良好的城市面貌，并对城市总体布局中的各项用地提出布置意见，达到有利生产、方便生活的目的。因此，在开展“城市双修”时必须做到系统规划的原则，才能使城市改善的过程中达到最大效益，既实现生态上的修复改善，也实现城市布局和功能的修补，更使城市呈现出一个完善的城市系统。

（5）绿色生态的原则

“城市双修”应遵循绿色生态的原则。在“生态修复和城市修补”的规划设计上，一方面要考虑当地的实际情况，找出城市存在的生态问题，适度增加城市绿化景观效果；另一方面还应采用生态的技术手段，如透水铺装、下沉式树池等，以提高城市的生态效应。简而言之，在进行“双修”工作的设计时，应充分了解周边的生态系统和生物多样性，充分考虑现场条件，如气候、温度、湿度、土壤、地形、地貌、植被、生物种类、土地利用情况、交通运输、构造物等各方面的情况，并认真分析其各个部分的功能及作用，以及修复改善后所能产生的效果，合理选择修复形式，以使修复工作最有效地发挥其功能，达到最大的生态效益。进行“城市双修”不应破坏原有的生态系统，所增加的植被应能够适应并促进原有生态系统的发展，达到和谐统一。绿色生态的原则是开展“城市双修”的灵魂所在和基础原则，更是实现“生态修复”的必要条件。

（6）长期行动的原则

“城市双修”没有一个终极的蓝图，而是一个不断完善和发展的过程。“城市双修”作为存量更新类的城市建设活动，具有显著的长期性和持续性特点。“城市双修”不是一个短期的行为，而是一项长期的工程，是未来城市工作的一个重点方向。“城市双修”是城市发展到一定阶段，针对特定问题和挑战的综合应对，是一个长达十几年甚至几十年的过程，考虑其长期、渐进的实施过程，应当对其作出近、中、远期的差别化安排。要想持续地开展好这项工作，需要充分考虑经济性，注重控制运行和维护成本，注意实效性和可操作性，在规划及实施的过程中发挥有限投资的最大效用。

在试点城市“三亚”开展“城市双修”过程中，创新地提出了长期、分步实施的计划，按照“近期治乱增绿、中期更新提升、远期增光添彩”的时序，将动态推进、渐进实施的工作方法融合到实践中，对分步骤的城市建设提出指引。在三亚城市发展目标的指引下，一年多来，“城市双修”在三亚重点地段开展了风貌整治、绿地修复、违法建筑拆除等“治乱”工作；中期将进一步关注整体生态环境的提升、城市功能的完善、交通系统的修补、城市文脉的延续等；远期则将结合三亚市的地域文化特色，围绕精品城市建设，选取重要的建设项目，通过贯彻实施“城市双修”的理念，打造亮点工程，为城市增光添彩。因此，长期行动是“城市双修”的必要原则。

（7）制度建设的原则

“城市双修”不仅是一项规划技术工作，从组织到实施都与规划、建设、管理密切相关，因此也是城市综合治理水平的全面体现。本次三亚“城市双修”尝试针对制度建设和城市管理来展开，通过完善各项制度标准，修补城市治理的方式，提升治理的综合绩效，推动城市的精细化管理不断完善。而进一步促进城市综合治理能力的提升和城市文明的进步，是一个城市“内外兼修”的过程。

同时“城市双修”更应该通过制定相应的地方性法规、部门管理规定以及专业技术标准，建立、健全了一系列指导城市建设的制度标准，形成了长效机制，统筹规划、建设、管理，切实改善城市治理和精细化管理的水平，提升了城市实力。

“城市双修”是改善城市发展问题不可获缺的部分，合理地推进城市双修能够美化完善区域或城市的整体形象。随着社会的不断发展，对于开展城市双修的要求也不断提高。在进行城市双修过程中应合理运用各种方法，结合相关的原则，进行综合、合理的设计，因地制宜，以人为本，和谐统一。完成“城市双修”的城市设计，推进一批有实效、有影响、可示范的“城市双修”项目。

2.“城市双修”的发展目标

（1）提升城市功能，完善城市基础设施建设

城市功能决定着城市的竞争力，“城市双修”首先应该加强基础设施建设，完善城市的公共服务设施供给，使城市的交通更加便利，使城市的治安更加稳定，使城市的品质不断提升。通过“城市双修”的建设，使城市在更宜居的同时，发展的科技含量不断提升。

城市是人类文明进步的产物，是传统文明的活载体，是一个地区经济、政治、文化、社会等活动的中心，对一个区域的发展具有较强的辐射和带动作用。因此，“城市双修”就必须树立新的发展理念，着眼于全面提升城市可持续发展能力和城市功能，完善城市基础设施建设。开展“城市双修”必须深入城区、郊区调研城市建设情况，强调要牢固树立和自觉践行新发展理念，高质量高水平推动城市建设项目，提升城建水平，不断优化城市环境、提高城市品位、完善城市功能、增强城市魅力，以环境的持续改善提升人民群众的获得感和幸福感。“城市，让生活更美好”。这是城市发展的真谛，是推进“城市双修”的重要目标。只有成功的开展“城市双修”的工作，不断完善城市基础设施建设，才能提升城市功能，才能进一步增强城市的综合竞争力和影响力，才能让城市更加文明美丽、健康宜居。

提升城市功能品质，需要开展“城市双修”。要在补齐短板、完善功能上下功夫，重点抓好基础设施建设，不断提高城市公共服务能力和综合承载力。高质量推进城市建设，促进经济转型发展的空间载体。各级各有关部门要顺应城市工作新形势、改革发展新要求、人民群众新期待，抢抓当前大好时机，科学安排“城市双修”进度，加快建设步伐，确保各环节有条不紊、压茬推进，确保各项目保质保量、按期完成。要把以人为本的理念贯穿“城市双修”全过程，倾情倾力谋民生、办实事，切实提升城市品位，改善人居环境。

（2）推进城市更新，变“增量发展”为“存量发展”

推进城市更新，我们除了有必须重建的要求之外，还要格外重视城市老旧城区和郊区地带的改造，能够修补的时候就尽量避免“拆旧建新”，通过不断优化和改良原有的公共设施，实现原有设施的再利用，在节省财政开支的同时，也能有力地改变这些

地区的脏、乱、差现象，拓展城市的发展空间，使城市的存量土地在进行自主更新和自主改造的过程中，不断提升经济活力。

在经历了以增量发展为主的阶段后，我国城市进入以“城市双修”为发展思路、以存量空间资源为载体的发展阶段。在“城市双修”背景下基于存量空间资源的城镇化模式，可称为存量发展模式。当前在存量语境下的城市更新应以人的需求为核心，以城市建设的质量与人的需求的匹配程度为标准，对于现有建成区，在全面提升城市品质的基础上，重点针对存量空间资源进行合理“增效”。从现阶段“城市双修”的背景入手，剖析存量背景下城市更新的机制和目标。因此，“城市双修”作为城市发展的重要战略，既抓住了城市建设、社会治理的难点，也抓出了迎向高质量发展的亮点。将生态修复、城市修补与推动产业发展、提升城市品质结合，积极优化发展环境，通过优质服务，推进城市更新，变“增量发展”为“存量发展”。

（3）重视文化传承，做好城市特色的塑造

通过城市修补和生态修复工作，我们要加强历史城市的保护和传承，以便更好地塑造城市特色，发展城市旅游业，进而为城市发展拓展新的途径，做出新的贡献。在一些老旧城区的改造中，要注意保护并且不断修复那些已经老化的功能区，挖掘地域文化，恢复文化景观，传承传统文化，不断加强城市的文化积累和发展内涵。

认识文化建设既是城市化发展进程中的重要组成部分，也是城市化发展的重要保障力量。但从我国当前城市化进程的整体情况看，普遍存在着文化建设滞后的问题，一些城市在现代化的名义下被改造得面目全非，城市形象变得千篇一律，直接影响了城市化进程中的质量。要正确引导城市发展，科学提高城市品位，就必须重视和加强城市文化建设,以形成和强化自己城市的特色。在现代社会中,文化的内涵越来越丰富，它几乎涵盖社会生活的方方面面。判断一个城市的发展水平，人们已不再单纯看发展速度和国民生产总值，还要看城市环境和文化品位，以此判断城市的综合实力，是否可持续发展。要建设现代化的城市，文化是不可缺少的，没有文化的城市是没有品位的城市，是没有发展前途的城市。

加强城市文化建设，提高城市的文化形象，增强文化软实力，是开展“城市双修”的重要目标。因此，在推进“城市双修”过程中，如何体现出城市文化特色，是一个值得高度重视、重新审视和共同研究的问题。在开展城市双修工作时，不能人云亦云，一定要搞好论证，结合实际，把握和弘扬本地及民族、人文、历史、地理、经济方面的个性和优势，把文化特色纳入“城市双修”建设之中，使自己城市硬件建设中浸透特色文化的内容，营造特色文化的氛围，塑造特色文化的精神，做好城市特色的塑造。

(4)重塑绿色空间，优化城市生态环境

城市问题是在漫长的城市发展中遗留下来的，因此进行城市修补和生态修复也是一项复杂的、长期性的工程，在进行“城市双修”的过程当中，我们必须尊重自然规律和历史发展规律，总结经验教训，在城市发展的同时做好生态环境的保护工作。针对我们现阶段的工作来讲，我们首先要做的就是做好城市发展规划，避免城市郊区在发展过程中重走生态破坏的老路，要结合城市定位和城市资源、生态承载能力，选择正确的发展道路，构建合理的生态格局，并且必须严格确保发展不超过生态红线和城市发展边界，在优先保护的基础上，通过水体整治、绿地重建等工程，不断恢复城市的自然生态系统。

在进行“城市双修”时贯彻绿色发展理念，建设美丽城市，让市民在城市的“公园城市”中“慢下脚步、静下心来，亲近自然、享受生活”。着眼城市修补和生态修复，以新型城镇化建设为契机，大力实施生态园林提质工程，加强主城区园林绿地等公共空间的更新改造，提升现有公园、广场、生态廊道及道路绿化、河湖水系等园林绿地的内涵品质。“城市双修”工作要使城市生态环境质量不断改善，公众对城市生态环境的满意度不断提高，加快构建一个绿色可持续发展的大生态系统，优化城市生态环境。

(5)践行公众参与，实现城市的共建共享

城市的发展和保护，需要多方面共同参与和努力，“城市双修”工作应加强公众参与程度和利益协调机制，通过召开听证会和基层走访等形式，广泛听取民众需求和修整建议，并且提高民众参与“城市双修”的热情，普及生态保护知识，践行公众参与，使“城市双修”真正成为全民参与的运动。通过提高民众的参与程度，可以提高民众的主人翁意识和城市管理、服务以及保护意识，更加有利于城市的保护和共建共享。

开展“城市双修”不仅仅是政府、规划管理者的工作，更应该践行公众参与。推进城市双修是一个开放的过程，要严格按照章程做好相关工作，实现“城市双修”工作的有序进行，确保公平公正公开。始终坚持市民百姓在城市双修中的主体作用。在城市双修工作中，始终践行以人民为中心的城市建设管理理念，始终以群众为主体做好各项工作。要坚持问需于民，把市民百姓需求作为城市双修的决策源头和逻辑起点，切实把城市双修中那些群众最盼、最急、最忧的问题一个一个解决掉。要更多问计于民，努力探索搭建便于公众参与的各种平台和机制，真正做到从群众中汲取智慧和力量，把决策植根于实践和群众之中。要广泛动员群众，坚持城市共治共管、共建共享，引导市民百姓从自我做起、从身边小事做起，做到“城市双修”工作人人参与、人人尽力、人人享有，共同营造优美宜居的城市家园。

总之，让资源型城市生活更美好是“城市双修”的出发点和落脚点，美好的城市生活，

应该是安定有序、便利舒适，应该是绿色健康、人与自然能够和谐相处的，应该是文化多元、机会公平、开放包容，应该是和睦友善、富有人情味、给人归属感。要坚持以人民为中心的发展思想，把提升老百姓的获得感、满意度作为"城市双修"的根本追求，更加注重问题导向，更加注重依法治理，更加注重人文涵养，更加注重共建共享，努力把资源型城市建设成为和谐有序、绿色文明、创新包容、共建共享的幸福家园。

第三节　资源型城市的"城市双修"规划内容

1. 生态修复规划内容

（1）矿山修复

我国矿产资源非常丰富，拥有 300 个矿业城市，约占全国城市总量的 1/2，各类矿山总量约为 15 万个。矿产资源的开发和利用是我国高速发展、城镇化建设主要推动力之一。同时，矿产资源开采会对地表生态系统造成严重的破坏。随着社会迅速的发展，传统的采矿业面临衰竭，在一些资源型城市内部或边缘形成了大量的矿山废弃地，而这些矿山废弃地面临诸多的生态环境问题。矿山开采引起的土地破坏、水污染、空气污染等都对人们的身体健康和生活状态带来潜在的风险。地下矿山开采会产生地下矿坑，对岩体产生破坏，从而引起区域土地塌陷或土地质量下降。资源型城市矿山修复规划主要包括矿山规划基本原则、矿山治理分区、矿山治理模式和矿山生态修复技术。

①矿山修复基本原则

尊重矿山特点和工程安全。矿山地质环境治理景观营造应结合地方经济社会发展、综合开发建设及旅游产业等相关规划，尊重矿山的自身景观特征和所在地的自然环境和历史文化背景，充分利用自然景观及原有特色景观资源，治理露采边坡及废弃地，改造地形，通过综合治理达到与周围环境相融合，实现人与自然的协调统一。景观营造首先要消除治理区内的地质灾害及其他安全隐患，在体现矿山特色和安全稳定的基础上，恢复和重建良好的矿山地质环境、生态环境以及自然态人工景观。

因地制宜与综合治理。矿山地质环境治理景观营造，要本着因地制宜和综合治理的原则，了解矿山所处的地理位置和城市背景，充分掌握其自身的特征，结合城市经济社会发展相关规划，采取相应的规划设计策略和具体措施，对其进行综合治理和开发建设，结合景观营造取得最佳的社会、生态及经济效益。

特色景观元素的处理和利用。矿山地质环境治理景观营造要结合点、线、面，反映其地域自然和景观特色，特别是景观元素选择和构成具有至关重要的作用。对矿山既有景观元素的特殊改造利用以及特色景观元素的引入，塑造出新的特色景观，融入城市发展格局。景观元素的特殊改造利用，是“资源再利用”的有效途径，不仅可以保留当地的特色景观，而且还能产生新的经济效益，降低治理与改造的成本，从而最终实现节能减排、变废为宝、综合利用和环境保护的目标。

体现地域文化和艺术性。矿山地质环境治理景观营造要结合不同地区的空间格局、生态安全和景观特征，充分利用地域人文特点，将园林景观小品的建设和当地民俗、民风、社区和谐及企业文化相融合，创造具有鲜明特色的人文景观环境。

②矿山治理分区

根据资源资源型城市矿山环境影响评估分区结果，结合矿山环境发展变化趋势分析，考虑到矿山环境问题对人居环境、工农业生产、区域经济社会发展造成的影响，按照“区内相似、区间相异”的原则，划分出不同等级的矿山环境保护与治理区域，主要包括：矿山环境重点保护区、矿山环境重点预防区、矿山环境重点治理区、矿山环境一般治理区，为开展矿山环境保护及治理工作提供依据。

矿山环境重点保护区。主要包括资源型城市主城区，国家、省、市级以上地质公园、自然保护区、森林公园、旅游风景区、历史文化遗迹保护单位等区域。

矿山环境重点预防区。主要是指进行矿产资源开发，容易引发一系列矿山环境问题，造成较大生态破坏，严重危害到人居环境、生态系统、工农业生产和经济发展的区域等。

矿山环境重点治理区。主要考虑历史时期矿产资源开发对环境造成极大破坏，矿山环境问题对生态环境、工农业生产和经济发展造成较大影响的区域。

矿山环境一般治理区。主要是指矿产资源开发对环境造成较大破坏，但破坏程度不如重点治理区强烈，矿山环境问题对生态环境、工农业生产和经济发展造成一定影响，不很严重，地处偏远的区域。

③矿山治理模式

模式一：生态恢复模式。该模式适用于生物资源保护要求较高的受损山体修复。通过恢复被破坏的生态系统，恢复山体开采被破坏的生态系统，恢复生物生境群落，使生态系统恢复并维持在一个良好的状态。例如，露田旧铅矿：利用自然恢复方法使植被开始重新生长，并建造人工湿地，成为鸟类栖息地；露天采石场：根系发达植物固土，避免场地塌方。耐瘠薄植物固氮，改善立地条件。引导水流汇聚形成活水；石灰石采石场：地质勘测消除场地地质灾害隐患。运用先进技术，根据不同情况恢复山体植被。在灾害稳定的基础上进行景观美化。

模式二：风景游憩型模式。该模式适用于周边景观资源较好、交通可达性较好、地质条件稳定、生物保护要求较低的受损山体修复。通过科学的修复方式恢复矿山植被，植入公共休闲、遗址展示、植物博览、郊野游憩等功能，将其建设为城郊特色公共空间，融入区域整体社会和经济发展。

模式三：绿色矿山模式。依据《关于贯彻落实全国矿产资源规划发展绿色矿业建设绿色矿山工作的指导意见》[国土资发（2010）119号]和《国家级绿色矿山基本条件》等相关要求，矿山环境治理是绿色矿山建设的一项重要内容。通过园林绿化与景观营造，达到“矿区环境优美，绿化覆盖率达到可绿化区域面积的75%以上”的绿色矿山建设环境保护要求，为矿区营造良好的生产生活环境。该模式以环境保护为目标，着重于矿区园林绿化建设，提高矿区绿化覆盖率，以景观营造步道及运动休闲广场，结合和谐社会与企业文化建设，促进矿产企业的健康持续发展。

模式四：地质公园模式。因采矿揭露的地质景观、典型地层、岩性、化石剖面或古生物活动遗迹等是不可再生的地质遗产，具特殊的地学研究意义。对此类矿山的地质环境治理景观营造适宜以地质公园建设为主题，并做到：A. 景观营造必须突出地质公园主题，从公园整体到局部都应围绕公园主题安排；B. 景点必须以地质自然景观为主，突出科技情趣、自然野趣，以人文景观做必要的点缀，起到画龙点睛的作用。矿山环境治理及设置人造景点应以不破坏地质自然景观与总体相协调为前提条件；C. 静态空间布局与动态序列布局紧密结合，处理好动与静之间的关系，使之协调，并构成一个有机的艺术整体；D. 景点的连续序列布局应沿山势、河流水系、道路、疏林、草地等自然地形、地物设置展开。正确运用“断续”、“起伏曲折”、“反复”、“空间开合”等手法，构成多样统一的鲜明连续的风景节奏。

模式五：矿山公园模式。矿山公园是以展示矿业遗迹景观为主体，体现矿业发展历史内涵，具备研究价值和教育功能，可供人们游览观赏、科学考察的特定空间地域。矿山公园的建设是结合矿山生态环境治理和恢复，利用矿山分布于山区，周围多林木、奇石、秀水等特点，将矿山环境建设成为符合国家标准的、与周围环境相和谐的景观游览地，是谋求人与自然和谐相处的一种有益尝试，是矿山生态环境治理和保护的最高境界。矿山公园建设景观营造首先以展示矿业遗迹为核心，包括矿业地质遗迹、矿业开发史籍、矿业生产遗址、矿业活动遗迹、矿业制品以及与矿业活动有关的人文景观。其次是合理利用宏伟壮观的采矿现状环境，融入地域文化特色，地质环境景观、优美生态环境，体现对现有环境固有秩序的利用及对某一地区矿业文化的感知。通过矿山环境治理与改造，建成具有地方特色和丰富历史文化内涵的矿山公园。再次，通过园林建设成集矿业文化、地质环境保护、娱乐、游览、休闲、科普教育为一体的矿山公园。现存的矿业遗迹已成为人类文明发展的重要标志，通过矿山公园建设，充分展示人类社会发展的历史进程和人类改造自然的客观轨迹，宣传和普及科学知识，使游人寓教于乐、寓教于游。

④矿山生态修复技术

矿山土壤修复技术。矿山的土壤修复主要分为三类：物理修复、化学修复和生物修复。A. 物理修复：基本技术包括粉碎、压实、剥离、分级、排放等；客土法是指在被污染的部分或全部的土壤表面，覆盖从外界更换非污染的土壤；B. 化学修复：施用土壤改良剂，其中含有化学肥料、有机物质和黏土矿物或者酸性物质、离子拮抗剂、化学沉淀剂等；污染土壤固化或稳定化，即防止或者降低土壤释放有害化学物质过程的一组修复技术；C. 生物修复：微生物修复指在土壤中接种其他微生物，利用微生物的生命代谢活动，减小土壤环境中污染物的浓度或者使其完全无害化，从而使受污染的土壤环境能够部分或者完全恢复到原始状态的过程；植物修复是以植物忍耐和超量积累某种或某些化学元素的理论作为基础，利用植物及其共存微生物体系，消除环境中污染物的一种环境污染治理技术。

矿山植被修复技术。植被修复被喻为重建生物群落的第一步，是以人工手段促进植被在短期内得以修复。植被的修复有两种方式：直接植被和覆土植被。直接植被法是指直接在破损山体上种植植物的方法，这种方法成效慢，对破损山区地表的破坏不利于植物生长。覆土植被成效相对较快，但覆土成本高于直接植被。因此，破损山体的植被修复应采用折中方式，在破坏较严重的区域采用覆土植被措施，其他区域则采用植被法。

矿山边坡修复技术。边坡的生态修复技术较为复杂，工程量相对较大。根据边坡坡度的不同，将其分为三类：40° 以下缓坡、40° ~ 70° 的边坡、70° ~ 90° 的陡坡。A. 40° 以下缓坡主要采用燕巢法修复技术。燕巢法是指在边坡上安置燕窝状的预制件或者修筑种植穴，并在预制件或种植穴中放入肥料、营养液等，为植物提供较好的生长条件；B. 40° ~ 70° 的边坡主要采用基材分层喷射法。基材分层喷射法是指在边坡挂置金属网或者土工格栅，首先喷射种植土层。第二层喷射混凝土层，保证混凝土层多空隙。第三层喷射植物种子以及碎木屑等；C. 70° 以上的断面多数都是石壁，表面光滑，无任何土壤或松散基质。对于 70° 的较陡边坡，这类边坡一般为岩质石壁，主要采用植生槽培土植生法和筑台拉网复绿法。植生槽培土植生法是指根据边坡特点，在石壁上开凿植生槽或者修筑飘台，填土，并种植灌木、藤本植物等抗逆性强的植物。

其他生态修复技术。A. 边坡加固。对于坡度较大的边坡，首先得进行削坡降载。对边坡削坡时，在保证一定的坡顶线及坡度的基础上尽量减少土石方的开挖。土石方的开挖顺序为从上至下进行。形成坡度后为消除由于不稳定岩块（体）可能引起的崩落、滚落等地质灾害，满足边坡安全需要，应保证边坡经修整，施工后能保持长期稳定，基本无悬石、危岩。应采用人工和机械相结合的方式继续清坡，清除坡面凹凸不平土石层、尽量保证坡面平整；B. 场地回填及覆土。回填碎石土时，应分层填筑，下部可采用粒径较大的碎石土夯实回填，自下而上，逐步减小回填碎石土碎石粒径，最后根据种植需要进行覆土；C. 覆土施工。对于废弃矿区内坡度较缓的地势，可采用覆土绿化的方式进行修复。土方的选择：覆土土质应与当地土质相似，以微酸性、土壤 pH 一般为 5.5 ~ 8.5、含盐量不大于 0.3%、富含有机腐殖质为宜。追肥在土中加入适量的有机肥、缓释复合肥。由于土地资源紧缺，本着经济合理的原则，应在保证治理效果的前提下，节约土源，降低施工成本；D. 绿化植物种植。该采石矿区土壤贫瘠、缺少灌溉，所以需要选择一些生长迅速、抗逆性强、喜光、易于生长的先锋植物品种。如刺槐、栎类、柏木、紫穗槐、胡枝子等。种植的苗木密度、高度和胸径等指标应符合修复要求，种植植物的根系舒展。种植后应适量浇水，确保植物生长所需的水分；E. 设置坡脚挡土墙。对由于进行削坡减载后因土质疏松可能产生碎落或塌方的边坡坡脚，应修筑挡土墙予以防护。为避免诱发崩塌、滑坡，脚墙基坑开挖时，应采用分段开挖，先开挖一段，浆砌、回填后再开挖下一段。墙身砌出地面后，基坑应及时回填夯实，并做成不小于 5% 的向外流水坡，以免积水下渗而影响墙身稳定。

（2）水体治理和修复

①污水治理

资源型城市水体污染是由诸多因素造成的，彻底治理并非易事，也绝不可能一蹴而就。针对资源型城市污水形成的特点，应构建以资源型城市城区为核心的大海绵体系，规划主要从生态海绵（生态安全）、弹性海绵（水安全、水质保障系统）、活力海绵（雨污水资源化利用系统）三个方面进行研究。通过渗、滞、蓄、净、用、排等多种技术实现城市“海绵”功能。

武汉市的圣禹排水系统有限公司依靠物联网技术把管网、智能分流井、调蓄池设施、污水处理系统协同起来，形成一套针对晴天、初雨、中期雨水、后期雨水的不同智慧运维模式。晴天的时候，管网的生活污水通过市政污水管网进入污水厂处理后排放；初期雨水和污水通过市政雨水管道前置智能分流井进入污水管道至污水厂处理，来不及处理则进调蓄池调蓄。后期干净雨水通过市政雨水管道直接入河，这是比较好的治理方式。

即在原有“一排了之”的排水系统上，增加能清污分流的智能分流设施、削峰储存的调蓄设施、在线雨水处理设施、管道调蓄设施和冲洗设施、削减城市面源污染的 LID 设施，并运用物联网技术整体调度控制。实现城市最脏的污水经过处理后排放，受污染较轻的在自然水体环境容量之内的水就近入河，达到根治水污染的一整套理念和技术。生态海绵、弹性海绵、活力海绵达到有机的结合。

生态海绵：主要是构建城市生态网络格局，识别大的生态斑块、绿廊、水系廊道，构建区内生态安全格局。

弹性海绵：构建排水防涝体系，耦合雨水管网、场地竖向、水系河道等各个系统，在综合分析的基础上提出解决方案。并采用三级污染控制系统落实污染物的削减：一级为湿地净化削减系统，二级为雨水管网终端集中处理系统，三级为源头低影响开发处理系统。

活力海绵：雨水的资源化，城市非建设用地以雨水资源生态涵养与面源污染净化为主；城市建设用地以径流污染控制为主兼顾洪峰控制，可采取方式雨水罐、蓄水池、小型集中调蓄性水体。

②构建滨水休闲带

对资源型城市中人工化的工程河渠、污染植物进行景观化的改造，让荒废区域转变为资源型城市中富有活力和多元功能价值的景观基础设施，使得城市原有的线性基础设施能够在原本被赋予的单一市政功能的基础上承担更多的其他综合城市功能。城市中的河网水系往往穿越城市中心，这里立交桥林立、环境嘈杂，具有典型的城市特征，需要考虑到河流附近的城市高速路、与城市存在巨大高差、狭窄的河流空间和河流防洪堤岸在内的多种复杂的成熟环境条件。

城市公共休闲功能的引入，能够激发资源枯竭型城市的沿岸活力。沿着河流水系规划设计小型剧场、滨水码头、休闲草地和健身运动场所等户外活动设施，以及考虑夜间的安全使用，精心配置步道的灯光照明。

③打造河流生态廊道

景观化的改造不仅仅是对河网水系的修复工程，也是一项更加高效的河道基础设施工程，同时打造资源型城市的河流生态廊道。通过修建缓坡驳岸和坡道的方式，可以使河网水系两侧的城市居民便捷的进入其中。河岸可以采用装满石块和城市废弃混凝土砌块的金属笼结构进行加固，这些金属笼表面具有大量的空隙，不仅具有更强大抵御洪水冲刷的能力，而且石笼表面的多孔结构可以使的野生动植物能够更好的生长，成为小型动植物栖息环境，并在水岸种植本地特色，能够适应河岸生态条件的植物，恢复滨河自然景观。

（3）矿业废弃地修复

①基本原则

“城市双修”导向下矿业废弃地再生规划应遵循整体性、渐进式、生态优先以及文脉延续的原则，具体如下：

整体性原则。整体性原则是“城市双修”理念下矿业废弃地再生规划的重要思想。一方面，矿业废弃地以及矿业废弃地内部各组成要素并不是独立存在的个体，各个要素、层次之间是相互作用、相互影响的。矿业废弃地及其周边环境系统可以看做一个相互作用的有机复合体，具有一定的整体性特征。在矿业废弃地再生规划中，应认清矿业废弃地及周边环境系统的各个有机成分，探讨各个组成要素对系统整体的反馈机制，以期达到“整体大于局部之和”的效用。因此，“城市双修”理念下矿业废弃地再生规划不应以单一地块为研究对象，也不应以矿业废弃地场地自身为研究对象，而是应该将各个矿业废弃地及其周边环境视作一个有机整体。

另一方面，从城市整体的视角考虑，城市是一个有机整体，而矿业废弃地及其周边环境系统又是城市整体空间体系的一个有机部分。整体意味着连贯、完整，而非支离破碎。大量矿业废弃地的存在导致城市出现了许多破碎、松散的空间形态和城市肌理，城市生态系统的有机整体性被破坏，城市特色文化风貌也遭到割裂和破坏。采用整体性原则进行矿业废弃地再生规划，就应该将矿业废弃地视作城市不可分割的一部分，挖掘矿业废弃地与城市的相互作用关系，修补矿业废弃地破坏的城市生态、空间和功能结构，从不同尺度进行统筹规划和系统分析。通过矿业废弃地再生规划完善城市整体空间布局和生态安全格局，织补被矿业废弃地肢解的城市肌理，进而确保城市整体的协调统一，构建城市完整连贯的山水骨架和空间形态。同时，进行矿业废弃地再生规划时，应了解矿业废弃地及其周边环境的社会、经济、文化等方面的关系，继承矿业物质历史文化文脉和非物质历史文化文脉，延续并发展整个城市的文化特色。

渐进式原则。渐进式原则指的是矿业废弃地再生规划需要在尊重矿业废弃地原有建筑形态、城市肌理及生态环境的基础上，逐步地、有序地、渐次地进行。吴良庸教授指出，城市更新应避免“运动式”的大拆大建，应以小规模、小尺度、循序渐进的方式开展城市更新。渐进式原则有利于根据前期规划效果的反馈，进行后期调整和改动，以保证矿业废弃地再生规划的效率和质量，是可持续发展思想的具体体现。

在实际应用中，渐进式原则体现在时间和空间两个维度。在时间上，渐进式原则强调按时序更新，先解决主要矛盾，再解决次要矛盾。按步骤的更新，也有利于再生后的矿业废弃地逐渐融于周边环境，充分发挥矿业废弃地再生的联动性反应。在空间上，渐进式原则强调有侧重点的依次开展再生活动，是多角度、多层次的再生活动。为实现矿业废弃地再生中的人与建筑、人与交通、人与文化、人与社会、人与环境的平衡，渐进式原则已成为不可或缺的一步。渐进式原则既能考虑到上一阶段再生规划的结果，又注重改造后对下一阶段规划产生的影响。通过“微循环”的过程，构成了一个长久的动态循环过程。

目前，渐进式原则多用在历史文化街区或旧住区类的城市更新中，且已经发展出了一套相对完整的更新模式和策略。对于矿业废弃地再生规划，渐进式原则同样适用。在规划层面，渐进式原则的分步特性保证了矿业废弃地再生过程中有足够的空间容纳改造过程中的不确定因素，保持并创造矿业废弃地所在城市的多样性和居民需求的多元性。在建筑层面，渐进式原则为矿业废弃地建筑和景观元素的改建与重建提供指导思想，这意味着不要求全部、不一定同时、不要求一概的改变和更新，而是审时度势的进行再生利用。因为矿业废弃地及所在地区的建筑及人居环境所需要的是长期的、可持续的再生模式，而非简单的大刀阔斧一刀切式革新。

生态优先原则。生态健全是城市凝聚力的重要体现。“城市双修”导向下的矿业废弃地再生利用不以经济利益为主导，而是以尊重自然生物的多样性，景观文化的多样性，严格保护生态敏感区，促使城市生态系统逐渐趋于平衡为基本依据。一方面，“城市双修”以生态修复为先导，从问题出发，调查梳理城市内矿业废弃地资源现状，找出生态环境问题最突出的区域，保护和改善现有山体、水系和绿地，吸引野生动物安家栖息。修复并合理利用遗留废弃地和闲置空地，将受污染的土地转变为能够安全居住、使用的土地，根据城市设计合理进行安排利用。另一方面，生态优先原则要求矿业废弃地再生规划优先考虑生态性用地的空间架构是否合理。当土地功能置换遇到转换为其他建设用地类型和生态性用地处于相同适宜度时，优先考虑将矿业废弃地转换为生态性用地，进而实现对生态性用地的全面保护。

生态优先原则也是城市存量用地进行生态规划的前提保证，对合理、科学的开展存量用地生态规划，确保区域生态系统的整体性有着极为重要的作用。矿业废弃地拥有多种尺度的景观类型，如矸石山、粉煤灰堆、排土场等正地形，也有露天矿坑、塌陷地、沉陷区等负地形，只有在尊重景观地形复杂性的基础上，以生态修复为先导，创造适宜的生态条件，才能更好的完成其他城市建设任务。

文脉延续原则。城市双修理念下的矿业废弃地再生规划过程应保护城市的矿业历史文化，突出地方特色，挖掘并传承城市的矿业文化文脉。自然环境是地域文脉的重要部分，历史是了解过去、更好地认识现存的依据，文化是人类社会发展过程中创造的精神财富和物质财富总和，通过对城市文脉的继承与延续，进而实现新的个性空间的创造。

矿业文化遗产由矿业城镇、废弃地、建筑群落、铁路、开采工具、文字记载等物质实体，以及矿业相关活动、神话故事、开采工艺等非物质文化组成，具有重要的社会、历史、文化、美学和科学价值，是工业遗产的重要类型。矿业文化遗产记录着城市的发展历程，是城市文脉的重要组成部分。其中，矿业废弃地由于是在对自然资源进行采掘和改变基础上形成的文化遗产，具有一定的景观文化独特性，是矿业文明和矿业产业文化的重要载体。经过合理再生利用可以产生新的文化景观，甚至成为城市更新的标志性地区。

同时，矿业文脉的传承有利于矿区周围居民产生社会归属感和认同感，是实现矿区可持续发展不可或缺的内容。在矿业废弃地再生利用中保持高度敏锐的文化意识，对矿业废弃地所在城市的转型更新具有深刻意义。因此，“城市双修”视角下的矿业废弃地再生规划应以文脉延续为准则，重塑富有矿业特色的城市文化生态。

②修复对策

矿业废弃地生态修复前期投资高、修复周期长，不同再生目标应采取不同的生态修复策略。本文认为，矿业废弃地生态修复可以由低到高分为植被基本恢复、生态系统营造以及人居环境构建三个层次。基于矿业废弃地再生规划原则和目标,可以采用面—线—点结合的方式，“着眼全局、对症下药”，构建全方位、多角度的生态修复策略：

面：景观生态格局修复。整体性思维是“城市双修”理念的最重要思想，因此，矿业废弃地的生态修复在规划层面首先需要考虑生态系统网络的修复，整合碎片化空间，消除地质安全隐患，构建景观生态安全格局。保障生态系统功能及服务，根据山形走势成生态斑块与人工斑块有机嵌套、互为图底的空间关系，为后续植被修复和水体修复等工作设定建设边界。

线：水网和绿网修复。矿业废弃地再生的研究对象是矿业废弃地及周边环境系统，因此,需要对周边环境的水系、生态道路、绿化廊道等线性空间进行统一部署、整合规划，串联并渗透到相对独立的各个矿业废弃地，形成生态廊道，甚至形成区域发展轴线。

水网修复主要基于生态安全格局在水环境、水安全要求的基础上，以整体性、系统性的方式对河流生态系统进行修复。具体措施包括清除淤塞，实现水系贯通；整治污水直排，完善市政管网，强化末端净污，加强全程控污，改善河水水质；破除硬质岸线，优化生态岸线，补种树林，修复沿河岸线的生态性等，保留当地自然的水生生态系统特色。

绿网修复围绕提高周边绿地自然生态保护和居民生活需求展开，包括布局结构调整、功能优化以及质量提升等。“城市双修”视角下矿业废弃地绿网修复还应兼顾生态保护和历史人文资源保护、休闲游憩之前的关系，实现绿网功能的完整性、多元性和多功能性。

点：生态损毁场地修复。在此基础上，采用合理的生物和工程技术手段对矸石山、塌陷地等点状损毁土地进行生态修复，采用清除、分解、吸收等方法清理环境污染物，净化水体，恢复土地的基本生产功能。综合考虑场地的景观美学价值，在生态修复的同时提高景观观赏度。

值得指出，矿业废弃地生态修复在传统生态恢复学理念指导下，也需要引入新的理念。例如,可以将雨洪管理、弹性城市等生态建设思想应用到矿业废弃地再生规划中，全方面修复矿业废弃地生态系统，提高城市的适应性和生态承载力。其中，可持续雨洪管理主要通过“渗、蓄、净、用、排”等关键技术，以及减少不透水区域、种植屋顶、透水铺装、雨水花园、人工湿地、植草沟和渗透带等策略来实现城市内涝缓解和场地雨洪管理。结合矿业废弃地的自身特殊性，矿业废弃地的可持续雨洪管理策略应与减少场地不透水区域、水体净化再利用和土壤修复问题相结合，利用地形地势进行场地雨洪管理和生态环境修复，解决矿业废弃地场地地表径流和土壤污染等问题。

（4）采煤塌陷区整治

根据煤炭资源型城市自然资源特点以及土地破坏程度建立适合当地发展的可持续发展系统，对采煤造成的土地资源破坏进行修复和完善。

①水利疏导重构流动水系湿地生态系统

为了充分利用采煤塌陷区的调蓄容量，可通过工程措施。首先实施塌陷区之间的沟通，把各分散的库容较大、蓄水位相近，且彼此较易沟通的采煤塌陷区连片串通，形成大的蓄水区，充分利用采煤塌陷区湿地资源，构成周边城镇湿地水景观，提升城镇生态品质，美化人均环境，实现采煤塌陷区湿地资源化。

采煤塌陷区生态环境破坏严重，必须坚持生态恢复、景观培育和环境保护相结合，充分利用生态系统中食物链、立体循环、生态因子综合配置等原理，设计高效生态循环产业，实现生态环境改善与生态景观培育相统一，生态产业发展与环境治理保护相一致，创造采煤塌陷区恬静、适宜、自然的生产生活环境，提高采煤塌陷区生态环境质量，把塌陷区危害转变为对人类有益的生态效益。

②以生态恢复为导向的生态农业开发

发展生态渔业，建立生态循环系统，采煤塌陷区以发展水产养殖为主，也要配套发展畜养殖业、果树蔬菜等种植业及农副产品加工业。根据塌陷区具体情况，开发农、林、渔相结合的综合生态农业。充分利用塌陷区形成的积水优势，按照生态学食物链原理进行合理的组合，实现农—渔—禽—畜—加工综合经营的生态农业类型。对大水面采取多种方式（如围网、拉网、网箱）分割养鱼；在荒洼滩深地开挖高标准精养鱼塘，实行立体养殖；挖塘垫浅建造的耕地用于果树，蔬菜种植，发展禽畜养殖及加工业，因地制宜，建立多种形式的生态循环系统。

建立生态农业综合养殖场，首先要挖深垫浅，平整土地；在深水区建精养鱼池，在平整土地上建养猪场和养鸡场；在浅水区种植水稻、小麦等农业作物；塌陷边坡区栽种果树和牧草等，由此可以形成一个以食物链为纽带的综合养殖小基地。在这个生态系统中，利用鸡粪喂猪，猪、鸡粪肥塘养鱼，塘泥肥田，植物秸秆和牧草饲料，系统内部物质多层次循环利用。

季节性积水的塌陷区，可采用挖深垫浅的方法将塌陷区盆地底部挖成能蓄水养鱼的深水池塘，使其同时具有蓄洪和浇灌功能；将周围坡地改建为围绕塌陷盆地的宽条带水平梯田，从而将塌陷前的单一陆生农业改造成田塘相间的种植——养殖系统。在未稳定的塌陷区，因地制宜地重点发展水产、水禽和水生蔬菜、水生植物，在塌陷坡地进行季节性农作物种植等，提高农民收益。对于一些孤立型深度塌陷地，周边无过渡地带，恢复多样性的挺水植被、浮叶植被和沉水植被有一定难度。对于这些塌陷地，可考察其地下水位的年际变化及土壤特性，若能保证枯水年有适量的储水量，则可以直接修复为生态型养殖基地。塌陷区湖岸、滩涂宽阔，可以发展水生种植和养殖业。

③土地复垦恢复农林种植

煤矿区被破坏土地的复垦利用及其规划师土地利用总体规划的有机组成部分。必须与城乡土地利用总体规划相衔接，科学地、合理地对煤矿塌陷区被破坏的土地进行统一治理，使被破坏的土地得到有效的整治恢复，并达到农、林、牧、渔、交通、建设等各行业用地要求，从而形成一个既充分发挥土地生产潜力，又方便人民生活的自然生态环境。

挖深垫浅复垦模式用于塌陷较深，有积水的高、中潜水位地区，且水质适宜于水产养殖，是将塌陷区在季节性积水较深区域在旱季进行挖深取土，并将土填在塌陷较浅的区域，然后将较浅区域复垦为耕地，较深区域就势建塘养鱼、塘边坡地栽树种草的一种工程技术方法。挖深垫浅操作简单、适用范围广、经济生态效益显著，是矿区塌陷区治理过程中一种重要的土地复垦模式。对于稳定的较浅塌陷区域，可先进行土地平整措施，先将表土剥离，然后削高垫低，再将剥离的表土覆盖平整，并采用生物措施对复垦后土地进行改良，以期提高土地的肥力，同时修复、改进水利条件，重点发展农业种植和林果业。粮食作物以小麦、水稻、玉米、大豆等为主，经济作物以花生、油菜等，果树以梨、苹果等为主，将大面积的塌陷干旱地复垦为粮棉油林果综合生态农业基地。

④生态旅游高端发展

采煤塌陷区的生态治理可以很好的与生态旅游结合。在原有景观基础上，建立休闲度假区（村），开发生态农业观光旅游、矿景观光旅游、生态湿地旅游等旅游项目，供人们游览、观赏、垂钓、田园采摘及参与生态工农业主体活动等，不仅丰富了当地的旅游资源，还可以调整优化产业结构，促进就业，培育新的经济增长点。

在采煤塌陷区开发生态旅游的时候，要处理好与生态恢复之间的关系。应当是在生态恢复的基础上谋求生态旅游的开发，即生态恢复是根本，而生态旅游则是方向。因为只有创造一个优美的生态平衡的环境才能吸引游客来此度假消费，如果只以建造尽可能多的新奇的旅游景点而不顾生态恢复和可持续发展，在矿区塌陷地这样原本就破坏严重的生态环境下，旅游区是无法长期维持下去的，这样不仅不能为当地改善生态环境和带来经济效益，而且还会带来更为严重的生态破坏。因此如何在恢复塌陷区生态环境的基础上最大限度地开发旅游景点，并能使之可持续发展是需要重点考虑和亟待解决的问题。

2. 城市修补规划内容

（1）公共服务设施

资源型城市作为我国能源资源战略保障基地，基本公共服务水平的提升是其可持续健康发展的基本的原则和驱动机制之一。2001 年以来，国家和地方政府通过加快推进保障性安居工程、完善社会保障体系、推动科教文卫事业和就业工作、加强节能环保和重点流域整治、推进再生能源开发与基础设施建设等一系列改善民生的措施，使得资源型城市基本公共服务水平得到大幅提升，可持续发展工作取得阶段性成果。然而，随着能源资源的枯竭衰减、生态环境的持续破坏、技术人才的引进困难等，资源型城市失业矿工与低保人数众多，形成新的贫困群体，棚户区、独立工矿区和沉陷区改造进展缓慢，“资源诅咒”愈发凸显，另外，针对资源型城市基本公共服务缺乏长期稳定的系统规划和资金投入，社会民生问题依然突出，制约资源型城市可持续发展的全方位实现。针对资源型城市公共服务设施薄弱、发展滞缓等特征，具体规划内容及建议如下：

①加快政府职能转变

加快政府角色职能转变就是政府在资源型城市转型中的公共服务建设上的重新定位，而这种角色的调整和位置的转变则需要政府在职能履行和组织运作上也做出相应的调整和转变，必须加快政府职能的转变，提高政府的公共服务能力和水平。

加快管理理念转变，强化公共服务意识。政府职能转变首先是理念的转变。作为资源型城市的政府在城市转型期间必须要转变传统的行政管理理念，行政命令和行政强制以及官僚作风与公共服务建设的顺利推进是不相容的。推进资源型城市转型必须有必要的公共服务作为条件、基础和保障，政府作为公共服务提供的主体责无旁贷，而要做好此项工作就必须强化公共服务的意识。要树立公共性和服务型的新型行政管理理念，摒弃传统行政管理中的官僚主义、形式主义以及以命令和管控为主的思想观念，积极引导和培育顾客导向、公共服务和以人为本的新型公共管理理念，彻底转变官本位的不良思想，努力形成服务市场、服务社会的新型行政文化氛围。

加快政府职能调整，提高公共服务水平。理念转变所带来的直接影响就是政府职能的转变。当政府在开始认识到政府的角色是公共服务的提供者时，其相应的职能调整也应随之展开了。政府职能调整就是要明确政府行政职能在城市转型和公共服务建设中的基本职责和功能作用，主要涉及管什么、怎么管、发挥什么作用的问题。政府职能转变的最终目标是建立服务型政府，提高政府的公共服务水平和质量，促进城市的顺利转型。加快政府职能调整，一是要按照市场需要和社会需求加快组织机构的改革，理顺各部口的职责，加强各部口之间的协调配合；二是要从提供工作效率和服务质量的角度进行行政流程再造，优化行政服务，为企业和社会提供更为便捷高效的服务；三是建立健全相关工作制度，加强法律制度建设，将政府职能调整纳入制度化、法制化和规范的轨道，保障职能转变的持续性和稳定性；四是不断加强政府在发展战略、公共政策以及市场标准等宏观调控和规则制定方面的职能，最大限度地减少对市场经济的直接干预和管控，充分发挥市场监管、秩序维护的功能，不断加强政府在科教文卫体、公共事业、社会保障等方面的职能，充分发挥其公共服务的职能。

加快行政体制改革，促进政府全面转型。资源型城市要成功转型并获得持久发展，公共服务的建设也必须及时跟进并不断完善，这就要求政府必须在转变职能的基础上进一步将改革推向深入，大力推进行政管理体制改革，实现政府的全面转型。一是不断加快政府职能转变，强化政府的公共服务理念，充分发挥经济调节和市场监管作用，更加注重社会建设和公共服务；二是不断推进政府机构改革，要紧紧围绕资源型城市转型对政府所提出的要求，进一步理顺政府和市场、政府和社会的关系，让市场的基础性作用得到充分发挥，让社会的活力得到充分展现，进一步调整组织机构，建立健全组织工作协调机制；三是深化行政审批制度改革，减少审批事项，优化审批流程，规范审批程序，提高审批效率，积极创新经济社会发展、城乡建设、土地利用、产业发展、生态环境保护等“五规合一”的统筹协调机制；四是加强政府法制建设和制度建设，实现用制度管权、管事、管人，建立绩效考核体系，健全行政监督机制；五是要不断创新社会管理方式，全面履行政府职能，强化公共服务职能，鼓励和引导社会参与社会管理，不断完善各类公共管理制度，明晰政府职能的具体边界，从提升公共服务质量的角度不断提升政府的治理能力和水平。

②加强公共服务资金保障

优化公共财政收支结构。地方公共财政收入决定地方公共财政支出，这是公共财政的运行机制，同时也是控制地方政府收支平衡、略有结余的根本原则。地方公共财政收入的构成主要由预算内收入和预算外收入两部分构成，科学的预算管理将使地方公共财政收入更加稳定、支出更加合理。资源型城市政府要在积极调整经济产业结构，释放市场经济活力的同时，不断优化公共财收支结构，进一步保障公共财政收入的稳定性。具体地讲，优化公共财政收入结构，就是要科学合理的编制和征收好预算内的各类税收收入，管理好非税收收入。优化公共财政支出，即要做好各项基本公共服务支出预决算，调节和平衡好各类公共财政支出的比例，使公共财政支出真正投入到居民生活中需要最为集中，最为迫切的领域。同时，在保障基本公共服务支出持续稳定供给的前提下，要尽可能的提高地方公共财政资金的使用效率，使当地政府的公共财政资金更加持续高效地投入更高水平、高质量的基本公共服务供给当中。

统筹公共服务资金供给。根据我国资源型城市的共性和特点可以推知，资源型城市经济发展具有周期性、不稳定的特点，由此必然导致资源型城市政府公共财政收入的不稳定，进而容易产生与社会基本公共服务支出需求不断增长之间的矛盾。为解决这种客观经济因素导致的政府基本公共服务支出增长不稳定问题，资源型政府有必要统筹基本公共服务资金供给，具体可以通过政府主导设立基本公共服务基金的方式，从地方公共财政预算支出中统一划转一定比例的基本公共服务基金，用于民生领域基本公共服务供给和发展。这样一方面有利于政府基本公共服务基金的有效供给、统一预算管理和提高地方政府公共财政支出效率，另一方面能够通过基金运营管理实现基本公共服务基金的保值增值，同时有助于吸纳更多的社会资金参与基本公共服务供给，逐步扩大社会基本公共服务基金池，保障政府基本公共服务支出的供给源源不断。

建立公共服务多元供给体系。加快事业单位分类改革。我国在 2012 年就提出了深化事业单位人事制度改革的意见，其中就强调将从事公益服务的事业单位区分为一类和二类，突出一类事业单位的公益性。并且鼓励社会力量参与公共服务的建设和供给。《全国资源型城市可持续发展规划（2013 ~ 2020 年）》（以下简称《规划》）中指出要推进事业单位分类改革，目的在于理顺政府基本公共服务供给过程中的，政府和公益性事业单位之间的关系，进而确保政府在向社会提供基本公共服务供给中的主体地位。同时，《规划》也进一步强调要加强以提供基本公共服务为目标的事业单位的公益属性，努力推动事业单位去行政化和去营利化，逐步将一些符合条件的事业单位转化成以企业或社会组织形式运作的公益性组织，另外通过进一步强化事业单位法人自主权利，以及深化人事、收入分配制度改革等举措来充分保障基本公共服务类事业单位依法独立决策、独立运营并承担责任的能力。明确基本公共服务类事业单位的职责，有利于公众监督其基本公共服务的供给质量，从而有助于从整体上提高公共事业单位提供基本公共服务的效率。

积极引导社会力量参与。由于基本公共服务的享有者是社会全体公民，资源型城市政府作为公民权益的合法代表，在服务于民的同时也要积极倡导公民参与到基本公共服务建设当中来，以此来承担自己作为社会公共领域的一份子应有的责任和担当，在保障公民基本权益的基础上，鼓励公民发扬团结互助的公共精神。政府可以在严格规范并公开基本公共服务组织设立的基本标准、审批程序及具体规则的基础上，积极引导企业、社会工作组织、志愿团体等社会力量参与社会基本公共服务的供给活动。通过采取公开招标等方式确定和发展基本公共服务供给主体，促进部分具备条件的基本公共服务实现市场化供给。

大力发展社会组织。随着我国社会治理理论和实践的不断创新发展，社会组织的力量，以及其在社会治理实践活动中的影响力越来越大。神木市政府可以通过深化社会组织登记管理制度改革、降低准入门槛、积极落实税收优惠政策、加强人才扶持与社会组织孵化培育等途径，大力培育和发展基层社区等社会组织，以及通过采取基本公共服务人员培训、基本公共服务项目业务指导、公益创投分类指导等多种途径提升社会组织承接政府购买和合同委托提供基本公共服务的能力。政府通过积极宣传引导、强化有关基本公共服务标准及制度、政策保障，将有助于形成公民个人、基层社区（村）、企业、第三部门等共同参与下的，公众之间互助、组织之间协同的基本公共服务供给合力。

③完善公共服务建设体系

充分发挥政府主导性作用。科学的宏观调控，有效的政府治理，是发挥社会主义市场经济体制优势的内在要求。在公共服务建设过程中，充分发挥政府的主导作用，就是要政府在各类公共服务的提供和供给上承担重要责任。一是要积极制定出台各类公共政策，创造良好的政策环境，要依法决策、民生决策、科学决策，注重政策的系统性、连续性、衔接性和可操作性，加强政策的执行力度，努力实现政策的预期目标和价值追求；二是要加大公共财政的扶持力度，综合利用税收等经济手段，鼓励企业和社会实现发展方式的转变，扶持新兴产业、低碳产业、环保产业、信息产业等，要加大对城市公共基础设施建设、城乡基本公共服务建设和区域生态环境建设的投资力度，将政府公共财政支出不断向公共服务和社会民生等方向倾斜；三是要加大市政基础设施的建设力度，持续推进道路、交通、水、电、气、暖、通信等基础设施建设，积极从硬件上提高城市的现代性；四是要持续加大基本公共服务的建设力度，为社会提供更高质量、更高水平和更高层次的教育、医疗、文化、体育以及社会保障等公共服务产品；五是要坚持做好生态环境整治和保护工作，认真抓好安全生产工作，严格控制各类污染物的排放，严厉打击破坏生态环境的行为，努力实现经济发展与环境保护的协调统一。

构建完善的公共服务体系。公共服务体系是指由公共服务范围和标准、资源配置、管理运行、供给方式以及绩效评价等所构成的系统性、整体性的制度安排。只有完善的公共服务体系才能确保公共服务建设的速度、质量、持续性和稳定性。资源型城市转型发展是一个长期的过程，其公共服务的建设不仅要解决现实转型发展的各种公共服务的需要，而且应该是一个制度化、规范化、系统化的过程，因此要积极构建完善的公共服务体系。一是要明确公共服务建设的范围和内容以及标准，资源型城市公共服务的建设应该包括保障基本公共需求的就业、教育、社会保障、医疗卫生、住房保障、文化体育、计划生育等领域的公共服务以及与人民生活环境紧密关联的交通、通信、公用设施、公共安全、环境保护等领域的公共服务。公共服务建设的具体表现形式有公共政策的制定与实施、公共财政的支出与优惠、市政基础设施的建设、科教文卫体事业的发展、社会保障体系的构建以及生态环境整治等；二是要建立有效的公共资源配置的体制机制，要将有限的公共资源按照转型发展的实际需要进行重新配置，要向新型创业和绿色产业的方向倾斜，要向改善民生的方向倾斜，要向生态环境保护方向倾斜，要通过公共资源的重新配置，努力实现基本公共服务的均等化；三是要建立有效的管理运行和供给机制，要不断健全由政府主导、企业参与、社会互动有机构建的公共服务建设机制，充分发挥政府的主导作用，充分实现企业的社会责任，充分动员社会的参与积极性，要加大对公共服务的管理力度，在提供各类公共服务产品的同时，要注重公共服务的实际利用，维护好公共服务产品，避免出现公共产品的空摆设，不断提高公共服务产品的利用效率；四是要加快建设公共服务绩效评价制度，对公共服务建设所涉各类政府部门或单位组织实行绩效考核制度，不断提高各公共部门的自身的公共服务能为和水平，努力达到公共服务的效用最大化，使公共服务各类产品能够真正促进转型发展、民生改善、环境维护与社会进步。

（2）城市基础设施

①加强综合交通基础设施建设

构建优化综合交通网。城市不仅要发展各类交通方式，提升单项交通方式发展水平，还要统筹协调多种方式共同发展，建立结合公路、铁路、航空、水运等多种运输方式的高效率交通网。铁路建设中应该重点关注通道建设、铁道支干线建设，提升路网密度，应用先进的技术手段，增加运输能力，加速实现铁路向网络型靠拢；公路方面主要是对高速公路、公路干线扩容和国道质量的关注，加大投资力度，增加通车里程，加快形成高速公路网；航空建设主要是对民航的运输网建设，尤其是机场设施的建设时关注的重点，构建航空网络，均衡支干线体系。在各种运输方式发展的同时，还要将他们联系起来，形成庞大的综合交通网。

建设综合交通枢纽。为提高城市交通运输效率，实现运输物流的“零换乘”和“无缝衔接”的目标，最好的办法就是建立大型区域性交通枢纽，为了顺应经济社会的发展及配合综合交通网络的使用，在建立这种大型交通枢纽时，最好能够联系多种运输方式的综合性枢纽，这样才能提升城市综合运输能力的发展，紧密联系城市内外交通，提高城市道路交通设施服务水平。这些枢纽的结构布局将是分析规划时的重点，将直接影响枢纽运营的效率。

推进公共交通设施建设。目前城市普遍存在交通拥堵现象，为有效解决这个影响城市基础设施现代化水平的问题，最好的办法就是推进公共交通优先发展策略，提升交通基础设施建设，充分发挥地铁、轻轨等公共交通的作用，并将充电站、公共停车场、公共交通枢纽等公共交通的配套设施建设也涵盖在工作日程上。对公共交通设施要精细研究设计，争取使交通设施的功能和效率发挥到最大水平。

②完善给水排水水利基础设施建设

现阶段，加强城市供水排水基础设施的改造和建设刻不容缓，主要应该从下列几方面着手：

保证城市水源供应。无论是正常用水还是饮水都应该供应充足，这就要求对水资源的开发建设和保护，并且能够合理利用，限制甚至是禁止在城市统一供水覆盖范围内的个人供水设备，提升水资源统一配置效率，也为供应水源的安全性提供保障。

要实现对城市排水基础设施的规范建设。要想具体设定排水设施的规模水平，必须要先掌握目前城市排水设施的现状，然后再在此基础上根据当地降雨规模、目前积水程度、以往洪灾大小来确定。在建设的具体过程中，还要综合考虑城市自身特性，因地制宜地建设削峰调蓄设施。

加快污水处理设施建设。对污水处理，城市要将污水处理设施建设和设施的正常运营作为关注的重点，首先要对原本落后的基础设施进行系统改造建设，保证经污水处理企业处理后的污水能够达到排放标准，尽量使污水集中处理，减少资源不必要的浪费。

建立安全完善的城市防洪基础设施保障体系。全方位提升城市防涝、防洪本领，对水库、堤防等进行加固，确保城市安全。健全水文、气象监测预报系统，不断推动基层防汛设施建设，提升防洪应急抢险处理水平。

③强化信息网络建设

加快城市信息基础设施建设包括电子政务建设、电子商务架构、宽带接入网建设、互联网建设、移动通信网建设、广播电视网建设等多种形式的信息网络设施建设。而且如果信息网建设要和其他城市基础设施结合使用更加能体现信息化的先进性，如应用在交通运输调度以及水资源管理方面的信息技术都在其领域发挥了重要作用。

引进先进信息技术，采用新的思想，建设高效安全的信息技术网络平台，以实现统一的城市信息网络平台为目标，建立电子政务服务平台、电商交易系统、社区信息服务等相结合的高效信息网络平台，全面扩展物联网技术、电商技术的应用范围，提升城市信息化水平。

（3）老旧厂区

①基本原则

随着老旧工业厂区得到人们的关注，大量的改造规划方式出现，对厂区改造的类型是多种多样的，这就需要在改造的过程中遵循一定的设计原则，本书认为应遵循如下原则：

A. 原真性原则

原真性原则是指在旧工业厂区改造的过程中，对原有老厂区的存在状态与周边所有环境相保持的真实性，保持建筑的结构体系，且保持原有建筑的肌理，保护它历史的真实性。对厂区的改造可以根据建筑的可利用价值分析进行拆卸和重置，使其以区别于原来的方式呈现出来。原真性还体现在厂区的整体空间逻辑关系中，厂区中每个不同的分区承担不同的功能需求，如生活区与生产区的环境形态、建筑风格各不相同，这就要求在改造时保护和尊重原有建筑的历史。

B. 发展性原则

旧工业厂区改造过程中要用发展的眼光进行设计，根据建筑物的特点充分挖掘其特色，提高改造后空间的使用效率。运用时下先进的科学技术，搭配新材料进行改造设计，最大限度延长建筑的使用寿命。用前瞻性的眼光设计改造旧工业厂区，营造独具特色的空间形式，使旧厂区以新的姿态获得新生，传承工业文化的轨迹，弘扬工业文明。

C. 生态性原则

生态性原则要求在旧工业厂区改造过程中减少对环境的破坏，选材时尽量使用可再生资源、可再生材料，避免使用高能耗建材。原有厂区中的环境受化学废料污染较为严重，应注重对场地的生态恢复，对场地原有植物进行梳理，保护年代较久的树种，补植乡土树种，最大限度的保护厂区的植被，以缓解对环境的破坏。面对旧厂区中环境差、污染重的问题，提倡治理和发展相结合的改造设计手法。

D. 经济性原则

经济性原则要求在改造设计过程中降低成本，最大程度重复利用厂区原有资源，减少原场地旧工业资源的浪费，合理利用改造中的建设投资。用旧工业厂区的改造创造就业机会与商业液态，为周围居民带来就业和营利机会，带动该地区的经济发展。

②改造策略

A. 功能置换型的改造再利用模式

功能置换是废旧工业厂区改造再利用模式中最为普遍采用的一类模式，通过去除原有的工业生产属性，对原有建筑和配套设施加以适度改造，使之成为与城市空间分布和产业结构升级趋势相适应的功能空间（如将原有的工业生产业态置换成房地产、零售、生产服务、文化创意等业态）。

按照对原有建筑的拆除程度，功能置换型改造模式可细分为完全拆除的“推倒重建”式改造（如北京垡头化工区改造）和部分拆除的“穿靴戴帽”式改造（如 798 创意文化园区改造）。在城市更新的早期，一般多采用“推倒重建”方式，城市管理机构按照既定的功能对原工业生产功能进行置换，用地性质和开发强度也随之改变；但随着城市管理者对城市更新目的认识的逐步深入，一般不再采取通过推倒重建的方式来实现城市的更新改造，而是尽可能多地保留原有厂区的空间肌理，留存更多的历史文化记忆，置换后的功能也不再由城市管理机构预先设定。如北京酒仙桥地区的原松下显像管电子工业厂区，在城市更新的过程中，先后以 ABB 总部、民生美术馆等为触媒，逐步将工业生产功能置换出厂区，通过适度的基础设施配套改造，将产业结构由电子元器件生产置换为以总部经济、文创产业和生产服务业为主的城市空间单元。首钢 2011 年正式停产后，建筑逐渐破败，经过创意改造变成办公区，高炉变成博物馆，冷却塔变成冬奥会跳台。

B. 功能延续型的改造模式

功能延续是废旧工业厂区改造再利用的另一种改造模式，厂区的工业生产或工业研发功能通过产业转型或升级改造的方式得以延续，但生产形态、产业内核都发生了深刻的变化。这种改造再利用模式的核心即生产功能的延续，土地使用性质不予改变，是产业功能区和工业园区普遍采用的一种改造模式。

根据改造再利用前后工业门类的不同可细分为产业转型式改造和产业升级式改造。前者多在不同工业门类的企业间，通过资产清算、交易的方式实现土地、厂房建筑的过户或通过土地收储的形式实现土地的再次转让，从而实现改造再利用。由于生产工艺对厂房和基础设施的要求不同，因此除通用性较强的建、构筑物如能源车间、辅助车间外，基本采取推倒重建的方式进行改造和再利用。后者多在类似工业门类的不同企业或不同门类的工业研发企业间进行，由于厂区建筑通用性较强、生产工艺类似，因此只需对建筑物的内部功能及外观进行零星改造即可实现改造再利用的目的。

根据改造规模的不同，功能延续型改造再利用可以细分为区域统筹式和单一节点式。早期建设的以“三来一补”和劳动密集型工业为主的产业园区由于受到空间资源、配套基础设施和劳动力成本等资源禀赋的约束，原有的以要素投入为主的发展模式已难以为继，因此多采用整个园区或街区层面的集中统筹改造再利用方式。如深圳宝安的银田工业区即对原有的印刷、五金、塑料等低端产业的工业园实施统筹改造再利用，通过政府部门的统筹规划改造、统筹资源配置、统筹基础设施建设将园区重新打造成以电子信息、先进装备制造和研发总部为定位的新型产业园区。而在以高端产业和总部研发为主的工业园区中，对资源要素的投入依存度较低，基础设施配套齐全，因此改造再利用往往是由于产品周期或行业发展周期导致的企业自发行为，多零星独立出现。

C. 生态修复型改造模式

生态修复型改造模式以修复生态学理论为基础，更多的强调工业废弃地受损生态系统的修复问题，力图利用特异生物对污染物的代谢过程，并借助物理化学修复及工程技术上的相关措施，通过优化组合，实现环境修复的目标。在实践中，生态修复型的废旧工业厂区改造模式往往通过建设工业遗址公园或城市开敞空间的形式加以实现，对工业遗迹作为公园的主要景观元素加以利用和保护。改造过程中将景观设计与其原用途紧密结合，将工业遗产与生态绿地交织在一起，在为城市提供必要的开放空间和景观的同时，通过生态恢复技术对被污染的土壤、水体进行恢复，实现土地的循环利用和可持续发展。

（4）老旧社区

在老旧社区治理是针对于老旧社区，一般是指对建设年代较早，规划相对滞后，房屋及配套设施陈旧并需要进行不同程度的维护和保养，需要拆建提升住宅区域的管理方法。老旧社区治理作为城市治理的重要元素，是否能在城市建设飞速发展的今日继续焕发活力、发挥功能已经成为城市治理、建设面前的重要课题。如何改善老旧社区的居住面貌，大大提高业主或居住民众的生活水平，进而带动了整个城市的品质提升是老旧社区当务之急要解决的问题。根据该老旧社区改造，提出以下几点更新改造策略：

①优化社区功能

在老旧社区更新改造的过程中，不仅要保留原有的功能，同时也要对社区的功能进行优化和创新，因此，可以通过以下方式对社区的功能进行全面优化：A. 在改造更新的过程中，应当要尊重社区原有的居住功能，增强社区商业功能，包括衣食住行方面的服务功能，如：快递公司、旅行社、保健公司、商超便利店、特色小吃、干洗店、健身房、诊所、服装店等；B. 适当增加文化休闲功能，在社区内建设社区文化广场，配置一定数量的运动器材，如单双杠、秋千、肩关节康复器、棋牌桌、休闲椅、小型篮球场、羽毛球场等，提升社区的文化休闲功能；C. 增加外挂电梯。

②优化交通环境

优化交通环境是老旧社区改造过程中的重点内容之一。良好的交通环境能够为社区居民的出行带来方便，因此，可以从以下几点优化交通环境：A. 宏观角度。在修缮基本道路的基础上，适当增加社区道路，形成“四通八达”而又不凌乱的交通系统，可以通过生态走廊区分人行道和机动车道；B. 微观角度。为社区老人和小孩提供专门的道路，平整无障碍，或设置路牌，加强道路指引性；C. 优化机动车、自行车的停车设施，建立地下车库，并规划机动车停车位，合理设置进出口位置，同时在地上建立自行车停车棚，避免机动车与自行车随意停放。

③修复生态景观

修复生态景观是老旧社区更新过程中的重点环节之一，对社区居民的生活有着直接影响。A. 对原有的绿化进行补充，并在现代化绿化理念下对绿化的形态进行丰富，如：立体绿化形式、废物再利用形式等。比如：利用爬山虎将房顶进行全面绿化，增加美观性的同时也提升了小区空气清新度，并起到冬暖夏凉的自然保温效果；B. 在社区绿化系统中引入更多具有一定观赏性的植物，比如：北方小区中常见的绿化植物有银杏、法桐、皂角、紫藤、海棠、白玉兰、金焰绣线菊、金叶女贞、串串红等；而南方常用的绿化植物有芭蕉、紫薇、薰衣草、观音竹、孔雀草、珊瑚藤等。

④合理更新空间布局

在老旧社区更新的过程中，空间布局不仅是一项综合性较强的工程，同时也是影响居民生活的重要内容之一。A. 合理更新公共空间，在居住的入口处、转角处、交叉口处等空间节点位置改造景观环境，增加乔木、灌木、花卉、路牌等，将社区与城市连接到一起，打造开放性社区；B. 对老旧社区的街道和建筑进行修缮，改善外墙、修缮消防系统，将老旧社区中凌乱的电线、供电系统、照明设施等进行改善，改变小区街道的外观，修缮小区道路，拆除过于老旧的设施。

⑤挖掘地域文化

地域文化在老旧社区更新改造的过程中起着重要的作用。A. 延续传统风貌。适当对沿街建筑进行修复，对一些具有传统风貌的建筑进行高质量的修复，保留其传统的建筑特点，通过粉刷翻新、加固抗震结构、适当地建筑进行扩建和改建，将地域文化与建筑结合到一起，建立特色社区；B. 挖掘社区文化特色。不同的社区有不同的文化特色，包括环境文化、行为文化、精神文化等，在更新改造的过程中，需要全面掌握社区人民的环境意识、资源利用、文化节、趣味竞赛、晚会、郊游、社区精神等方面的文化特色，通过成立社区文化办公室来为社区提供文化保护，同时建立文化交流场所，延续其固有的文化传统。

（5）城市时代风貌

①街道的修补

城市街道的修复侧重点在于城市功能的不断完善，基础设施的不断填补。通过对城市的重要街道界面进行系统的规划设计，以及主要交通节点的不断完善，逐渐满足慢行系统的相关联系。除了经济发展以外，城市还需要有亲和力和安全感，这样的城市才能算是成功的城市。缺少方向引导是城市街道在空间形态方面的主要问题，导致街道空间功能的混乱无章。因此，优化城市街道空间形态需要从以下三个方面发展：A. 街道空间不仅体现汽车的尺度，更重要的是体现人的尺度。保持空间的连续性，沿街道建筑界面形成的街墙应保持 15 ~ 24 米的界面高度，塑造人性化的街墙尺度与宜人的空间高度比；B. 沿街应更多的设置开放空间、广场绿地等，让行人驻足逗留，丰富街道的功能体验，塑造富有活力的休闲街道，提升整体街道品质；C. 沿街建筑的立面设计应该虚实结合，可以采用玻璃与木材、石材、清水砖等纹理和色彩感强的材质进行搭配，相应界面长度不宜超过 50 米，塑造界面的纵向和横向韵律感。

②城市公共卫生的修补

公共厕所的建造，城市中公共厕所的总数量要合理，总量既不能太多，也不能太少。公共厕所的地址应当在方便大家使用的地段，建筑面积则要与服务范围内的人群数量相匹配。同时也要考虑某一地段已有的商场公共厕所，推动建筑内部厕所对外开放的一些措施，能够实现资源共享，政府可以拿出建设资金进行补贴，实现政府减少投资，增加厕所利用效率，方便出行人员，从而实现三赢的局面。

③建筑要素的修补

建筑是组成一个城市最小的物质单元，城市修补六大抓手中，与建筑直接相关的有“城市色彩、广告牌匾、违章建筑拆除”三大方面，因此对于建筑要素的修整是城市修补改造中关键的一步。针对这三大抓手，规划提出了三种策略：A. 城市色彩修补。对建筑功能的完善，并根据建筑的功能对其颜色进行修补，基于对原有空间体量的尊重，根据当下实际运用的需要进行功能的完善升级与优化组织，使其与时俱进的发挥积极的功能作用。在寻求大块街区统一规划的同时，并注重保留独特的文化性装饰符号印记，使其形成独具特色的地方建筑代表形式；B. 规范广告牌匾。建筑外附着物中重要的组成部分广告牌匾在很大的程度上影响着城市文化与风貌，改造通过对城市色彩与民俗文化的提炼设计了不同类型的牌匾，对建筑物底商门头牌匾、外墙上侧挂的灯箱牌匾、建筑顶部的大型牌匾进行了统一的规划整理，来展示城市的性格特色；C. 拆除违章建筑。对于影响城市基本功能正常发挥的建筑（如占据道路红线）；自身矛盾突出、难以继续使用的建筑。对城市环境景观影响巨大的建筑。以及建筑上私自加盖的棚屋、遮阳板雨篷等附加物进行依法拆除，通过这种方式来修补城市的形态。

④城市夜景亮化工程

城市夜景灯光不足，品质不高，监控设备缺失对于城市的亲和力会减少。例如公园的灯光缺少，会造成晚上散步、锻炼、娱乐的人员量的减少，存在一定人身安全的隐患。城市公共区域灯光的亮化对于公共区域实现为市民服务有非常重要的意义；增加居民夜间活动场所对于提升城市活力同样具有非常重要的意义。

⑤地下综合管廊的建设

地下综合管廊的建设和城市修补有许多共同的目标。首先，能够给城市带来更为整洁的市容，路面能够保持完整，不至于经常开挖造成路面补丁；其次，能够减少城市上空的电力输送线、信号传输线，优化城市上空的整洁度；最后，能够节省出本来用作景观绿化等作用的土地，对于城市绿化面积的增加有一定的作用。

⑥提升城市公园综合功能

公园作为城市绿地系统的核心组成部分，既是公众游览、休憩、娱乐、健身、交友、学习、舒缓情绪、减缓压力等的重要场地，也是政府、社会团体等举办相关文化教育活动的公共平台，还是各种城市灾害来临时的主要应急避险场所之一，是老百姓日常生活不可或缺的“第三空间”，是构建社会和谐的重要物质基础。建设公园城市，要切实加强公园配套服务设施建设和管养维护，提升公园综合品质，提升就近服务市民日常活动的功能、城市海绵体功能、防灾避险功能、安全防护功能、大气污染防治功能、节能减排功能和助推绿色生活功能。

⑦加强历史文化保护

注重历史街区保护，加大城市文化挖掘，延续历史文化脉络，加大对地方性特色建筑及自然景观、文化资源和生态环境保护，避免大规模拆旧建新对历史风貌造成不利影响，营造绿色和谐人居环境，建设一批设施完善、环境优美、具有特色的幸福宜居资源型城市。

第四节　资源型城市的“城市双修”实践探索

1. 徐州市绿色转型发展

徐州市位于江苏省西北部，自古为华夏九州之一，是国家第二批历史文化名城，拥有 2600 年的建城史，享有“两汉文化看徐州”的美誉，在中国汉文化形成和发展的过程中具有非常重要的地位。徐州地处承接南北、连接东西的重要战略位置，处于重要的“十字交叉”位置，素有“五省通衢”之称，是全国重要的综合性交通枢纽。苏鲁豫皖四省交界的区位条件，对以徐州为中心的淮海经济区形成了有效辐射，具备了成为中心城市的地理区位优势。

徐州是一座有名的煤城，有 130 余年采煤历史，最多时共计 250 余座煤矿。近年来，同大多数工业城市一样徐州面临着：①煤炭化工、钢铁等支柱产业工业产能过剩；②城市基础设施欠缺、功能不强，城市面貌比较落后；③以煤炭为主的能源结构对空气环境污染影响严重；④采煤采矿采石造成大面积塌陷及工矿废弃地和采石宕口，留下了大量的“生态疮疤”。在相当长的一段时间内对城市和生态造成了不可估量的破坏。

资源型城市面临生态系统破坏、资源环境枯竭等问题。因此，资源型城市振兴应从修复生态系统、改善生态环境等方面展开，城市双修是实现资源型城市绿色转型发展的重要途径。城市双修就像是一场异常城市美化运动，也就是通过生态修复、城市修补的方式实现城市自然生态及居住环境的改善。作为第三批生态修复城市修补试点城市，当前徐州正处于新型工业化和新型城镇化的加速期，无论是产业发展还是城市建设，都具有较强的成长性、可塑性，发展的空间和潜力巨大。

（1）城市双修：探索资源型城市绿色发展

为把徐州建设成为淮海经济区中心城市，把“城市双修”作为重塑生态环境、补齐城市功能短板、提高公共服务水平、增强群众幸福感的重要抓手；应致力转变城市发展方式、提升城市治理能力，探索走出资源型城市绿色发展和谐发展的新路子。为此，徐州市政府成立领导小组印发城市双修工作实施方案，着力建设 10 个城市规划系统。并健全完善总体规划、控制和修建性详细规划、专项保护规划，保护山水特色，构建安全格局，实行修复生态和修补功能。为保护徐州山水特色，构建安全格局，融入“江淮生态大走廊建设”规划，构建了两轴、两湖、多片区、多点的两廊三环的空间结构。即以大运河、黄河故道为轴，微山湖、骆马湖、多个城乡特色片区和多个生态敏感点为两湖、多片区、多点的生态格局：①东南－西北清风廊道：以故黄河为载体，联系吕梁风景区、六大水库、桃花源、临黄湿地等生态空间；②西南－东清风廊道：该廊道联系汉王生态林、云龙湖风景区、泉山森林公园、房亭河等主要生态空间；③三环净风屏障：圈层式布置环城林带，对清风开放，在东北方向对浊风阻挡净化。在规划基础上，市人大常委会还制定了《徐州市山林资源保护条例》，依法严格保护徐州市山林资源，对各种毁林现象进行有效的控制。徐州市年度城市建设重点工程增设了“双修惠民工程”板块，并成立了市级、区级、专项、市企、社会五个渠道筹措资金，制定一系列地方性法规、规章和管理规定，将“城市双修”纳入生态文明考核体系。

（2）生态修复：重构特色山水城市骨架

①创新采煤塌陷地和山体治理修复。生态修复是一项整合城市规划学、生态学、建筑学等学科的应用新领域，也需要城市规划设计、建设和管理等参与的综合性工作。目前徐州煤矿塌陷地总面积为 2.13 万公顷（32 万亩），沉陷深度超过 1.5 米的约 1.5 万公顷（22.5 万亩）。为此，在采煤塌陷地治理上，应建立采煤塌陷地生态修复规划策略，健全采煤塌陷地生态修复规划发展模式：A. 修复策略：整顿矿区周边污染源，提倡环保

清洁生产，建立生态产业链；挖掘塌陷地湿地价值，梳理水系，构建城市生态湿地；探索塌陷地植物修复新技术，利用绿色植物来净化环境中的污染物质。B. 发展模式：完善城市的生态基础设施，创造城郊宜居环境，发展商贸物流产业，配套旅游设施，发展休闲产业，最终接续城市发展空间，实现由“灰”转“绿”。在山体修复方面，结合城中村改造，对主城区云龙山等山坡及其周边棚户区、城中村整体搬迁，全部还绿于民；在采石宕口治理方面，从生态绿化、岩壁造景、历史遗存保护三个方面对主城区 42 处采石宕口实施修复，生态恢复率达到 82.4%。政府依托中德合作共建徐州生态修复示范区项目，划定以九里湖为中心的塌陷地为启动区，并列为中德合作示范区，总用地面积约 31 公顷。划分了生态住区、高效农业、休闲公园、花卉基地、生态湿地等 10 类功能单元。通过对工矿废弃地和采石宕口的精准设计开发可实现生态重构和城市功能更新。

②持续开展水体治理和修复。在水体治理方面，徐州实行退渔还湖、退港还湖工程和黑臭水体综合治理工程。建成了小南湖景区，实施了大龙湖生态治理，彻底改变了新城区的景观格局和生态环境。构建徐州市中心城区大海绵体系，规划主要从生态海绵（生态安全格局）、弹性海绵（水安全系统、水质保障系统）、活力海绵（雨污水资源化利用系统）三个方面进行研究。通过渗、滞、蓄、净、用、排等多种技术实现城市“海绵”功能：A. 生态海绵：构建“一核多廊多心”的蓝绿生态网络格局，识别大的生态斑块、绿廊、水系廊道，构建区内生态安全格局。对城区 164 条河道、湖泊提出具体的生态岸线建设比例，在新建城区，生态岸线比例为 90% ~ 100%；在老城区，结合具体的用地分析，对于可以改造的河道，生态岸线比例为 40% ~ 60%。B. 弹性海绵：构建排水防涝体系，在中心城区共划定了 39 个汇水区，其中老城区 13 个，新建区 12 个，拆建区 4 个，规划区 10 个；利用 MIKE FLOOD 构建排水防涝模型，耦合雨水管网、场地竖向、水系河道等各个系统，在综合分析的基础上提出解决方案。并采用三级污染控制系统落实污染物的削减：一级为湿地净化削减系统（分为强化型湿地和景观型湿地两种），二级为雨水管网终端集中处理系统，三级为源头低影响开发处理系统。C. 活力海绵：雨水的资源化，城市非建设用地以雨水资源生态涵养与面源污染净化为主，区内湿地、水库，总调蓄容积达 1106 万立方米；城市建设用地以径流污染控制为主兼顾洪峰控制，可采取方式雨水罐、蓄水池、小型集中调蓄性水体。

③全面构建城市绿地系统。着力拓展城市绿色空间，将市区沿街沿路 0.67 公顷（10 亩）以下的土地全部由政府收储拆迁用于公园绿地建设。组织实施“市区山地绿化”、“二次进军荒山”等工程。高度重视生物多样性保护工作，相继建成 463 平方公里的省级自然保护区、171.7 平方公里的生态湿地保护区。打造环城国家森林公园、邳州银杏森林公园两个国家级森林公园以及云龙湖、马陵山等省级风景名胜区，有效保育了本地生物物种资源。

(3)城市修补：提升城市功能品质风貌

①城市面貌整治。大力度实施棚户区改造，目前，主城区已启动实施棚户区改造项目300余个、3790万平方米，提供定销安置房1277万平方米，彻底解决了近20万户棚户区家庭居住问题。大力度开展老旧小区整治，老旧小区存在基础设施薄弱、市容环境差、治安案件易发、无物业等问题。政府进行道路环卫设施改造、公共服务设施完善、技防、安防、消防管理提升等方面的综合整治。

②公共设施建设。大力推进违章建设治理工程，政策制定、以人为本、重心下移，有计划拆违，高科技控违，利用无人机建立立体监控网。充分挖掘主城区山体、公园、河湖水系等自然空间及风光资源，考虑健身道的地区服务均衡性，确定健身道性质、健身线路、长度以及宽度设置：A. 致力补上基础设施短板，规划引领基础设施建设。积极推进城市防洪、排水及海绵城市、综合管廊建设，构建了更加安全高效的市政基础设施网络体系；B. 致力改善公共出行条件，规划建设城区快速路210公里，新建改造主次干道128条、204.3公里，道路完好率达98.2%；在建三条轨道交通线路；市区公交覆盖率95%以上；C. 致力完善慢行交通系统，结合现有山体、水体、绿地进行沿河绿道、环湖绿道、连园绿道及健身专用道建设，积极营造居民出行、健身的慢行空间，绿色出行分担率达90%；D. 致力提高公共服务功能，统筹规划建设医疗卫生、教育、文化、体育、养老和农贸市场、街坊中心等城市公共服务设施。

③历史文化传承。为增强空间立体性、平面协调性和风貌整体性，徐州编制完成了城市色彩规划来控制城市色彩体系。精心塑造城市景观，开展建筑立面整治、广告整治、示范路整治。弘扬城市文化特色、守住历史根基，立足彰显楚韵汉风、南秀北雄的城市特质，编制完成历史文化名城保护、户部山、状元府历史文化街区保护、近现代优秀建筑保护等规划。打造回龙窝街区、云龙书院、张山人故居、汉文化景区等文化精品工程，确保徐州历史风貌得以延续、文化底蕴得以传承。在工业遗产方面，建立工业遗产评价体系，确定历史价值和可利用的建筑记忆。在窄轨铁路方面，确立窄轨铁可利用的地段及利用的主题。在区域生态方面，从生态入手，探析区域再生空间的生态营造策略。规划充分利用窄轨铁路工业遗址的资源优势，以及工业遗址、山体河流等要素，结合城市建设用地的开发形成遗址公园、山体公园、邻里公园、窄轨线性公园等，点、线、面有机结合的绿地网络系统。

④城市环境治理。打造“精致、细腻、整洁、有序”城市环境，设立“城市双修馆”等公共平台，让群众充分看到城市修补成果，自觉拥护和支持城市修补工作。加快提升城市管理法治化规范化精细化水平。着力在居民小区整治管理、示范道路创建、便民疏导（服务）点建设、户外广告及店招管理、停车秩序管理等方面进行创新实践。

2. 济宁市采煤塌陷区生态系统重建

济宁是全国重点开发的煤炭基地之一，属于典型的资源型城市。随着矿业资源的开采，遗留下来的是破碎的生态环境，凹凸不平的土地以及遗弃的工业场地，如果得不到有效的治理，对于济宁城市来说是限制其发展的瓶颈。倘若对采矿遗留地采取了有效的治理，不仅可以修复城市生态网络，也可以完成城市空间修补，提高土地使用率，提升土地价值，促进城市转型发展。

城市双修的背景下，不同城市针对“城市病”采取不同的治理方式，济宁市既具有资源型城市所具有的共性问题，也存在其个性问题。济宁市正处于城市转型期，采煤塌陷区的生态修复对城市转型产生重要影响，基于济宁市采煤塌陷地的独特性，以环城生态绿带规划为抓手，加强城市生态修复功能，修补城市绿地空间，探索城市双修背景下济宁市采煤塌陷区生态系统重建的新方式，形成“一环八水绕济宁、十二明珠映古城”特色水城风貌，以期为济宁城市转型提供契机并能为其他资源型城市提供参考。

（1）济宁市采煤塌陷区主要特征

济宁市矿产资源丰富，以煤资源为主，含煤面积 4826 平方公里，占济宁市总面积的 45%，是全国重点开发的煤炭基地之一。由于煤矿的开采，导致济宁市因采煤已累计塌陷土地 2.8 万公顷，预计至 2020 年，采煤塌陷区将达到 5 万公顷。济宁市采煤塌陷区具有以下特征：①环城市建成区周边。济宁建成区周边几乎被采煤塌陷区所覆盖，其中许厂煤矿、济宁二号煤矿、三号煤矿已经被城市建成区所包围，唐口煤矿新河煤矿与济宁市古运河重叠，紧邻城市。鲍店煤矿和兴隆庄煤矿紧邻泗河，被邹城市、兖州区和任城区所围合。②塌陷规模大、重度塌陷面积广。根据最新塌陷预测数据，济宁市环城生态绿带范围内塌陷总面积 273 平方公里，轻度塌陷（下沉值小于 2m，地表不积水或局部季节性积水）的塌陷地面积为 152 平方公里，占比 56%；中度塌陷（下沉值在 2 ~ 4m 之间，地表季节性积水或局部长年积水）的塌陷地面积为 46 平方公里，占比 17%；深度塌陷（下沉值在 4m 以上，地表常年积水）的塌陷地面积为 76 平方公里，占比 27%。③塌陷区以农田为主。济宁的采煤塌陷区与农田大范围的重叠，农田占整个塌陷区的 50% 以上。由于塌陷区大范围积水现象突出，复垦耕地的难度大。即使复垦，由于受塌陷地的影响，土质肥力差，严重影响了农民种植的积极性，经济效益差。

（2）济宁市采煤塌陷区的生态修复实践

济宁市正处于城市转型期，采煤塌陷区的生态修复对城市转型产生了重要影响，基于济宁市采煤塌陷地的独特性，以环城生态绿带建设为抓手，加强城市生态修复功能，修补城市绿地空间，探索城市双修背景下采煤塌陷区生态系统修复的新方式。环城生态绿带以城市规划为统领，利用重度塌陷地，规划 12 个生态湿地，形成楔形绿地，渗透到城市内部，通过串联城市中的河、湖、水系、湿地，形成生态水网，共同打造“一环八水绕济宁、十二明珠映古城”的济宁中心城区的生态格局。

①济宁市采煤塌陷区的生态修复策略。针对重度采煤塌陷区共四种复垦治理模式：综合养殖模式、平原水库模式、湿地生态公园模式、休闲观光旅游模式。基于济宁市采煤塌陷区的特点，在生态修复的策略上采取了以景观生态策略为主，辅以农业复垦措施。

农业景观。济宁市作为煤炭粮食复合主产区，塌陷区被 50% 以上的农田所覆盖，且复垦为农田的投资成本较低，即可减轻政府和企业的资金压力又可保证基本农田的面积不减少。因此，针对轻度（<2 米）和中度塌陷区（2 ~ 4 米）复垦时，以恢复耕种为主，农业景观结合的方式。农业景观在发达国家已经成为一种重要的景观资源，在济宁环城绿带的规划中尽量保留原有农田基底，结合农业生产形成一 定规模的特色农田景观，营造季相变化的大地农田景观，为城市居民提供农事体验和田园风光为一体的农业景观风貌。

平原水库。济宁市多年来人均水资源占用量为 558 立方米，都市区人均当地水资源占有量为 219.4 立方米，远 低于联合国确定的人均占有 1000 立方米的警戒线，属于严重缺水地区。由于城市雨水系统的不完善，导致雨季内涝，旱季紧缺。在环城绿带规划中将重度塌陷区域结合平原水库，规划少康湖、天宝寺湖、兴隆湖三个平原水库，为济宁城市的未来增加蓄水量。平原水库结合景观设计，打造成为城市边的水库湿地景观。

生态湿地公园。重度塌陷地由于现在或未来形成的深水面，水面的形成对于城市来说是不可多得的资源。许多城市尝试建设湿地公园以充分利用塌陷区的水面，如徐州的潘安湖公园、大同的文瀛湖公园，并取得了良好的生态效益和经济效益。

根据济宁市采煤塌陷区分布的地域特点和自身浓厚的文化旅游资源，以生态恢复治理发展湿地公园和观光旅游为主。利用煤炭塌陷地，将中重度塌陷地采用景观化的处理手法，形成为以水为核心的湿地群落，为城市提供绿肾；梳理原有的农田林网、尽可能的保留自然元素，展示乡村肌理，强化村落特色；挖掘十二明珠所在地的风土人文要素，整合物质和非物质文化资源，建设为 12 个生态湿地公园，既可以为城市居民提供后花园，又可增加城市与乡村间的互动。通过农家乐，农产品展示、农产品直销等渠道将城市与乡村联动发展，形成可持续的发展动力。对于未来塌陷的深水面，规划提出衍变的规划理念，以尊重自然，再现塌陷的衍变过程通过景观的手法，从最初以农田为基底，衍变为田水交融，经过塌陷区的最终形成，加以人工修饰，形成田林水岛的景观风貌。

②济宁市环城生态绿带规划实践。济宁环城生态绿带规划以 12 个生态湿地公园为“点”，水系和道路绿化为“线”，环城生态绿带为“面”，共同构筑一体化的城市生态网络格局。

构建河湖共生的生态水网。针对济宁市市区旱季缺水雨季内涝的问题，利用塌陷地建设成为地表水源，承担水柜功能，旱季为城市补水，通过沟通串联济宁都市区河、湖、溪、湿地水系统，增加东西水系，形成城市水网系统，及时解决雨季内涝问题。

保护和建立多样化的乡土生境。济宁环城生态绿带农田林地占 60% 以上，环城生态绿带的建设是营造田林草湖交织的生态景观风貌，将大面积的乡村农田作为城市的生态基底，让田林湖水草渗透进城市，形成南湖北林地，西田东湿地多样化的乡土生境。

均衡城市绿地空间。环城生态绿带的建设在规划层面通过构建城市绿色空间网络，提升绿色空间覆盖程度，使得市民无论在城市中心区还是在郊区，均衡享受到高质量的绿色空间；其次，提升城市绿色空间的可达性，让绿色空间贴近生活，让人们安全、便捷、就近地享受到绿色空间，塑造城市交往空间。

提升城市品质。环城绿带不仅为城市提供了大小不等的公园空间，而且通过环城绿带串联公共绿地，促进城市公园建设及城市绿地空间的修补，完善结构性绿地空间布局，使人们在密集聚居的城市中享受了休闲、游憩和交往的绿色空间。绿地空间还具有综合服务的能力，可以满足城市居民的生态保护、文化传承、科普教育等，是提升城市品质的重要手段。

延展城市文化网络。济宁是“孔孟之乡、礼仪之邦”，是著名的“东方圣城”，济宁也是一个因水生城，因水兴城的运河之都，被称为“江北小苏州”。运河之都的地位决定了济宁是个南北文化交融之地，文化是济宁城市的灵魂。环城生态绿带的范围内覆盖了大面积的农林水系，涉及了 557 个行政村单位的村镇及工矿建设用地，且部分村庄具有一定的特色与知名度。环城生态绿带结合现状特征，从三个方面打造济宁城市文化网络。第一，打造更融合的活力乡村体系。推进特色乡村建设、乡村功能更新、设施提升、改善村庄风貌，强化乡村吸引力，形成集人文、农林、生态、工业、商贸为主题的乡村综合体；第二，建设以河湖水系为特色的水文化网络。通过塌陷地大水面的形成、水系的连通、运河文化的加强，突出济宁的水文化特色；第三，体现生活化休闲游憩体统。在环城生态绿带中，围绕农业、文化、娱乐、工创四大主题，结合

12 个生态湿地，设置多个游憩兴趣点及游憩服务点、设置环状的游憩线路及游憩功能片区，提出以市民服务为中心的休闲游憩，共融共生的生态空间。

3. 淮南市绿色发展策略

煤炭城市在面临传统“三废”污染的同时，煤矿企业采煤所引起的采煤塌陷区已经成为当前面临的最大生态环境问题。九大采煤塌陷区位于淮南市山北老城区和山南新城区之间，紧邻舜耕山北麓，在淮南市城市规划发展中占有十分重要的地位。该区域是淮南市区内最早的塌陷区，其遭受到的环境污染、生态破坏时间久远，较为严重，同时煤矿企业聚集地也面临着基础设施、公共服务不足等问题。采煤塌陷地的形成与持续对当地社会环境和谐发展带来负面影响，不断扩大的塌陷地侵蚀土地，破坏农田，造成土地资源严重浪费，农民无地可耕，加剧了人地矛盾，生态环境受到破坏。

安徽淮南是全国 6 个重点“加快推进资源型城市转型”的试点城市之一，实施采煤塌陷区综合治理，推进毛集、八公山、谢家集、大通等 4 个老矿区生态修复，进一步落实搬迁居民生活改善，完善基本养老、失业、基本医疗等社会保险制度，进一步提升“五彩淮南”新形象，创造宜居环境是十分必要的。淮南市生态修复规划范围东至 206 国道，西至淮舜南路，南依优美的舜耕山，北临林场路与九大路。规划范围内涉及到长青煤矿、淮南农林处一号井、大通区九矿、大通区一矿、大通区三矿、大通区三号井、大通区九号井的原来采煤区域，有的已经形成塌陷区地质，已相对稳定，有的存在潜在塌陷，塌陷区的范围主要是指采煤不稳定区和岩溶不稳定区。

（1）总体策略

以“城市双修”为手段，全面提升城市品质。通过对九大采煤塌陷区的生态修复和城市修补，治理煤炭塌陷地区生态系统破损、空间秩序混乱、配套设施缺失等问题，恢复城市自然生态，使城市荒地、废弃地变为可利用之地，提升风貌特色，传承城市历史文脉，促进可持续发展，让人民群众有更多的获得感和幸福感。

（2）生态修复

挖掘、整合自然山水、历史文化等特色资源，打造区域魅力休闲区；完善线路组织，加强旅游服务硬软件建设，增强城市宜游性，推进全域旅游。①山体修复。加强对塌陷区山体自然风貌的保护。根据塌陷区各区域受损情况，采取工程措施，对采石矿及采石坑底进行修复。保护原有植被，恢复山体自然形态，在规划区原有山体景观基础上提高绿化覆盖率。同时以“修复—展示—利用”为原则，探索山体修复利用新模式。

②水体整治与修复。沟通梳理现状水系、扩大水域面积，构成水网系统，通过3条排洪沟，与淮河、高塘河连接形成水循环。综合整治黑臭水体，全面实施控源截污，开展水体清淤，恢复和保持河湖水系的自然连通和流动性。疏浚现有水道，发挥其泄洪能力。③废弃地修复利用。区域内采煤塌陷区、废弃的采石场及周边区域，长期无人治理，环境恶劣，形成大面积的城市荒地和废弃地。根据城市规划和城市双修，合理安排利用为五大生态板块：生态湿地区、花卉苗圃盆景园、湿地公园、绿地及矸石区修复。④完善绿地系统。塌陷区总体的绿地系统规划满足淮南市绿地系统规划的要求，内部按照具体地形地貌和社会历史条件合理安排划分为6种主要绿地功能系统。力求通过整治塌陷区环境的方法，逐步完成塌陷区植被景观的恢复和完善。同时，根据规划布局和资源情况，结合道路、水系、绿地最终形成"一脉、一带、两核、三廊、多心"的景观结构。

（3）城市修补

①完善配套设施。完善塌陷区给水、排水、燃气、供热、通信、电力等基础设施。统筹规划建设基本医疗卫生、教育文化、体育、养老、物流配送等公共服务设施，不断提高服务水平。②增加公共空间。加大违法建设查处拆除力度，积极拓展公园绿地、城市广场等公共空间，完善公共空间体系。地块内的有污染企业强制搬迁、拆除；简陋的房舍应拆除；并加强对道路两侧、山边、水边的环境整治；对原有的垃圾场原位封场，封场后建设为花卉、苗圃盆景园。③保护历史文化。区域内历史文化遗产分别有日寇侵占淮南罪行遗址（含碉堡水牢、秘密水牢、万人坑、日军南宿舍碉堡）和工业遗产（9号井遗址）两处。确定保护范围，划定建设控制地带。④塑造城市时代风貌。加强总体城市双修，确定城市风貌特色，建立城市景观框架，塑造现代城市形象。

城市发展转型是资源型城市发展的必然途径。通过生态修复和城市修补，改善人居环境；完善公共配套，加载功能，提升品质；延续城市原有历史记忆，塑造城市新风貌，是实现城市发展双赢目的的有效途径。

4. 北京京西矿区再生利用规划

京西矿区位于北京城市周边的城郊接合部，受山地地形和矿产资源分布影响，相较于城市内部繁华地区，京西矿区居民集聚点分布过于分散，公共服务设施配套程度较低，城市建设水平仍待提高。在管理上，城市和矿区各自为政，矿区呈现二元结构体制，缺乏宏观整体性发展规划，矿城未能真正融为一体。京西矿区虽纳入门头沟、房山两区的总体土地利用规划中，但仍存在规划滞后、长期发展和短期开发存在冲突矛盾的问题。土地利用结构单一，功能分区破碎混乱，独立工矿用地规模过大。京西矿区以矿业开采为主要依托产业，其他产业（尤其是第三产业）经济规模过小，经济后期发展缺乏动力支撑。高精尖技术企业较少，科技人员比例和科技资金投入与市中心差距较大，人才吸引力不足。一、二产业的旅游业转化效能低下，缺乏有效衔接和拓展。

京西矿区再生利用规划目标

（1）城市修补目标。基于“城市双修”理念，合理规划矿区土地空间结构，修补矿区功能结构网络，提升矿区人居环境品质。通过定性和定量分析，对缺乏的城市功能进行规划修补，打造近郊精品旅游项目，对公共服务设施进行补充完善，改善矿区市政基础设施，完善公共服务功能质量。修补矿区道路交通网络，保护并传承矿区历史文化，打造产业、交通、空间协同的特色矿区。

（2）生态修复目标。引入“海绵城市”、景观生态学和绿色基础设施等先进生态理念，基于整体发展观修复矿区受损土地、减少矿区不透水区域、循环利用矿业废水，构建绿色雨水基础设施，提升矿区城市韧性。以现有山体、绿廊为基础，构建具有矿区特色的景观生态网络。织补被城市建设肢解的城市肌理，构建城市完整连贯的山水骨架和空间形态。按照“连点成线、串线成片、由片成网”的思路，提升矿区环境承载力，对矿区生态要素按照“斑块 – 廊道 – 基底”要素进行修复。通过生态环境修复提高周边场地价值，打造环境友好与经济发展协调发展的宜居型矿业乡镇，提升矿区居民幸福感。

（3）京西矿区再生利用规划策略

①打造“一核、两轴、三中心”的空间结构。新形势下，对于矿业废弃地的存量型规划，如果仍因循传统的土地复垦和生态修复层面解决转型升级问题显然已经力不从心，需要寻找能够统筹协调生态保护和产业发展的综合的、全面的再生利用对策。在空间结构优化上，尊重自然生态格局和矿业特色文化，识别与实现转型升级、矿业文化振兴、人居环境改善等总体整合规划目标最密切的重点地区，重新布局废弃地转型产业。引进新兴功能时，以完善公共服务设施和适应自然资源禀赋为基础，依托自然山体和水体，提出打造“一核、两轴、三片区”的空间结构策略。其中，“一核”，即以永定河为核心发展中心，沿永定河串联各矿业废弃地，形成矿区活力发展纽带，同时，将王平镇矿业废弃地打造为商业综合服务中心，形成核心动力区；“两轴”，即以 X004 县道和 X017 县道分别打造生态涵养轴和生态产业发展轴，建设矿山主题公园、科研实训基地、生态修复基地和养老居住示范基地，形成新的经济增长点；“三片区”，就是以安家滩、花坡根为中心形成生态修复示范区；以大台、木城涧为中心形成矿业科技文化展示区，服务首都科技创新功能新定位；以千军台、大安山为中心形成休闲度假体验区。通过打造的商业、旅游、科研、居住四大功能中心，实现多元产业间的相互融合，形成多

方向的发展轴和多元化的发展节点，丰富矿区产业结构和土地用地类型，促使矿业废弃地功能集聚并形成规模效应。

②完善交通网络，改善公共交通设施。京西矿区村镇依矿而建，建成时间较长，加之位于城郊接合部而疏于规划管理，矿区道路往往不成体系。通达性是影响城市空间使用效率的重要指标。沿 G109 国道轴对外交通相对发达，但 X004 县道轴交通联系较弱，部分沿途废弃地（如安家滩煤矿）受泥石流、山体滑坡影响，使得交通网络破碎，道路中断，可达性较差，城市空间使用率较低。大安山煤矿和千军台煤矿直线距离不超过 6 公里，然而由于位于两个行政区边界，地面并无连接的公路，需绕行 70 余公里才能到达，导致矿业废弃地组团间的交通联系较弱，制约域外游客到达待开发场地。现有的道路体系规划之初并未考虑慢行交通系统，自行车、机动车和行人混杂在一起，随着近年来骑行的流行，许多骑行爱好者紧挨着行驶的机动车前行，存在严重安全隐患。因此，应加强矿业废弃地组团间的交通联系，通过对交通网络的补带动京西矿区功能网络和生态网络的重塑。采用“通、顺、补”的策略对交通网络进行修补和完善：一方面，梳理花坡根、安家滩组团的现有道路，织补因质灾害而破碎的交通结构，提高道路品质，增加道路绿化，构建互联互通的道路网络；另一方面，对千军台到大安山的断头路实行近期打通人行道路、中远期打通高速公路的策略，完善县际、乡际等边界通道。理顺河流沿岸和景观观赏路线的道路慢行交通系统，以京西古道为基础，打造串联各矿业废弃地的慢行道路系统，落实“公交优先，鼓励慢行”的思路，强化车行道两侧的骑行和步行路径，从车步共享向步行独享过渡；创造连续畅通的矿区道路网络，加快区域综合交通网络建设。目前，大台到木城涧矿仅有国道 G109 相连，矿业废弃地之间联系相对松散，可利用原有运煤铁路打造慢行道路系统，完善矿区主次干道建设。

③修复水网绿网，重塑景观生态格局。水网修复：水网是融合城镇生态、景观和文化功能的基底，是构筑城市生态安全格局的主要骨架。近年来，水网的经济和交通功能愈来愈得到凸显，水网在城市建设中承担的防洪排涝、文化承载、水体自净、旅游景观的功能得到了政府越来越多的重视。京西矿区水系发达，主要由永定河、樱桃泉、京西十八潭、王平湿地和大台湿地组成，水体来源主要包括矿井废水、生活中水和雨水。京西矿区的水网开发尚不成体系，河流截污不彻底，雨水径流和水质污染问题突出，滨水空间生态品质不高，文化彰显不足。京西矿区的水网修复在做好防洪排涝和水体整治工作的基础上，调整水网功能布局、控制水网空间形态、设计慢行交通系统、塑造滨河人文生态带，形成“五水合一”的水网体系，用清水和绿地串联起京西矿区皇家官窑千年历史。水网修补和绿网修补相结合，挖掘矿业场所精神，延续矿区山水交映格局和矿业历史文脉，修补河道两侧的微空间和微绿地，为居民提供休闲娱乐场所，控制现有污染源，发挥水系调蓄洪水、拦截泥污、自我净化功能，形成调蓄有度、系

统成网的水生态系统。其中，永定河和王平湿地紧邻王平镇政府和王平镇煤矿，是京西矿区水系的主要组成部分，周围居住居民较多。目前王平湿地水体尚存在污染，仍需对水域、河漫滩、驳岸进行治理修复。强化王平水系与王平镇休闲绿道系统、开放空间系统的相互衔接和相互协调性，运用景观手段进行景观功能布局和雨洪设施布局，打造独特景观形象。大台湿地和樱桃泉距大台煤矿约 5 里，水源以矿业废水为主。矿业废水中含有悬浮物、锰、铜、锌等有毒物质，合理净化后可以作为景观用水，减少其对环境的污染。将大台湿地、樱桃泉与大台科研产业基地结合，利用湿地自净化能力，通过湿地净化水塘，通过生物作用降解矿业废水中的污染物，将矿业废水“变废为宝”，进行生态治理和场地雨洪管理。同时结合场地的自然排水路径，为场地提供宜人的水体景观，调节区域气候平衡。

绿网修复：京西矿区植被覆盖率达到85%，自然环境整体优美、生态资源丰富。然而，京西矿区尚未形成完整的山水生态廊道。矸石山、塌陷地、矿业废弃工业广场形成了生态破损板块，对矿区生态环境产生不利影响。因此，绿网修复需考虑京西矿区与外围山体水体联系，加大废弃地修复和复垦力度，修复城市空间环境和景观风貌。结合生态休闲娱乐和科普教育建立山水生态廊道，连通京西矿区绿色生态空间，培养特色旅游、休闲农业等绿色生态产业，提升城市活力。具体而言：①设计尊重动物栖息习惯，适合京西矿区本土动植物生存环境的生态修复方案，保护并修复野生动物栖息地和迁徙走廊，吸引鸟类和其他走兽类重返矿区；②对矿业挖损废弃地进行生态修复，从土壤改良、植被恢复、水土保持、复垦模式等角度探讨矿业废弃地的土地复垦与水土保持策略，引进种植吸收重金属的植被，规定矿业废弃地 800 米范围内严禁种植农作物；③结合矿区生态资源，将清凉界风景区、瓜草地冰瀑、京西十八潭和农业观光园、民俗旅游区资源整合，通过资源优势互补、重组优化和提升档次来协调生态环境屏障和增强旅游竞争力的关系；④对废弃地生态修复的同时重视与景观环境营造、城市生态重建相结合，兼顾使用雨洪管理策略，将矿业废弃地纳入城市“海绵”绿地体系。低影响开发措施主要通过“渗、蓄、净、用、排”等关键技术，以及减少不透水区域、种植屋顶、透水铺装、雨水花园、人工湿地、植草沟和渗透带等策略来实现城市内涝缓解和场地雨洪管理。结合矿业废弃地的自身特殊性，矿业废弃地的可持续雨洪管理策略应与减少场地不透水区域、矸石山生态修复和土壤修复问题相结合，利用地形地势进行场地雨洪管理和生态环境修复。

④传承矿业文化，修复矿区生活方式。强化矿业文化特色、增强矿区文化识别性是传承与发展矿业乡土文化，让矿区再次成为当地居民发家致富的重要支撑点。京西矿区矿业废弃地再生规划设计应着重通过复兴矿业文化使城市变得宜居、地域化，并实现“山水人文和谐矿区”。主要从以下三方面修复京西矿区矿业废弃地生活方式：A. 结

合历史资料，恢复性的重建文化构筑物，唤醒市民记忆。对矿业废弃地与矿产查勘、开采、选冶相关的工业遗存进行摸底调查，既包括矿场、废旧厂房、工具和建筑群等物质文化遗产，也包括文字记载、非物质工艺艺术等非物质文化遗产。保证原真性前提下，对矿业物质文化遗产和非物质文化遗产进行改造再利用，在此基础上添置新的功能和相关元素。值得指出的是，矿业废弃地废旧工业厂房的改造应尽量与绿色建筑理念结合，满足绿色建筑发展需要，并在改造前进行改造设计评价。B. 利用“故事”组织空间、策划活动。将矿业遗产与周边工业遗产和其他旅游景区相结合，采取联合开发模式，以获取更高的资源集聚度和互补优势。沿京西古道和打造的慢行系统串联各个矿业废弃地，将沿途的北魏长城遗迹、武定刻石、马致远故居、十里八桥古道、庄户番会等人文旅游资源串联打通。C. 矿业废弃地功能修补以解决周边居民生活需要为基础，打造既能带动矿区产业经济发展，又满足居民需求的复合功能区域，形成多方向的发展轴和多元化的发展节点。例如，王平镇功能定位是商业综合服务区，通过打造集购物、餐饮、住宿、商贸市场、文体广场等功能为一体的复合型综合服务中心，为矿区居民和来访游客提供综合配套服务，丰富矿区居民文化娱乐设施，激发矿区经济发展潜力。而安家滩、花坡根的功能定位是生态修复示范区，通过建设生态涵养示范基地，围绕土地复垦开展种植、养护、加工一体化的绿色生态产业，协调好生态保护和经济发展的关系。

5. 基于城市双修视角下资源型城市绿色发展启示

“城市双修”作为城市绿色发展的重要平台，起到推动城市绿色发展的重要作用。一方面，“城市双修”作为实现以人为本的新型城镇化的重要抓手，把推进以人为本的新型城镇化、完善公共服务、增加公共空间、改善出行条件、改造老旧小区等重要的民生工程作为主要任务紧紧抓在手上，着力提高群众福祉。另一方面，“城市双修”作为推进供给侧结构性改革的重要途径，从问题导向入手解决城市绿色发展的瓶颈问题，着力加强供给侧结构性改革，通过深层次的改革为城市绿色发展提供有效的制度供给，进而促进城市基础设施补短板，填补城市基础设施、公共服务设施的欠账。比如，实施主体功能区规划，积极探索多规合一的城市规划建设管理体制；再如，放开城市基础设施、公共服务设施建设进入门槛，鼓励竞争打破垄断，引导社会资本为主体投资基础设施、产业园区和市政运营维护等。这些发展理念使城市由主要服务经济发展，向服务经济发展、以人为本和供给侧结构性改革的转变，进而为促进城市绿色发展提供了基本遵循和模式引导，实现城市发展方式转型升级夯实基础。

首先，城市双修把城市发展环境治理作为一个系统工程，作为必须推进的重大民生实事，科学布局生产空间、生活空间、生态空间，统筹推进山体修复、水体整治、废弃地修复利用和绿地系统完善等重大工程项目，将生态文明理念全面融入城镇建设，与山水田林湖生命系统紧密结合，合理布局城镇绿地生态空间，划定城镇生态保护红线，建设绿色生态廊道，让城镇融入自然，望得见山、看得见水、记得住乡愁，扎实推进生态环境保护，让良好生态环境成为提高人民群众生活质量和城市品质的亮点和增长点，进而改善城市人居环境，完善城市功能，促进城市与自然融合。

其次，“城市双修”的关键环节是对在城市粗放增长过程中出现的基础设施、公共服务设施等民生项目的短板进行统筹规划、分步实施、逐项补齐。按照城市修补的要求，统筹推进填补基础设施欠账、增加公共空间、改善出行条件、改造老旧小区等重大项目，大力完善城市给水排水、燃气、通信、电力等基础设施，加快老旧管网改造，推进各类架空线入廊，加强污水处理设施垃圾处理设施、公共厕所、应急避难场所建设，提高基础设施承载能力。统筹规划建设基本商业网点、医疗卫生、教育、科技、文化、体育、养老、物流配送等城市公共服务设施，不断提高服务水平，持续补足城市发展的短板。

再次，按照“城市双修”的要求，统筹推进保护历史文化、塑造城市时代风貌等专项工作，在旧城改造中注重历史文化遗产和传统风貌的保护，保存城镇历史记忆和历史文脉；在新城新区建设中注重融入传统文化元素，传承创新历史文化，建设历史底蕴厚重、时代特色鲜明的新型城镇，培育多元、开放、包容的现代城市文化，以更好地延续历史文脉、传承传统建筑文化、展现城市特色风貌。借此对城市现有衰败、破旧、有碍观瞻的既有环境进行维护、整治和更新，恢复城市环境良好的品质景观、空间肌理，增强城市活力。

总体来看，生态修复起到解决改善城市绿色发展环境问题的作用；城市修补解决提高城市宜居度的问题；传承历史解决改善城市风貌、提升城市品位的问题，三者相互促进、不可或缺，共同作用于重塑有内涵、高品质的绿色城市。

第八章　推进资源型城市绿色规划发展的对策建议

能源短缺与环境污染成为世界关注的焦点问题，特别是二氧化碳的大量排放是造成温室效应、环境污染的罪魁祸首。应对全球气候变化需要世界各国共同努力，转变传统高能耗、高污染的城市经济增长方式，发展以低能耗、低污染、低排放为标志的城市绿色低碳经济模式。加快资源型城市转型与绿色发展，已成为世界各国经济发展与城市建设的共同选择。绿色发展的理念贯穿城市发展的各个领域，加快推进资源型城市的绿色转型,促进城市的绿色发展和繁荣,是城市可持续和科学发展的关键和核心。并且进一步完善相关配套政策措施，积极推动经济社会发展与生态环境保护的深度融合,促进城市经济、社会和生态的共同繁荣,从而更好地实现资源型城市绿色规划发展。

第一节　积极推动资源型城市产业转型

1. 淘汰落后产能和传统产业结构的升级

鼓励资源型城市科学选择接续产业，升级产业结构，丰富产业类型。

（1）逐步淘汰落后产能

衰退期的资源型企业应逐步缩小生产规模，稳步退出竞争市场。传统企业也可以寻找新的生产方向，完成资源型企业的平稳转型。要解决这个问题，需要充分发挥市场这只看不见的手的作用。按照马克思主义经济学原理，落后产业的劳动生产率低，个别劳动时间高于社会必要劳动时间，而在市场上要按照社会必要劳动时间决定的价值进而价格出售，自然要赔本，进而被迫要关门。而落后产业还有一定的利润率。在这种情况下，落后产业自然得不到淘汰。要解决这个问题，从政府角度而言，就需要为市场主体提供公平竞争的环境，包括所有企业雇佣劳动力必须购买保险，形成同一行业的劳动力成本是一样的,负责对产品检测,保证所有进入市场的产品质量是合格的。从而让企业是生还是死由市场说了算。

在发挥市场作用的同时，政府积极参与，以更快地实现行业结构调整。政府在近年来我国淘汰落后产能工作中发挥着主导作用，具体政策大致分为以下几类：

① 产业准入管理。政府设定并逐步提高产业准入门槛，从源头限制落后产能的形成。《产业结构调整指导目录》将投资项目分为鼓励、限制和淘汰三类。限制类主要是工艺技术落后，不符合行业准入条件和有关规定，不利于产业结构优化升级，需要督促改造和禁止新建的生产能力、工艺技术、装备及产品；淘汰类主要是不符合有关法

律法规规定，严重浪费资源，污染环境，不具备安全生产条件，需要淘汰的落后工艺技术、装备及产品。对于限制类和淘汰类项目禁止投资。例如，《关于加快推进产能过剩行业结构调整的通知》要求，对属于落后产能的企业和项目，城市规划、建设、环保和安全监管部门不得办理相关手续。

② 行政性强制淘汰。我国有关淘汰落后产能的政策基本上都包含要求某一标准以下的设备、工艺或产品限期退出的内容。《促进产业结构调整暂行规定》提出："对消耗高、污染重、危及安全生产、技术落后的工艺和产品实施强制淘汰制度，依法关闭破坏环境和不具备安全生产条件的企业"。"对国家明令淘汰的生产工艺技术、装备和产品，一律不得进口、转移、生产、销售、使用和采用；地方政府及有关部门可以根据国家有关法律法规责令不按期淘汰落后产能的企业停产或予以关闭"。

③ 经济性限制措施。通过提高落后产能企业所能获得生产要素的价格，改变其生产经营环境，使淘汰落后产能无利可图进而退出，主要措施包括对落后产能不提供任何形式的信贷支持，不安排运力，实行差别电价、水价政策等。

④ 激励性措施。除了采取强制淘汰落后产能、经济上限制落后产能外，我国政府也对落后产能企业进行激励，推动其落后产能的退出或改造。中央通过转移支付加大支持和奖励经济欠发达地区淘汰落后产能工作，各地区也要安排资金支持企业淘汰落后产能；对淘汰落后产能任务较重且完成较好的地区和企业，在安排技术改造资金、节能减排资金、投资项目核准备案、土地开发利用、融资支持等方面给予倾斜；对积极淘汰落后产能企业的土地开发利用，在符合国家土地管理政策的前提下，优先予以支持。

⑤ 对地方政府的监督考核与问责。由于地方政府盲目追求经济增长是落后产能形成和存在的重要原因，因此中央制定淘汰落后产能的政策时也高度重视地方政府能动性的发挥，特别是针对地方政府片面追求增长的行为，在淘汰落后产能工作中实行监督考核和问责制度。

此外，我们在逐步淘汰产能的同时在具体的操作层面需要做出适当的调整。第一，把握好淘汰落后产能的节奏。落后产能也是一种生产性资源，过快淘汰落后产能会造成生产性资源的浪费，而且新建产能填补落后产能空缺的过程也是对高能耗产品需求的拉动过程，不但会造成与落后产能同样的资源消耗和污染问题，而且存在产能过剩的可能。此外，政府很难准确判断某种产能是否适应市场需求和应该淘汰的时点，从而进一步加重资源的浪费。因此要循序渐进，把握好淘汰落后产能的节奏，不能为了淘汰而淘汰，不能简单地为了完成节能减排指标而淘汰。第二，更多地发挥市场机制的作用。落后产能存在的基础是其在市场竞争中仍然有利可图，因此淘汰落后产能最重要的方面是深化要素市场的改革，建立起淘汰落后产能的最基本、最有力和最长效的机制。一方面是要理顺资源、能源、环境、土地等要素的价格，使外部性成本能够进入企业的成本函数。要素价格的理顺不仅有利于落后产能的淘汰，而且也有利于促进整个社会生产效率的提高。另一方面，针对落后产能实施差别资源价格和环境排污收费，即对落后产能企业实施更高的资源价格和更高的排污费标准，通过经济调节手段加快落后产能的退出。第三，摒弃以规模为主的淘汰标准。强制性淘汰落后的标准要避免“唯规模论”，因为规模大并不意味着技术水平高，反之规模小也并不意味着技术水平落后。第四，建立正向经济激励和淘汰补偿机制。加强对落后产能企业的正向经济激励，使企业淘汰落后产能由被动向主动转变，可采取的措施包括递减性补贴（补贴随淘汰时间递减）技术改造和转型支持资金等。尽快建立落后产能退出的补偿机制和淘汰落后产能补偿基金，对按照国家政策按时淘汰落后产能企业的经济损失给予必要的经济补偿，帮助企业解决淘汰落后产能导致的人员安置、债务负担等问题。

（2）传统产业结构的升级

传统产业是相对于高技术产业而言的，泛指以应用传统技术和工艺为主，依赖于大量劳动力和资本投入，并以生产传统产品为主的产业。传统产业是一个相对动态的概念，随着时间的不断推移和技术的日益进步，其与高技术产业不断相互转化。在传统产业升级众多影响因素中，技术创新一直被认为是核心因素。一方面，技术创新可通过提高生产要素质量、提高劳动生产率推动传统产业升级；另一方面，随着技术的不断发展，会出现越来越多的新兴产业，传统产业将与之融合并不断转型升级。

① 每个地区制度环境发展水平不同，技术创新对传统产业升级的促进效应也不同。因此，各地方政府在制定传统产业升级相关政策时，应注意到每个地区制度环境的差异性，结合各地区实际情况制定不同政策，采取不同措施。例如，东部地区制度环境较好，市场发育程度较高，技术创新对传统产业升级的促进作用显著。因此，这些地区政府应该加大创新和研发支持力度，鼓励企业进行技术创新。而中西部地区制度环境不够完善，市场化水平较低，各级政府应首先在完善制度环境方面作出努力，不断深化市场改革，在此基础上加大技术创新投入；

② 技术创新在传统产业升级过程中扮演着重要角色，因此各地方政府应鼓励并支持企业进行技术创新。首先，加大技术创新各项投入，扩大技术创新规模，扩展技术创新范围，尤其鼓励传统技术和传统工艺创新。其次，为企业技术创新提供各种优惠政策和便利条件，如提供补贴、减免税收、扩展融资渠道等。最后，鼓励产学研合作，促进合作创新；

③ 制度环境在技术创新促进传统产业升级过程中起重要调节作用。各地方政府应重视制度环境在经济发展中的重要作用，努力加快市场化进程。首先，政府应努力培

育市场自我调节能力，尽量减少对市场的干预。其次，政府应为非国有经济发展营造良好的环境，实现劳动力的合理流动。

④ 政府应该致力于知识产权保护制度优化和中介组织发展，努力保护创新成果并为市场交易创造良好环境。值得注意的是，制度环境提高到一定水平后，技术创新对传统产业升级的促进作用就会降低，所以对市场化水平较高的地区而言，政策制定应向传统产业倾斜，在发展高技术产业的同时也要兼顾传统产业发展，努力推动传统产业转型升级。

我国传统产业在转型发展中尽管遇到了一些困难和障碍，但仍具有相当的竞争优势，不仅是人力资本、产业发展基础和配套能力，更有规模巨大且联系更趋紧密的内需市场。为此，要坚持问题导向，把政府和市场的作用有机结合，改进制度安排，加强政策引导，尽快打开束缚产业转型发展的各种枷锁。

① 理顺政府和市场的关系，营造公平的竞争环境

首先，不断完善市场准入负面清单制度。定期对清单事项进行合法性审核，清理已不符合法律法规规定的事项。从审批体制、监管机制、社会信用体系和激励惩戒机制等方面，落实相关配套制度。把更多监管资源投向加强对市场主体投资经营行为的事中事后监管。对未纳入市场准入负面清单的事项要及时废止或修改设定依据。其次，建设服务型政府。政府要从“干预”转向“服务”。通过健全对公务人员的考核监督机制，提高服务水平和专业化能力，把政府不该管的事转给企业、市场、社会组织和中介机构，把政府经济管理职能转到主要为市场主体服务和创造良好发展环境上来。再次，优化政府产业引导资金使用。政府资金应定位于引导和分担风险的作用，激发企业创新的内生动力。通过引入社会资本与政府资金合作设立产业引导投资基金，以市场化方式开展投资。根据各地产业发展特点，研究制定对不同类型项目的最优支持方式，引入第三方机构对产业引导基金实施效果进行独立评估，提高政府引导资金使用效率。

② 减轻企业负担，增强转型发展能力

首先，降低企业税费负担。对符合条件的增值税一般纳税人实行增值税“留抵退税”，解决纳税人进项税额占用资金问题。加大对中小微企业特别是科技型中小企业的税收减免力度，继续清理和降低各种涉企费用，进一步提高研发费用加计扣除比例。适当降低企业在养老、医疗等方面的负担比例，减轻企业的社会负担。其次，降低企业创新成本。推进政府创新管理制度改革与规范，以“鼓励创新和研发投入”为目标，简化申报和审查流程，去除创新主体过度或不必要的负担，兼顾创新主体的灵活性与政府的有效监管。再次，进一步深化放管服改革。建立适应互联网环境下生产许可数字证书管理系统，加强不同区域之间的认证认可、检验检测结果互认，降低获取生产许可审批的交易成本。做好放管服改革涉及的相关政策协同，加强和完善不同部门之

间的联动机制。

③ 加大金融对传统产业转型升级的支持力度

一是提升金融供给质量。金融创新应立足于实体经济，通过优化、完善金融机构内部创新机制和管理理念，将产品创新的系统性、技术性及合规性有效结合，建立科学的创新产品监测与后评价机制；通过精准解析客户需求、创新融资产品和服务手段，构建有效的金融体系来降低隐性交易成本和风险，提高企业的融资效率；充分运用网络信用体系，整合金融资源，创新网络金融服务模式。二是提升对中小微企业的金融服务水平。建立和完善中小微企业贷款风险补偿机制，引导信贷投放向中小微企业倾斜；支持小额贷款公司开展信贷资产证券化业务，促进中小微企业与社会资本有效对接；推动银行机构大力发展产业链融资、商业圈融资和企业群融资，开办商业保理、金融租赁和定向信托等融资服务；引导规范中小微企业周转资金池，为符合续贷要求、资金链紧张的小微企业提供优惠利率周转资金。三是优化金融生态环境。创建政银企对接合作平台，完善重大产业、重大项目、重点企业的金融对接机制；定期向金融机构发布产业政策和行业动态，及时推荐优质重点企业和重点项目；深化政策性担保体系改革，规范发展融资性担保公司，发展多层次中小企业信用担保体系；建立企业数据共建共享平台，构建企业信用档案，完善中小企业信用评价体系；加大对恶意逃废债行为的打击力度，对恶意逃废债企业实施联合惩戒。

④ 加大行业共性技术供给，奠定传统产业转型升级的技术基础

一是加强论证和统筹规划，做好顶层设计。编制关键共性技术目录，建立行业关键共性技术项目计划；加强行业关键共性技术布局，以利于集中资金、人才、设施等各类资源开展协同创新；要将应用技术作为主攻方向，坚持市场化主体运作以提高创新资源的配置效率。二是加强产业共性技术创新组织建设。这类创新组织的主要任务是突破制约行业发展的共性和关键技术。促进行业新型通用技术的转移扩散和首次商业化应用；开展行业前沿基础性技术的研发与储备；做好行业共性技术输出和人才培养。三是在中小企业比较集中的区域，结合区域产业基础和产业规划以及产业集群的特点，由市场主导和政府引导相结合，搭建区域共性技术服务平台，发展质量检测、设计服务和市场信息等生产性服务业，提高产业集群的创新效率。

⑤ 大力发展职业教育和技能培训，打破转型升级的人才束缚

首先，大力发展职业教育和应用型大学。通过创新体制机制，深化产教融合、校企合作，建立政府主导、行业指导、企业参与的职业教育办学机制；根据产业转型升级的发展特点，调整学科和专业设置，提高教育质量，培养大量适应生产一线需要的技能型劳动者。其次，根据劳动者不同就业阶段特点，加强职业素质培养，开展就业技能培训、岗位技能提升培训、创业创新培训，着力缓解就业结构性矛盾，引导企业

结合生产经营和技术创新需要，制定技术工人培养规划和培训制度，鼓励企业职工带薪培训，确保企业职工教育培训资金落实到位，并向一线技术工人倾斜。再次，加大政策支持力度。对参加职业培训的技术工人提供职业培训补贴和职业技能鉴定补贴；发挥失业保险基金支持参保职工提升职业技能作用，为参保职工提供技能提升补贴；完善社会化职业技能培训、考核、鉴定、认证体系，提高劳动者职业技能和岗位转化能力。

⑥ 完善知识产权保护制度，维护创新主体的合法权益。首先，完善知识产权立法。拓宽知识产权保护范围，推进商业机密、商业标识等立法进程，促进创新资源在品牌运营中的有效结合，使品牌运营各方的权益与责任得到准确、有效的法律规范；加强知识产权立法的衔接配套，增强法律法规可操作性。其次，加强知识产权执法保护。加强司法保护体系和行政执法体系建设，发挥司法保护知识产权的主导作用，提高执法效率和水平，强化公共服务；深化知识产权行政管理体制改革，加大司法惩处力度，提高侵权代价，将恶意侵权行为纳入社会信用评级体系；降低维权成本，特别是中小企业知识产权申请和维护费用，有效遏制侵权行为。最后，规制不正当竞争。对符合不正当竞争特征而法律又未明确规定的不正当竞争行为，采用列举示例法与概括相结合的方法，以利于执法部门结合社会具体情况予以制裁。对恶性严重的不正当竞争行为，应从法律上规定其承担“加重民事责任”或“惩罚性民事责任”，并明确加重或惩罚赔偿的幅度。

2. 发展新兴产业

从现代产业体系演进的历程来看，战略性新兴产业在从技术与市场的不确定性到确定的过程中，是最需要政策性扶持工具的。政府应根据新兴产业企业发展的不同阶段，采取不同政策措施降低其风险性。在起步阶段，技术亟待突破，市场竞争力不强，政府强有力的扶持尤显重要，要引导和创造市场需求，重视需求的侧拉动作用。可以通过加大新兴产业产品的政府采购力度，如增值税先征后买、弹性补贴等政策创造市场需求，使在完全市场经济条件下不具备生存能力的战略性新兴产业形成一个市场空间。而对于发展较为成熟的新兴产业，则更要强调市场的作用。

（1）发展战略性新兴产业可促进资源型城市产业结构的调整和经济发展方式的转变。资源型城市的经济增长过度依靠不可再生资源的状况一直以来都没有改变，而且近年来伴随着生产要素成本的上升、资源环境的约束和国际竞争格局的变化，这种粗放的发展模式已难以为继，必须大力推进产业结构优化升级，加快转变经济发展方式。而战略性新兴产业属于技术密集、知识密集、人才密集的高科技产业，发展战略性新兴产业，对提升产业产品附加值，发展绿色低碳经济，提高经济增长的质量，实现资源型城市转型等都发挥着重要的促进作用。因此，培育和发展战略性新兴产业，推进产业结构调整与升级，是摆在我们面前的重大战略任务。

（2）发展战略性新兴产业可改善人民生活水平和提高生产力。市场需求是战略性新兴产业发展的方向，发展战略性新兴产业对满足人民群众日益增长的物质文化需求有明显的促进作用，可显著提高生产力，同时可改变资源型城市高耗能、高排放、低产出的粗放型经济增长方式。以生物医药产业为例，它一方面形成新的经济增长点，同时造福于广大群众，提升医疗卫生服务水平。再如生物育种行业，这是关乎粮食安全的重要突破口，随着转基因技术在粮食和食品领域的推广应用，这将显著促进农业发展。

（3）发展战略性新兴产业可促进资源型城市经济社会的和谐可持续发展。目前，在保持又好又快发展势头的前提下，关键要提高经济增长的质量并保障良好的人居环境不受破坏。欲达此目标,关键也是要发展新兴产业。一是发展新兴产业可以聚集人才，从而极大地增强创新能力。二是发展新兴产业能够提升城市品位。通过建设高新技术、软件等产业园区,集聚高科技、软件、信息服务、文化创意等企业,可以带动教育、餐饮、娱乐等服务业发展及城市基础设施建设，进一步完善城市服务功能，提升城市品位。三是发展新兴产业能够促进节能减排。新技术产业特别是软件、文化创意产业的发展不需要大量的厂房、设备投入，属于高产出、高附加值、高效益、低资源占用、低排放、低污染的产业。

而这些产业包括：高端装备制造业，将侧重在高速动车组、中低速磁悬浮轨道客车等铁路高端装备，冶金机械、矿山机械、建材机械、智能机器人等智能制造装备；同时，以龙头企业为带动，发展一批船舶制造、港口机械、海上油气开发平台等海洋工程装备项目。

节能环保产业，将以高效节能设备制造、环保设备制造、新型建筑材料制造、矿产资源综合利用等为重点，大力发展环境评估与检测、环境保护及污染治理等环保服务业；积极发展高效节能工业锅炉窑炉、污染防治设备、除尘脱硫设备、生活垃圾处理设备等产品。

新材料领域，依托冶金、陶瓷、水泥等传统优势产业，大力发展高纯金属材料冶炼、高品质金属材料加工、新型合金材料制造等先进结构材料产业；大力发展功能陶瓷、特种玻璃、新型膜材涂材及防水材料等新型材料产业；积极引进和培育一批前沿新材料产业项目。

新能源领域，以装备制造产业为支撑，以重点企业为带动，以太阳能风能发电设备制造为重点，逐步形成光伏产业链和风力发电产业链；大力发展智能变压器、整流器和电感器制造、电力电子元件制造、工程技术服务等智能电网产业。新能源汽车领域，围绕本地汽车及零部件制造骨干企业，重点发展纯电动、混合动力、天然气客车等新能源城市公交载运客车整车制造和锂离子电池、永磁无刷直流电机、相关控制系统与制动系统、充电设备等新能源汽车零部件制造。

而在新一轮技术革命为以中国等为代表的后发国家通过颠覆性创新或新技术范式的迅速采用实现新兴产业的领先发展创造了可能，但这种“弯道超车”并不是必然的。历史上第二次工业革命中后起资本主义国家中的美国和德国抓住电气技术创新窗口，通过知识学习、技术引进、技术和产品的原始创新超越了知识和技术领先的英国。在这一过程中，两国政府和市场在新兴产业制度创新方面形成了与古典经济学主张的自由主义不一样的关系，这给当前我国战略性新兴产业发展中政府与市场关系的调整提供了有益的历史借鉴。

在新兴产业制度创新的过程中，既要发挥政府的制度供给主导地位，也要充分调动市场主体制度创新的积极性和创造性。在我国发展传统产业的过程中，明显存着制度演化的两种不同方式，一是由政府推动的强制性制度变迁与创新，另一种是由企业推动的诱致性制度变迁与创新，两种方式各有优缺点，前者由政府主导，后者由市场主导。新兴产业的发展将面临更多的不确定性和更大的风险。在这一情景下，我国新兴产业的制度创新需要政府与市场发挥协同效应。一方面，继续发挥政府在制度创新领域内的引导、规范和主导作用，审时度势，根据新兴产业发展的内在需求，推动产业制度的创新和变迁。另一方面，也要充分调动企业制度创新的主动性和积极性，不断完善产业发展中的微观激励制度，为产业发展中的各类创新活动提供持续的内生动力。

构建新兴产业发展的保护与开放政策协同机制。保护与开放均是后发国家发展壮大新兴产业的重要政策手段，二者之间不是完全的对立。完善激励机制，同时也要驱动行业内的核心企业成为产业内科学研究和应用研究的重要力量，成为保护知识产权的重要推动力量。实现资源型城市的更加良好的发展，构建新产业体系，从而实现以主动的产业升级推动城市进入更高层次的发展周期。

资源型城市的兴起和发展离不开所在的区域，其产业结构与区域的产业结构已形成某种协调和互补。那么，随着资源递减，城市因大力发展替代性产业而调整产业结构势必导致区域产业结构的变化。这一方面表现为在城市聚集区，新的产业发展将有利于资源型城市保持过去以资源为主导产业所具有的优势，相应地逐步波及其他城市的产业结构变化；另一方面资源型城市处于区域增长极的地位，其产业结构的调整将促使区域产业结构发生变化，决定区域的发展趋向。因此，从考虑城市与区域共同协调发展出发，资源型城市首先要建立有利于城市发展的“城郊型”农业，以菜篮子工程为重点，以发展农副产品加工业为目的，既保证城乡居民生活需求，又可使城郊农民走向富裕道路。其次，在区域内部的有利地区发展乡镇企业，发挥资源型城市技术、人才、设备、资金等优势，充分利用农村大量剩余劳动和部分零散资源，面向市场发展建筑建材、农副产品深加工等产业。在进一步发展乡镇地方矿山时，应加强各方面的管理与引导。再次，从城市到区域的发展趋势及产业结构要统筹规划，增强城市的扩散和辐射能力和区域的吸纳能力，即城市带动区域发展，反过来区域又推动城市生产力进步。

第二节　实行人才引进相关举措

我国已进入城镇化快速发展期，各城市间的竞争日益激烈，其中对人才的竞争已进入白热化，人才大战如火如荼。究其原因：一是我国经济进入了新时代，经济发展由高速增长阶段转向高质量发展阶段，高质量发展是以创新成为第一动力，协调成为内生特点，绿色成为普遍形态，开放成为必由之路，共享成为根本目的的发展。经济高质量发展,促使经济发展模式由“投资推动发展阶段”向“创新驱动发展阶段”转变，靠投资驱动的传统发展模式将难以为继，各个城市纷纷意识到，要推动经济向高质量发展，创新是第一动力，而创新的关键是人才，人才是关系到一个地区、一个城市最核心的竞争力，是从要素驱动向创新驱动转变的核心资源；二是我国正从人口红利转向人才红利，无论从生产还是从消费和储蓄来看，大批接受过高等教育的人才正在形成新的人口红利。各地为了实现创新发展，就更加注重发挥人才的支撑作用，在此背景下，创新思维大力引进人才成为必然。

1. 人才引进的重要作用

越来越多的城市开始意识到，低附加值、高能耗高污染和粗放型的产业结构已不能够支撑起城市发展的百年大计，只有转变经济增长类型，方能实现可持续发展，而人才是这一切转变的核心。对所有城市来说，发展之道不在于一哄而上追逐产业风口，通过集结最优质的人才和资源，韬光养晦，为新的发展潮流到来之前做好充分准备，方能厚积而薄发，从众多城市中脱颖而出，造福一方百姓。简而言之，各城市之间不计成本地抢夺人才，其根本原因在于人才对于城市的发展有着重要的意义。

人才是城市发展的中坚力量。人才遍布于城市运行的整个网络之中，他们是政府政策的制定者、公务系统运作的支撑者、各大中小企业的经营管理者，同时又是生产线上的绝对主力。如果把城市的发展比作一架运行中的机器，那么人才就是这座机器不可或缺的螺丝钉和小齿轮，他们在很大程度上决定了城市目前的发展水平、未来的发展方向和发展前景。同样的，人才价值的实现也离不开城市这个载体，再精密的零件，若是离开了机器这个整体，也不免要当作废料。因此，人才是城市发展的基础资源和中坚力量，同时二者又存在互为因果的共生关系，应该不遗余力地为人才创造好的平台，加快人才引进和建设工作，实现区域长效发展。

人才是城市发展的关键要素。在经济全球化的今天，国家之间和城市之间的竞争已经不再是以人口、自然资源等传统要素为基础的竞争，而是资金、技术、市场、地区建设、人才等多方面要素推动的竞争，其中的关键要素是人才。一方面，人才是技术的载体，技术是人才所学知识的具体体现。无论是具备高学历的研究型人才还是拥有丰富实操经验的技术型人才，他们都是通过对知识的不断学习和锤炼，把知识内化为自己的能力，一种可以投入到加强城市基础设施建设、推动政策出台和实施、引进和培育新兴产业、开拓和发展新的市场等城市发展进程中的能力。另一方面，合作是永恒的主题，科学研究和创新实践都是以团队合作为基础的。分工和协作的发展潮流在潜移默化中聚集了大量的人才，通过人才找人才、找项目、拉投资，无形中就弥补了其他因素的不足。因此，城市经济的发展要把人才要素放在首要位置来考虑。

在国际人才竞争日趋激烈的形势下，我国“十三五”规划纲要强调“要把人才作为支撑发展的第一资源，加快推进人才发展体制和政策创新，构建有国际竞争力的人才制度优势，提高人才质量，优化人才结构，加快建设人才强国”，要重点在建设规模宏大的人才队伍、促进人才优化配置、营造良好的人才发展环境三个方面发挥政府主导作用。2017 年以来，我国不少大中城市在落实“十三五”规划纲要精神前提下，陆续制定人才引进办法，其中既有以武汉、西安、成都、南京为代表的二线城市，也有以珠海、东莞、义乌为代表的中小城市，把吸纳英才置于战略优先发展地位。特别是随着 2018 年 3 月超大城市北京和上海的加入，“人才争夺战”白热化态势更加不可阻挡。争夺人才现象的出现，既说明我国进入新时代后经济驱动模式由传统劳动密集产业推动转向由知识密集和技术密集产业推动，又表明当前各类城市经济建设和社会发展对高层次人才的特别渴求。对于资源型城市来说，人才的引进能更好地促进其转型绿色规划发展，对于城市实现可持续发展具有重要意义和深远影响。

长期以来，资源型城市为中国的经济建设贡献了大量的能源及原材料，在计划经济时代，资源型城市曾一度辉煌。但是受到国家经济体制转型、产业结构调整、国际大环境及资源本身生命周期的影响，资源型城市在发展的过程中遇到了前所未有的挑战和问题，如产业结构极其单一、经济效益低、管理体制不顺、资金积累薄弱、区位优势不足、失业下岗职工数量大、生态破坏和环境污染严重等。这些问题的形成，归纳起来是资源诅咒所引起的。资源诅咒的现象迫使资源型城市必须转型。资源型城市依赖当地自然资源只是其发展过程中的一个历史阶段，不能靠自身的力量“造血”，不可能达到该地区的可持续发展。因此，资源型城市发展的轨迹应该是：“自然资源开发— 自然资源开发与人力资源开发相结合— 人力资源开发”。最终只有通过人力资源如人的文化素质、劳动力熟练程度、企业家精神、组织管理水平等因素达到“矿竭城荣”，推动资源型城市实现可持续发展。中国的资源型城市目前正处于自然资源开发与人力资源开发相结合，但人力资源的开发还很薄弱的过渡阶段。资源型城市只有最终摆脱对自然资源的依赖而发挥人的主观能动性，大力开发人力资源，才能走向经济、社会和环境的可持续发展。资源型城市在前期建设的过程中，人力资源比较丰富，随着市场经济的发展，人才流动变得自由，大量的人才流出，但资源型城市也并非一点人才也没有，相反，失业下岗职工中多数有一二十年的工龄，年富力强，有着比较强的组织性和纪律性，有些还有一定的文化和专业技能，他们完全有希望成为新的产业和新的企业的劳动力。但大量失业下岗职工之所以再就业困难，政府的再就业措施收效不显著，关键在于资源型城市人才数量少、层次低，特别是掌握发展区域主导优势产业关键技术和高水平管理才能极端缺乏。人力资源的开发与就业可以推动现存人力资源进入生产过程，在这一过程中，要善于同其他生产要素如资金、物质材料等结合起来，让人力资源真正转变为现实的生产力。同时，还要为科技人员的成果转化提供良好的政策，使科研成果尽快转化为经济成果，使科技人员心理上有成就感，经济上得到实惠。从而能更好地实现城市发展。

2. 人才引进的相关措施

城市的发展，从来都是靠人才。有什么样的人才，城市就有什么样的竞争力，有什么样的未来。城市要择天下英才而用之，从短期看，通过政策导向，吸引一批具有一定影响力的科学家、企业家和艺术家等高层次人才和年轻有活力的青年人才；从长期看，需要不断优化政策环境，深化人才发展体制机制改革，加大人才培养力度。

（1）坚持人才配置的市场导向。人才是最宝贵的资源，市场在人才资源配置中起决定性作用。人是一个个主观能动的个体，只有充分与资料、技术、资本等市场要素相结合，才能发挥出个人的价值，实现社会的发展。人才引进不应该是政府的一手包办行为，如果缺乏市场竞争机制，则无异于温水煮青蛙，造成人才资源的浪费。因此，在充分发挥政府这只“看得见的手”在人才引进、培养、流动方面的导向作用之后，必须进一步优化市场环境和制度环境，根据市场需求，让各层次人才参与竞争，把最优秀的人才资源配置在最合适的岗位。同时要对人才资源配置的市场化程度提出高要求，减少人才管理服务中政府干预过多和监管不到位的问题，为人才的科研、创业提供宽松包容的环境，让人才自主自觉地奔向需求多、效益高、有价值的地方去。只有充分发挥市场在人才资源的调节作用，提高市场配置能力，坚持人才配置导向，让人才的评价、流动、激励都按市场规则办，真正把权和利放到人才和市场主体手中，才能最大程度地实现人才资源的最优化组合。

（2）坚持产业留人、人才兴城的战略导向。现代文明发展的一个趋势是，现代工业往往集中在同一地区，特别是在高新产业上，一线城市具有绝对的优势，也能吸引到更多的人才。对于其他众多非一线城市而言，应该思考如何将一个区域建设成产业的创新中心，强化区域集聚效应，而不是本末倒置，只吸引人才却荒废了产业，最终人走茶凉，白白浪费社会资源。产业兴则区域兴，产业强则区域强，引进人才的根本目的是开拓和发展新兴产业，同时还要发挥产业对人才的吸引作用。要大力发展战略性新兴产业，把产业规划和人才引进规划匹配起来，对劳动力需求结构进行测算，使其符合产业结构的调整，达到产业留人、人才助推产业发展的双赢效果。对于人才来说，相比入户低门槛和优厚的待遇，他们更看重的是机遇和未来的发展空间。有了完善的产业基础，方能制造就业岗位，人才才有用武之地，毕竟，决定人才是否留下的关键，还是人才的发展空间和城市发展的潜力。

（3）坚持人才服务的精准导向。人对环境的依赖性较强，好的环境可以成就一个人，不好的环境则会毁掉一个人。人才引进不是一锤子买卖，引进来之后还要跨过不少的槛，要为人才准备优良与宽松的成长环境。人才政策体现了各地对未来发展的需求，但有些城市的公共服务和资源承载能力尚不充足，与吸引人才落户的速度不相匹配。因此，除了给予户口、住房、补贴等优惠政策外，还要同步推进安居、子女教育、医疗、养老等配套政策的制定与落实。要长期留住人才，地方财政在公共服务配套方面必须持续加大投入，持续改善营商环境和政府服务，不断优化城市社会的硬环境和软环境，创造品质生活，提升城市生活的丰富性和舒适度，让城市成为各类人才创新创业、实现梦想的热土。

（4）坚持人才引进的科学导向。值得强调的是，引进人才的同时要注重人才选择的多元化，要形成门类齐全、梯次合理、充分满足经济社会发展需要的人才体系。城市发展是一个综合体，既需要在航天、生物、医药、人工智能等方面的科技研发人才，也需要文化、教育、卫生等社会事业类专业人才，也需要各行各业中的领导指挥型人才、经营管理类人才，还需要扎根一线的技能型人才和社会工作人才。城市要根据自身实力和定位的不同，在引进人才的过程中拓宽人才认定的视野，全面协调人才资源配置，在充分满足“明星”产业人才需求的同时，保障作为城市经济发展基础的“金牛”产业的正常运行，提高城市综合效能。

（5）根据城市就业和产业发展的需要，设立若干不同类型、不同专业、不同所有制、不同层次的培训中心，有针对性地进行分门别类的培训。关于培训的经费问题，建议建立并完善多种投资主体的培训机构。一是继续发挥以政府投资为主体的下岗职工培训机构，为他们免费培训；二是以企业投资为主体的企业培训。政府可以设立激励措施，如果企业对本企业职工定期培训并吸纳了一定数量的失业下岗人员，国家可以考虑在税收方面给予适当的减免；三是以民间资本为投资主体的民间培训机构。政府提供优惠政策，鼓励民间建立各种技能培训中心，满足社会需求。通过各种培训机构的作用，力争用 10 年左右的时间，造就一批在劳动力市场上具有较强竞争力优势的新型工人队伍。

（6）提高人口素质，加强科技队伍的建设。由于我国资源型城市的产业属于资源劳动密集型产业，整个城市的人口素质较低，同时因资源型城市的生活环境和矿业生产的行业性使许多拥有高学历人才的就业观带有偏见，造成整个城市生产技术及科研水平较为落后。而且科技人才的引进均围绕资源开发利用运转，其专业方向较为单一。这两方面因素均不利于资源型城市产业结构由资源劳动密集型产业向技术智力密集型方向调整，由单一结构向多极结构方向发展。因此，加强职工文化、技能、管理的教育培训、引进多专业的技术人才和稳定科研队伍是资源型城市发展的长期任务。具体措施涉及如下几方面：①要有足够的教育培训费用于职工基本技能和使用新技术新产品的培训，使职工在较短时间内熟练地上岗工作；②提供和保证科研工作正常开展的经费开支，建立技术、产品的开发转换、应用的管理机制，积极支持新技术新产品的开发应用；③建立一套完善的人才引进机制，在可行条件下给予足够优惠以稳定人才队伍；④开展对外交流活动，引进先进的管理方法和有效经验；⑤重视城市及区域的基础教育和精神文明建设，提高整个地区的人口素质。

（7）对于急需的人才，资源型城市在短期内很难培养出来，只有通过吸引现成的人才，资源型城市才能在发展方面具备人才基础。因此，资源型城市要做最大的努力，以优越的条件、优厚的待遇吸引人才。当然，资源型城市的经济实力毕竟有限，在尽力提高人才待遇的同时，还要改善人才成长的环境，为人才的成长创造条件，让优秀的人才脱颖而出，使人才的价值得到体现。此外，还要注重感情留人，精神留人，让人才的“人”和“心”都能真正留在资源型城市，使他们积极主动地为资源型城市的发展贡献力量。

第三节　开发资源型城市特色，保护生态环境

资源型城市转型更多地强调了产业的转型，其目的是使城市发展摆脱对原有资源

型产业的依赖，从而希望实现城市的可持续发展。但城市的可持续发展是指在一个特定的城市区域和自然空间内，以节约资源、提高技术、改善环境等为主要手段，推动城市经济增长、财富增值、社会进步，优化城市结构和功能并使其与外部的资源、环境、信息、物流和谐一致，在满足城市当前发展需求和正确评估城市未来需求的基础上，满足城市未来发展的需求。可以说，城市可持续发展是城市功能、结构、规模、数量由小到大，由简单到复杂，由非持续性到可持续性，不断追求其内在潜力得以实现的有序动态过程。这是一个复杂的系统工程，涵盖了众多子系统，不仅要求各子系统自身的可持续发展，而且要求各子系统之间的协调发展。由此可以看到，仅仅依靠产业的转型并不能必然实现城市的可持续发展。因此，我们要积极开发资源型城市特色，实现其绿色生态发展，制定绿色生态规划，对其拥有的生态资源进行整合，对环境进行优化，发挥不同城市的有事，与人文历史相结合，更好地凸显城市特色。

资源型城市在推动经济向较高层次发展的同时，要积极发展绿色、低碳、循环经济模式，推动形成绿色发展方式和生活方式。加强生态文明建设，优化城市人居环境，建设现代化山水宜居城市。积极治理、改良生态环境第一要树立可持续发展观念，正确处理环境保护与可持续发展的关系。资源型城市环境污染破坏，不仅给工农业生产带来不可估量的损失，而且给当地居民的正常生活与生存，带来严重威胁。因而，要按照可持续发展的原则，从满足资源市场需求和城市经济综合化发展的角度出发，坚持“矿产资源开发与加工转化相结合，开采与保护生态环境相结合”的原则，协调好资源开发与经济建设和环境整治的关系。第二要加大治理环境的投资力度。废水、废气、大量煤矸山的处理及工业垃圾的处理，均需要投资额巨大的专用设备，对矿业企业与资源型城市来说,资金的缺乏是治污效果的重要原因之一。在争取国家资金支持的同时，应制订相关的地方法规，针对当地的环境特点和污染特点，提出治理解决的方案，坚持“谁污染、谁治理、谁开发、谁保护”的方针,以确保治理环境的可靠资金来源。第三，要加速资源采掘、开发、加工业的环保技术改造，减少“三废”排放量。对工艺落后、环境污染严重的小型矿井、小型炼油厂等应采取坚决措施予以取缔或关闭；对新建的基本建设项目，从立项、设计、施工到投产都实行一票否决制，减少新污染源的产生。第四，要从规划方面入手，在城市总体布局上尽可能减少对环境不利的因素，合理规划城市园林绿地，建设园林化资源型城市。矿产资源是可以开发完的，但大多数资源型城市仍将存在下去，这类城市人民生活质量要不断提高，我们就必须注意加强环境的保护工作。

同时，我们想构建生态型绿色城市，实现资源型城市绿色规划发展，构建资源型城市循环经济系统，应遵循以下原则：

一是系统化原则。这个系统应是一个结构合理、功能稳定、能够达到动态平衡的社会、经济和自然的复合系统。它应该具备良好的生产、生活和净化功能，具自组织、自调节、自抑制等功能以保证资源型城市持续、稳定、健康发展。

二是经济性原则。既要保证经济持续增长以满足居民基本需求，更要确保经济增长质量。为此要建立合理的产业结构、能源结构和生产布局，采用既有利于维持自然资源存量，又有利于创造社会文化价值的绿色技术建立资源型城市绿色产业系统，实现物质生产和社会生产的生态化，保证资源型城市经济系统高效运行和良性循环。

三是价值观原则。构建循环经济系统，客观要求资源型城市务必坚持以人民为中心的发展思想，坚持人与自然和谐共生，实现人与自然和谐共处。在人与自然和谐共处的基础上，实现自身的发展。这是资源型城市循环经济系统价值取向所在。

四是绿色化原则。不仅要求生产绿色化，而且要求生活绿色化，即教育、科技、文化、道德、法律、制度等的全面绿色化，形成绿色发展方式和生活方式，坚持走生产发展、生活富裕、生态良好的文明发展道路，建设美丽中国，为人民创造良好生产生活环境，为全球生态安全作出贡献。

五是可操作原则和适用性原则。资源型城市循环经济系统构建中，一定要注意可执行性、可实施性。在具体构建时，应从实际出发、因城而异。离开了可操作性和适用性原则，资源型城市循环经济系统就失去了存在价值。

尽可能使用有利于提高各种设施性能的新技术、新材料，以减少能源、资源消耗，减少对环境的人为破坏和污染。针对资源型城市水资源短缺的情况，要考虑建设资源型城市的“中水道”，或对现有的公共设施进行改造，以提高水资源利用率。社会保障系统是资源型城市中人类及其自身活动所形成的非物质生产的组合，涉及人及其相互关系、意识形态和上层建筑等领域。要加快转变政府职能、推行绿色消费形成绿色生活方式、建立公众参与有效机制。只有当循环经济价值观被公众普遍认同和接受，内化为公众的价值观，自觉地参与建设城市循环经济系统，城市才能最终实现绿色低碳循环发展、高质量发展及可持续发展目标。

资源型城市的发展完全是因地取材，依靠该地区的资源的开采利用，而且对资源的生产利用在行业中占据相当大的份额。之所以叫作“资源”型城市，是因为资源在该城市占据主导地位，对于资源的开采、再加工成为经济的支柱。城市的命脉完全由资源型产业的兴衰决定。资源型城市不同于其他城市，它的主要功能是给社会提供矿产品。我们知道能源并不是取之不竭用之不尽的，我们在追求经济增长的同时，还要遵循经济准则“建设—繁荣—转型—振兴（兴亡）”，所以这就决定了资源型城市不能够坐吃山空，一直靠山吃山，靠水吃水。我们不能等到资源快要枯竭的时候才去想下一步的发展策略，我们要吸取教训，坚决不走先生产后生存的老路。我们要把可持续发展作为第一发展要素，认真思考城市经济腾飞与生态环境的和谐发展问题。

我们要把污染治理重点抓，融进资源的开采进程中，在经济增长的同时兼顾环境的保护。把生态的平衡发展和资源的合理开采统筹起来，使得生产和消费处于一个平衡状态。在资源型城市中企业只注重该能源的产业的发展，而其他产业相对来说有萎缩现象。这样就直接导致资源型城市产业单一，开挖业相对而言也较为发达。所以要不断在现有资源的基础上提高产业加工的深度，把资源产品的附加值实现最大化利用。不仅如此，在经济和科技高速发展的今天，还可以提倡发展高科技产业以及旅游业为主导的第三产业，这样不仅能解决产业单一问题，同时还能促进经济发展。科技的发展创新是一项相对而言比较具有风险的活动，但同时还能带来很高的利润，是资源型城市不断向前发展的持续动力。只有不断提高科学技术的进步，才能把新的工艺、新的技术融入资源产品的生产加工，这样不仅能提高对资源的利用率，还能提高产品的科技含量，实现高附加值行业的转变。科技的发展，能实现无污染生产，减少对生态的破坏、环境的污染。科学技术的提高，能提高劳动生产率、资源的利用率等。提高产品的加工科技含量，对于推动产业结构的调整和优化有着不可小觑的作用。一般企业不重视环境方面的保护，所以我们要加强企业对于生态环境方面的责任感。只有提高企业的环境责任，才能使经济的发展和生态保护和谐发展。企业必需加强员工的环境保护意识，加强环境管理，更有效地利用资源。传统的经济模式下，各种原因使得企业可以不用承担环境责任。在我国，一般都是通过政府的强制手段约束企业承担环境责任。在环境保护和经济利润这两个对立面上，企业往往被经济蒙蔽了双眼，所以目前资源型城市的生态问题仍然处于一个严峻的阶段。环境保护意识是我们采取环保行动的重要保障。我们可以发挥政府的力量，加强对环境保护的教育，还可以充分利用媒体，把环境保护落到实处。这样就能调动群众的环境保护激情，从而在人们的心里形成环境保护意识，做到环境保护，人人有责。为了实现资源型城市的可持续发展，必须以建设生态化的资源型城市为目标，在经济发展的过程中寻求“资源—环境—经济”的和谐统一的可持续发展方式。

第四节　国家政策影响，政府积极调控

资源型城市的转型与发展，已经引起了各界的重视，我国在2013年年底颁布了《全国资源型城市可持续发展规划（2013～2020年）》。客观评价这一政策产生的影响，不仅对政策本身的实施和完善具有重要意义，而且对其他资源规划战略产生了借鉴作用。促进资源型城市可持续发展，是加快转变经济发展方式，实现全面建成小康社会

奋斗目标的必然要求，也是促进区域协调发展，统筹推进新型工业化和新型城镇化，维护社会和谐稳定，建设生态文明的重要任务。政府也逐渐意识到问题的严重性并出台许多援助政策和发展规划。2000年我国将资源型城市发展转型问题纳入中国国家发展战略。2002年，国家计委（现国家发展改革委）宏观经济研究院在《我国资源型城市经济结构转型研究》报告中，给出了资源型城市的定义，全国共有118个城市被划分为资源型城市。2013年年底，国务院颁布了《全国资源型城市可持续发展规划（2013～2020年）》（以下简称《规划》），范围涵盖262个资源型城市，其中地级行政区126个，县级市62个，县58个，市辖区16个，规划期为2013～2020年。《规划》首次将资源型城市分成了成长型、成熟型、衰退型和再生型。

另外，从经济学视角来考察资源型城市转型升级路径，在该路径的前端存在着大量的基础建设需要，诸如为新兴产业组织的入驻提供进场资源和配套设施。这就意味着，单纯依靠市场机制为产业结构升级提供外围服务并不现实，陷入了市场失灵的陷阱之中。为此，财政扶持政策需要在这里发挥积极的影响作用。通过主题讨论，财政扶持政策实施策略包括：强化产业转型升级调研工作、遵循全过程资金监管的原则、制订标准分重点的实施扶持、积极鼓励民间资本参与扶持。资源型城市可持续发展是一个世界性课题，从国际上看，有许多转型成功并实现可持续发展的典范。美国休斯敦在资源开发鼎盛时就未雨绸缪，出台资源促进政策，建立结构合理、布局协调的产业群。在资源下降阶段，又在前期政策基础上，提出改进措施，形成稳定的政策群，培育完善的接续产业，顺利实现产业转型和可持续发展；日本九州转型中，经济产业省1961～1991年间先后九次制定相关政策，整体上相互衔接，保持政策连续和稳定，该地区开发成高新技术产业区，实现可持续发展；德国政府为促使鲁尔区转型，对煤炭和钢铁产业给予特殊扶持政策，最终实现产业结构多元化。同时，德国政府长期在财政方面给予稳定支持，包括提供补助金、财政援助和税收优惠，最终促成当地经济转型和可持续发展。

同时，也有部分的政策建议。首先，中央政府应进一步建立奖惩结合的引导机制，给予资源型城市更多并帮助其调整产业结构。应该注意到，尽管中央层面已经出台《规划》数年，但真正基于规划所落实的实际调整政策，却依然鲜有实际政策落地。这一现状表明，无论是限制旧有生产模式还是鼓励新经济的增长，中央与资源型城市所在地方政府均有较多的政策操作空间。例如中央政府可进一步增加资源型城市中高污染型企业的税收，并明确资源型城市地方政府可给予处于转型期的企业一定的政策优惠，双管齐下，迫使资源型城市所在地企业转型发展。同时，资源型城市的地方政府也应当积极响应中央政府的政策规划，通过营造良好投资环境来吸引更多投资。此外，建议在资源型城市施行更积极主动的环保措施，进一步倒逼资源型城市既有高污染企业退出市场或主动求变，以改变我国资源型城市的产业现状。

其次，建议完善以市场为主导的资源产品定价机制。本书机制检验发现《规划》实施对资源型城市地方政府的财政收支产生负向冲击。在现有资源型城市中，财政收入中的重要组成部分是包括补贴在内的中央转移支付。虽然中央政府在财政补贴上倾斜于资源型城市，但资源型城市在享受高额财政补贴的同时也在以相对低廉的价格、以自身污染为代价为非资源型城市输送资源。从这一角度来看，中央财政的补贴实际可以看作对资源型城市产品出售的价格补偿。然而由于寻租等问题，财政补贴很难真正有效地用于资源开采消耗损失的修复与弥补。因此，我们建议进一步深化完善以市场为主导的资源产品定价机制，实现资源产业的健康运行。但也应该注意到，完善资源产品的市场定价机制会经历一个艰巨且漫长的过程，因此中央政府应当努力实现相对公平的地区收益分配体制，使得资源型城市能够依靠自身优势积累资源资本，有效促进经济发展。

地方政府应进一步增加对地区基础教育的重视程度，并尝试提升该地区基础教育的相对水平。教育水平是衡量一个城市人才储备的重要标准，而高素质劳动力是一个地区经济增长主要的动力之一。但高素质劳动力的来源，在我国除部分东部发达地区可以通过高素质人员迁徙流动集聚以外，更多则需要通过自身培育而获得。通过实证研究可以发现，区域《规划》并未正面促进资源型城市的教育水平发展。对此，建议资源型城市政府应更多思考当地教育支出的支出路径、改变既有基础教育财政支出模式，提升当地基础教育水平，以培育更多潜在的高素质劳动力和人才，为资源型城市未来经济的转型与发展打下坚实的基础。

在资源型城市实现可持续发展进程中，政策供给仍存在许多不足。为此，应该采取如下措施，进一步强化政策供给质量并推进资源型城市可持续发展的现。

1. 严控政策供给质量。受制于资源型城市的特殊环境，其转型发展中存在诸多复杂问题。因此，各地政府在推进政策供给改革过程中，应注重以问题为导向，结合资源型城市实际的制定政策，避免出现“改革空转”现象。一是各级政府需要找准问题，不仅要贯彻落实上级政府的各项规定，还要结合本地情况，把脉资源型城市改革重点、难点，实施科学政策供给；二是充分发挥专家、群众的作用。政府部门应邀请专家就本地区重大改革措施进行深入调研、听取群众意见、制定和落实供给侧改革相关政策；三是规范政策制定流程，做到政策出台合法、合理，符合科学规范。

2. 保持政策供给稳定。一项科学合理的政策，应保持其运行的稳定性。这种稳定是相对稳定，即不会因为领导人更迭和部分利益相关者反对而盲目取缔和终结政策。对于资源型城市而言，发展存在诸多困境，民众希望有一个稳定的发展环境，实现经济转型。政策频繁更迭，不仅会造成资源浪费，也会让民众对政府政策失去信心，对原本脆弱的城市造成二次伤害。

3. 保持政策供给持续。资源型城市转型发展中存在的问题众多，且时间较长，非一朝一夕能够解决。因此，在政策供给过程中，应该持续发力，从中央到地方出台系列配套政策。在政策出台过程中，要注意保持政策前后相继、左右配合，形成持续稳定的政策支持。避免因政策间相互矛盾，造成资源浪费和民众无所适从，阻碍实现资源型城市可持续发展。

4. 推进供给政策执行。一是要加大政策宣传，推进政策执行。资源型城市可持续发展进程中，各地方政府推进供给侧改革各项政策大多以文件形式发至相关职能部门，较少直接传达给企业、行业协会、社会公众；媒体在政策报道时往往注重宏观宣扬，缺少细则解读，导致许多政策成为内部文件。因此，资源型城市政府在推进政策执行时，需要做好宣传工作，将资源型城市改革发展政策收集汇总，依托各类媒体，特别是发挥微信、微博等新媒体的作用，打造供给侧改革政策宣传、解读平台，加快政策及时、有效执行。二是应提高政策执行人员和执行机构素质，推进政策执行。好的政策如果执行人员和执行机构态度不积极、能力不匹配、方式不正确，也难以实现预期目标。因此，应通过提升公务员队伍素质和执行机构能力，保证供给政策的有效实施。

5. 强化政策供给评估与调整。资源型城市政策供给是一个动态过程，其运行过程离不开政策评估。全面贯彻落实供给侧改革的各项措施，需设计科学、合理的政策评估机制，主要是要将第三方引入评估主体。同时完善政策问责机制，通过明确问责主体、客体、范围、程序、方式和处罚标准，增强问责针对性和操作性。建立终身问责机制，保证问责长期效应，避免不作为或乱作为发生。任何政策都有其生命周期，资源型城市政策供给保持的是相对稳定，当环境发生巨大改变时需要及时进行政策调整。资源型城市发展过程中存在大量政策供给，相互间容易发生交叉和矛盾，抑制政策整体效力发挥。因此，应密切关注政策实施效果，对效果不佳的政策及时调整，提升政策体系的协调和延续。

虽然国内外对资源型城市的研究已经渗透到其发展的各个领域，但资源型城市的可持续发展仍然是一个世界性的难题。从国内外研究的状况来看，共同的热点是资源型城市的经济转型问题，这也是资源型城市发展和解决资源型城市问题的根本所在；资源型城市发展机制的研究也是国内外研究共同关注的问题；国内外研究的第三个共同点是对于资源型城市区位选择和空间发展规律、生态建设等空间问题的探索。综合产业转型，人才引进，开发资源型城市特色，并且从国家层面上进行政策制定和政府调控研究，才能更好地实现资源型城市的绿色规划发展。

参考文献

[1] Alfsen K H, Greaker M . From natural resources and environmental accounting to construction of indicators for sustainable development[J]. Ecological Economics, 2006, 61（4）: 600-610.

[2] Chen C C . Development of a framework for sustainable uses of resources: More paper and less plastics?[J]. Environment International, 2006, 32（4）: 0-486.

[3] Dong S , Lassoie J , Shrestha K K , et al. Institutional development for sustainable rangeland resource and ecosystem management in mountainous areas of northern Nepal[J]. Journal of Environmental Management, 2009, 90（2）: 994-1003.

[4] David Howard Davis, Taking Sustainability Seriously: Economic Development, the Environment, and Quality of Life in American Cities[J]. Perspectives on Politics, 2004, 2（2）: 386-387.

[5] Duany Andres, Plater-Zyberk Elizabeth. Lexicon of the New Urbanism. Time-saver Standard for Urban Design[M].1998.

[6] Esparza A, Krmenec A J. The Spatial Extent of Producer Service Markets: Hierarchical Models of Interaction Revisited[J]. Papers in Regional Science, 1996, 75（3）: 375-395.

[7] Gill S E , Handley J F , Ennos A R , et al. Characterising the urban environment of UK cities and towns: A template for landscape planning[J]. Landscape and Urban Planning, 2008, 87（3）: 210-222.

[8] Goebel A . Sustainable urban development? Low-cost housing challenges in South Africa[J]. Habitat International, 2007, 31（3-4）: 0-302.

[9] Goode D. Green Infrastructure Report to the Royal Commission on Environmental Pollution[J]. Science in Parliament, 2006.

[10] Greater London Authority. East London Green Grid Framework: London Plan（Consolidated with Alterations since 2004）Supplementary Planning Guidance. Mayor of London, 2008 : 1-61.

[11] Humphrys G. Mining and regional development: Spooner, D. Oxford: Oxford University Press, 1981. 60 pp. 2 • 50 paperback. [J]. Applied Geography, 1982, 2（3）: 243.

[12] Karen Williamson. Growing with infrastructure. Heritage Conservancy, 2003, 1（8）: 1-6.

[13] Kowalski K, Stagl S , Madlener R . Sustainable energy futures: Methodological challenges in combining scenarios and participatory multi-criteria analysis[J]. European Journal of Operational Research, 2009, 197（3）: 1063-1074.

[14] Li F , Liu X , Hu D , et al. Measurement indicators and an evaluation approach for assessing urban sustainable development: A case study for China\"s Jining City[J]. Landscape & Urban Planning, 2009, 90 (3-4): 0-142.

[15] Mariolakos I . Water resources management in the framework of sustainable development[J]. Desalination, 2007, 213 (1-3): 147-151.

[16] Papyrakis, E. & Gerlagh, R. Resource abundance and economic growth in the United States [J]. European Economic Review, 2007, 51 (4): 1011-1039.

[17] President's Council on Sustainable Development (PCSD). The president's Council on Sustainable Development, Towards a Sustainable America—Advancing Prosperity, Opportunity, and a Healthy Environment for the 21st Century[R]. USA: Government Printing Office, 1999.

[18] Rudlin D, Falk N. Building the 21st Century Home: The Sustainable Urban Neighbourhood[J]. 2009.

[19] Shaxson, N icholas.New app roaches to volatility: dealing w ith the ' resource cu rse' in sub -S aharan A frica[J] .InternationalAf fairs, 2005, 81(2): 311-324

[20] Smart Growth Network, Getting to Smart Growth: 100 More Policies for Implementation, Smart Growth Online, 2003.

[21] Speth J G. The environment: the greening of technology. [J]. Development, 1989.

[22] Spaul M W J. Exploring 'Our Common Future' [M]// Systems for Sustainability. Springer US, 1997.

[23] Tanya B, Hayter R, Barnes T J.. Resource Town Restructuring, Youth and Changing Labour Market Expectations: The Case of Grade 12 Students in Powell River, BC [J].BC Studies, 2003, 103: 75-103.

[24] Tom Turner. City as Landscape: A Post Post-Modern View of Design and Planning. London Taylor &Francis, 1995.

[25] Tzoulas K , Korpela K , Venn S , et al. Promoting ecosystem and human health in urban areas using Green Infrastructure: A literature review[J]. Landscape and Urban Planning, 2007, 81 (3): 0-178.

[26] Van der Ryn, Stuart Cowan. Ecological Design. Washington, DC: Island Press, 1996.

[27] Weber T, Sloan A, Wolf J. Maryland' s Green Infrastructure Assessment: Development of a comprehensive approach to land conservation[J]. Landscape & Urban Planning, 2006, 77 (1-2): 0-110.

[28] Wu H I , Chakraborty A , Li B L , et al. Formulating variable carrying capacity by exploring a resource dynamics-based feedback mechanism underlying the population growth models[J]. Ecological Complexity, 2009, 6 (4): 403-412.

[29] 安德烈斯·杜安伊,杰夫·斯佩克,迈克·莱顿.精明增长指南[M].北京:中国建筑工业出版社, 2014.

[30] 鲍寿柏 .《探索钢铁工业城市转型之路》[J]. 中国城市经济，2007，6.

[31] 本奈沃洛著，邹德侬 . 西方现代建筑史 [M]. 天津：天津科学技术出版社，1996.

[32] 曹孜 . 煤炭城市转型与可持续发展研究 [D]. 中南大学，2013.

[33] 陈勇 . 生态城市—可持续发展的人居模式 [J]. 土木建筑与环境工程，1998，20（6）：27-32.

[34] 陈煜红 . 重庆城市建设用地合理供应规模研究 [D]. 重庆大学，2009.

[35] 成亮 . 生态脆弱地区工业城市空间增长边界划定策略研究——以金昌市为例 [A]. 中国城市规划学会 . 城乡治理与规划改革——2014 中国城市规划年会论文集（07 城市生态规划）[C]. 中国城市规划学会：中国城市规划学会，2014：10.

[36] 崔璇 . 山东省资源型城市经济发展研究 [D]. 吉林大学，2015.

[37] 大庆市发展和改革委员会 . 关于资源枯竭型城市经济转型与可持续发展研讨会参会情况综述 [EB/OL]. http：//www.dqfgw.gov.cn/fgwweb/WN010012/282.htm.

[38] 戴娟萍，张重晓 .《中国经济地理》[M]. 北京：中国物资出版社，2006.

[39] 董宪军 . 生态城市论 [M]. 北京：中国社会科学出版社，2002.

[40] 刁书鹏 . 基于景观安全格局的城市空间管控研究 [D]. 西北大学，2017.

[41] 方创琳，杨洁 . 区域发展规划风险生成与经营理论及应用 [J]. 地理研究，2002，21（2）：219-227.

[42] 冯之浚 . 树立科学发展观实现可持续发展 [J]. 科学学与科学技术管理，2004，4：5-12.

[43] 顾朝林，谭纵波，刘宛等 . 气候变化、碳排放与低碳城市规划研究进展 [J]. 城市规划学刊，2009，3：38-45.

[44] 国务院 . 全国资源型城市可持续发展规划（2013 ~ 2020 年）[EB/OL]. http：//www.gov.cn/zwgk/2013-12/03/content_2540070.htm.

[45] 国家计委宏观经济研究院课题组 . 我国资源型城市的界定与分类 [J]. 宏观经济研究，2002，11：37-39.

[46] 龚富华 . 无锡城市空间扩展及其边界划定研究 [D]. 南京师范大学，2017.

[47] 何芳 . 城市土地集约利用及其潜力评价 [M]. 上海：同济大学出版社，2003.

[48] 黄慧明，Sam Casella. Faicp. PP. 美国“精明增长”的策略、案例及在我国应用的思考 [J]. 现代城市研究，2007，5：19-28.

[49] 黄光宇 . 田园城市、绿心城市、生态城市 [J]. 土木建筑与环境工程，1992，3：63-71.

[50] 黄光宇，陈勇 . 生态城市理论与规划设计方法 [M]. 北京：科学出版社，2002.

[51] 黄晓军，李诚固，黄馨 . 长春城市蔓延机理与调控路径研究 [J]. 地理科学进展，2009，28（1）：76-84.

[52] 黄肇义，杨东援 . 国内外生态城市理论研究综述 [J]. 城市规划，2001，1.

[53] 黄征学，滕飞，凌鸿程 . 积极推进划定城镇开发边界 [J]. 宏观经济管理，2019，2：48-53.

[54] 郝海钊，陈晓键 . 不同发展阶段矿产资源型城市空间增长管理研究 [J]. 规划师，2019，35（3）：

58-62.

[55] 黄媛 . 金昌市中心城区空间增长边界研究 [D]. 西安建筑科技大学，2017.

[56] 贺然 . 攀枝花城市转型中的城市建设用地需求预测研究 [D]. 成都理工大学，2017.

[57] 胡遵程 . 资源型城市特色产业发展现状、规律、趋势和典型分析 [J]. 农家参谋，2018，08：213.

[58] 彼得 • 霍尔，邹德慈，李浩等 . 城市和区域规划：第 4 版 [M]. 北京：中国建筑工业出版社，2008.

[59] 霍尔，沃德黄怡 . 社会城市 ：埃比尼泽 • 霍华德的遗产 [M]. 北京：中国建筑工业出版社，2009.

[60] 埃比尼泽 • 霍华德 . 明日的田园城市 [M]. 北京：商务印书馆，2009.

[61]《环境科学大辞典》编委会 . 环境科学大辞典（修订版）[M]. 北京：中国环境科学出版社，2008.

[62] 贾敬敦 . 中国资源（矿业）枯竭型城市经济转型科技战略研究 [M]. 北京：中国农业科技出版社，2004.

[63] 黎云，李郇 . 我国城市用地规模的影响因素分析 [J]. 城市规划，2006（10）：15-18.

[64] 李新宁 . 矿产资源密集型区域绿色发展机理及评价研究 [D]. 中国地质大学，2013.

[65] 李玲璐，张德顺 . 基于低影响开发的绿色基础设施的植物选择 [J]. 山东林业科技，2014，44（06）：84-91.

[66] 李咏华 . 基于 GIA 设定城市增长边界的模型研究 [D]. 浙江大学，2011.

[67] 李闽，姜海 . 建设用地集约利用的理论与政策研究 [J]. 中国土地科学，2008，22（2）：55-60.

[68] 李旭锋 . 哈尔滨城市空间增长边界设定研究 [D]. 哈尔滨工业大学，2010.

[69] 李兰，陈晓键 . 快速发展期的西北地区中小城市空间扩展分析与评价——以陕西省榆林市为例 [J]. 生态经济，2014，30（6）：109-113.

[70] 李一曼，修春亮，魏冶等 . 长春城市蔓延时空特征及其机理分析 [J]. 经济地理，2012，32（5）：59-64.

[71] 刘勇 . 新时代传统产业转型升级：动力、路径与政策 [J]. 学习与探索，2018，11：102-109.

[72] 刘玉，刘毅 . 中国区域可持续发展评价指标体系及态势分析 [J]. 中国软科学，2003，7：113-118.

[73] 刘黎明 . 土地资源学 [M]. 北京：中国农业出版社，2004.

[74] 刘盛和，吴传钧，沈洪泉 . 基于 GIS 的北京城市土地利用扩展模式 [J]. 地理学报，2000，55（4）：407-416.

[75] 刘海龙 . 从无序蔓延到精明增长——美国“城市增长边界”概念述评 [J]. 城市问题，2005，3：67-72.

[76] 刘志玲，李江风，龚健 . 城市空间扩展与“精明增长”中国化 [J]. 城市问题，2006，5：17-20.

[77] 龙瀛，何永，刘欣 . 北京市限建区规划：制订城市扩展的边界 [J]. 城市规划，2006，20（12）：20-26.

[78] 龙如银 . 中国矿业城市可持续发展：理论与方法研究 [M]. 徐州：中国矿业大学出版社，2005.

[79] 陆大道 . 中国区域发展的新因素与新格局 [J]. 地理研究，2003，22（3）：261-271.

[80] 路畅，王媛媛，于渤，刘立娜．制度环境、技术创新与传统产业升级——基于中国省际面板数据的门槛回归分析 [J/OL]. 科技进步与对策：1-6[2019-05-14].
[81] 马强．走向“精明增长”：从“小汽车城市”到“公共交通城市”[M]. 北京：中国建筑工业出版社，2007.
[82] 马传栋．可持续发展经济学 [M]. 济南：山东人民出版社，2002.
[83] 马丽，刘毅．经济全球化下的区域经济空间结构演化研究评述 [J]. 北京：地球科学进展，2003，18，2：270-276.
[84] 迈克·詹克斯．紧缩城市：一种可持续发展的城市形态 [M]. 北京：中国建筑工业出版社，2004.
[85] 牛树海，秦耀辰．区域可持续发展中的生态空间占用法理论研究 [J]. 河南大学学报（自然科学版），2002，32（4）.
[86] 牛文元．可持续发展理论的系统解析 [M]. 武汉：湖北科学技术出版社，1998.
[87] 牛文元．中国的可持续发展十年 [J]. 中国发展，2002，4：3-9.
[88] 曲福田，吴郁玲．土地市场发育与土地利用集约度的理论与实证研究——以江苏省开发区为例 [J]. 自然资源学报，2007，22（3）：445-454.
[89] 沈镭．我国资源型城市转型的理论与案例研究 [D]. 中国科学院研究生院（地理科学与资源研究所），2005.
[90] 沈镭．特大型矿产资源开发与区域经济发展 [J]. 中国人口资源与环境，1996，3：53-57.
[91] 沈镭．新亚欧大陆桥沿线矿业城市发展与矿业扶贫初探 [J]. 宁夏大学学报（自然科学版），1999.
[92] 沈镭，程静．矿业城市可持续发展的机理初探 [J]. 资源科学，1999，21（1）：44-50.
[93] 沈镭．区域矿产资源开发概论 [M]. 北京：气象出版社，1998.
[94] 帅俊杰．攀枝花市政府促进资源型城市转型的案例研究 [D]. 电子科技大学，2017.
[95] 宋扬．可持续发展城市的内容及特征 [J]. 北京规划建设，2001，1：22-24.
[96] 苏同向，王浩，费文军．基于绿色基础设施理论的城市绿地系统规划——以河北省玉田县为例 [J]. 中国园林，2011，27（01）：93-96.
[97] 孙珊珊．基于 CA-Markov 的城市空间增长边界划定研究 [D]. 长安大学，2017.
[98] 孙毅．资源型区域绿色转型的理论与实践研究 [D]. 东北师范大学，2012.
[99] 孙明明．资源型城市产业转型战略重点及对策研究 [D]. 大庆石油学院，2006.
[100] 谭漪玟．陕西关中地区中小城市中心城区空间扩展边界动态变化研究 [D]. 西安建筑科技大学，2015.
[101] White R，沈清基，吴斐琼．《生态城市的规划与建设》[J]. 上海城市规划，2012，27，4：151-152.
[102] 汪劲柏．城市生态安全空间格局研究 [D]. 同济大学硕士学位论文 .2006.
[103] 王川，崔庆伟，许晓青，庄永文．化冢为家——阻止沙漠蔓延的绿色基础设施 [J]. 中国园林，

2009，25（12）：42-44+40-41.

[104] 王瑞霞 . 资源型城市的旅游开发研究 [D]. 四川师范大学，2008.

[105] 王芳，张跃超 . 河南省再生型资源型城市产业转型的政策体系研究 [J]. 时代经贸，2018，32：62-64.

[106] 王馨 . 凤翔县中心城区增长边界（UGB）划定研究 [D]. 长安大学，2016.

[107] 王劲峰 . 区域经济分析的模型方法 [M]. 北京：科学出版社，1993.

[108] 王如松，欧阳志云 . 社会 - 经济 - 自然复合生态系统与可持续发展 [J]. 中国科学院院刊，2012，1（3）：337-345.

[109] 吴人坚 . 生态城市建设的原理和途径：兼析上海市的现状和发展 [M]. 上海：复旦大学出版社，2000.

[110] 吴玉萍 . 甘肃省资源型城市转型的比较研究——以金昌市、嘉峪关市、白银市和玉门市为例 [D]. 西北师范大学，2010.

[111] 吴正红，叶剑平 . 城乡建设用地节约集约利用的路径选择 [J]. 城市问题，2007，5：60-64.

[112] 徐君 . 供给侧结构性改革驱动资源型城市转型的战略框架及路径设计 [J]. 企业经济，2018，37（11）：5-12.

[113] 解振华．树立新的发展观大力推动循环经济 [J]．环境经济，2004a（1）：14-18.

[114] 解振华．关于循环经济理论与政策的几点思考 [J]．环境保护，2004b（1）：3-8.

[115] 熊鹰，钟敏洲，苏婷，李昱华，乐咏梅 . 长株潭城市群建设用地供需及综合效益分析 [J]. 中国国土资源经济，2016，29（3）：39-44.

[116] 徐建中，刘希宋等．矿业资源城市经济可持续发展的聚类分析及策略研究 [J]．统计与咨询，2002，6：18-19.

[117] 徐建中，刘希宋等．矿业资源城市经济可持续发展的主成分分析 [J]．哈尔滨工程大学学报，2002，5：112-118.

[118] 徐建中，刘希宋，许学军．构建企业集团实现矿业资源城市可持续发展 [J]．学术交流，2003，2：85-88.

[119] 徐建中，赵红．资源型城市可持续发展产业结构面临的问题与对策 [J]．技术经济与管理研究，2001，3：63-65.

[120] 徐永祥．社区发展论 [M]．上海：华东理工大学出版社，2000.

[121] 徐勤政 . 我国应用城市增长边界（UGB）的技术与制度问题探讨 [C]. 规划创新——2010 中国城市规划年会论文集，2010：1-14.

[122] 许光洪．我国矿业城市的产业结构调整及其发展途径 [J]．中国人口・资源与环境，1998，1：26-30.

[123] 宣兆凯．可持续发展社会的生活理念与模式建立的探索 [J]．中国人口・资源与环境，2003，4：

5-8.

[124] 杨多贵，牛文元等．中国区域可持续发展综合优势能力评价 [J]．科学管理研究，2000，18（5）：70-72，78.

[125] 杨多贵，牛文元等．系统学开创可持续发展理论与实践研究的新方向 [J]．系统辩证学学报，200l，9（1）：20-23.

[126] 杨继瑞，曾蓼 . 资源型城市须找准转型路径 [J]. 环境经济，2018（Z1）：74-78.

[127] 杨铁良．煤矿城市的国土整治问题 [J]．国土与自然资源研究，1993，2：8-10.

[128] 姚震寰 . 资源型城市转型与绿色发展战略意义 [J]. 合作经济与技，2015，17：27-28.

[129] 严金明 . 土地管理应有理性思维 [J]. 河南国土资源，2005 12（7）：8-9.

[130] 叶林 . 城市规划区绿色空间规划研究 [D]. 重庆大学，2016.

[131] 叶正波 . 可持续发展评估理论及实践 [M]. 北京：中国环境科学出版社，2002.

[132] 叶蔓 . 资源型城市经济可持续发展研究 [D]. 哈尔滨工业大学，2009.

[133] 叶素文等．西部资源型城市的产业转型与可持续发展．探索 [J]. 2003，5：118-120.

[134] 叶丽燕 . 绿色发展视角下资源枯竭型城市转型的政府作用研究 [D].2016.

[135] 尹牧 . 资源型城市经济转型问题研究 [D]. 吉林大学，2012.

[136] 余际从，李凤．国外矿产资源型城市转型过程中可供借鉴的做法经验和教训 [J]. 中国矿业，2004，2：15-18.

[137] 于亚平，尹海伟，孔繁花，王晶晶，徐文彬 . 基于 MSPA 的南京市绿色基础设施网络格局时空变化分析 [J]. 生态学杂志，2016，35（06）：1608-1616.

[138] 於忠祥，王佳丽，劭勋等 . 基于土地经济学理论的土地出让金研究 [J]. 技术经济，2007，26（10）：113-119.

[139] 云光中 . 资源型城市产业发展新模式研究 [D]. 武汉理工大学，2012.

[140] 曾万平 . 我国资源型城市转型政策研究 [D]. 财政部财政科学研究所，2013.

[141] 臧淑英．资源型城市持续发展对策探讨——以鸡西市为例 [J]．资源科学，1999（I）：51-56.

[142] 张晨 . 我国资源型城市绿色转型复合系统研究 [D]. 南开大学，2010.

[143] 张京祥 . 西方城市规划思想史纲 [M]. 南京：东南大学出版社，2005.

[144] 张坤民 . 可持续发展论 [M]. 北京：中国环境科学出版社，1997.

[145] 张坤民 . 生态城市评估与指标体系 [M]. 化学工业出版社环境科学与工程出版中心，2003.

[146] 张军涛．经济全球化与我国资源型城市产业结构转化研究 [J]．资源·产业，2003，3：36-37.

[147] 张坤．发展循环经济需要树立新的观念——发展观．见：张坤．循环经济理论与实践 [M]．北京：中国环境科学出版社，2003a：49．59.

[148] 张坤．推行循环经济是解决我国复合型环境问题的重要举措．见：张坤．循环经济理论与实践 [M]．北京：中国环境科学出版社，2003b：21-25.

[149] 张丽莉. 资源型城市工业结构调整之我见 [J]. 科技情报开发与经济，2003，4：42-44.

[150] 张米尔，武春友 . 资源型城市产业转型障碍与对策研究 [J]. 经济理论与经济管理，2001，2：35-38.

[151] 张秀生，陈先勇 . 论中国资源型城市产业发展的现状、困境与对策 [J]. 经济评论，2001，6：96-99.

[152] 张平宇 . 东北地区资源型城市转型绩效评估与绿色发展途径 . 中国地理学会经济地理专业委员会 .2017 年中国地理学会经济地理专业委员会学术年会论文摘要集 [C].2017.

[153] 张耀军，姬志杰 . 资源型城市避免资源诅咒的根本在于人力资源开发 [J]. 资源与产业，2006，6：1-3.

[154] 张小静 . 煤炭型资源型城市中源期的转型规划研究 [D]. 河北工程大学，2016.

[155] 张燕 . 我国城市化加速发展时期的土地问题 [J]. 临沂师范学院学报，2006，28（2）：111-115.

[156] 张永康 . 宝鸡市城乡建设用地结构与布局优化研究 [D]. 西北农林科技大学，2009.

[157] 赵景海 . 我国资源型城市发展研究进展综述 [J]. 城市发展研究，2006，3：86-91+106.

[158] 钟帅，沈镭，刘立涛，沈明，曹植 . 中国资源型城市的 CGE 模型构建与政策研究 [J]. 湖北师范学院学报（哲学社会科学版），2016，36（02）：78-87.

[159] 朱明峰 . 循环经济与资源型城市发展研究 [M]. 北京：中国大地出版社，2005.